台灣的客家話

讓傳統文化立足世界舞台

──《協和台灣叢刊》發行人序

林勤仲

這是一種相當難得而奇特的經驗，四十歲之前，許多人常會問我的，總是一些生理與醫療方面的問題；四十歲之後，我最常思考的卻是文化方面的問題。

如此南轅北轍的改變，最主要的原因，應該是來自我的經驗法則；跟每一位成長在戰後的一代相彷，自童年長至青年，無論是家庭、學校或者是整個社會給我的壓力，只是讀書、考試，考試、讀書；而我一直也沒讓人失望，唸完醫學院後，順利負笈英國，接著又在日本拿到博士學位後，先後在美國及臺灣擔任過許多人欽羨的婦產科醫生，也正因此，讓我有太多機會在世界各地認識不同的友人；然而，這樣的機會卻總讓我感到自卑，這自卑並非來自專業知識，而是每每交換及不同的文化經驗時，少數識得臺灣的友人，也僅知道這個海島擁有七百億的外匯存底而已。

這個殘酷的事實，逼著我不得不慎重的思考：什麼樣的文化，才足以代表臺灣？

●

一九八三年間，我結束了在美的醫療工作，回臺全力投注於協和婦幼醫院的經管，由於業務的需要，常有機會到日本去，有一次在橫濱的一家古董店裏，發覺了十幾尊傳統布袋戲偶，讓我突然勾起兒時在臺南勝利戲院，坐在長排椅的椅背上看內臺布袋戲的情景；不久後，在大阪天理大學附設的博物館，看到那尊清乾隆年間的戲神田都元帥以及古色古香的「六角棚」戲臺，還有那些皮影、傀儡、木彫、銀器、刺繡與原住民族的工藝品，讓我產生極大的感動，忍不住當場流下眼淚。

我的感動來自於那些代表先民智慧與工藝水平的器物之美；忍不住掉下的眼淚，則是因爲這些製作精巧，具有歷史意義又代表傳統文化精華的東西，在這外邦受到最慎重的收藏與保護，但在當時的臺灣，除了某些唯利是圖的古董商外，根本乏人理會！

除了感動，同時也讓我感受到日本文化侵略的危機，這種危機感也許可溯自大學三年級的暑假，我參加基督教醫療協會，到信義、仁愛、望洋等山地部落，從事公共衞生的醫療服務時，便深刻體會到日治時期對臺灣山地的積極教育，讓日本文化、語言以及民族性都紮下不錯的根基，其深厚的程度甚至令人驚駭，只是當時的情況，個人並無力改變什麼。及至一九八〇年前後，我結束學業，回到臺灣後，第一件事便是找到彰化教育學院的郭惠二教授，試圖回到山地，經管一個模範村的計畫，結果模範村計畫因故流產，而那次再回山地，讓我不敢置信的是，由於電視進入山區，使得原住民族的文化幾近完全流失，少數保存下來的，卻是日治時期的文化遺產。

這是多麼可怕的文化侵略啊！難道連日本人走了，都還能予取予求地用區區的金錢，換取我們最珍貴的傳統文化？

如此揉合著感動、迷惑又驚駭的心情，讓我在東京坐立難安，隔天，便毫不考慮地到橫濱那家古董店買回店中所有的布袋戲偶，同時又透過種種關係，買回「哈哈笑」劇團最早那個被臺灣古董商騙賣到日本的戲棚。

那絕不只是一時的衝動而已，我很清楚地告訴自己，只要在我的能力範圍之內，將盡可能地尋回這些流落在外的文化財產；這些年來，雖沒有明確的收藏計畫，但只要是有價值的東西，我都不肯放棄，至今，也才稍可談得上規模。

●

嚴格說來，我是個典型受西式教育的人，加上長年在國外的關係，讓我對藝術或者文化，都懷有較深且闊的世界觀。

最早我在英國唸書的時候，便跑遍了歐洲重要的美術館，後來每次出國，只要有機會，決不會錯過任何一個可觀的現代藝術館。

除了參觀與欣賞，我也嚐試著收藏一些美術的東西，收藏的目的，除因個人的喜好，當然也因爲美好的藝術品是不分國界的！

也許有人會認爲，在這傳統與現代之間，必然有無法調和的衝突之處，我又如何面對呢？其實，我從不認爲這兩者之間會有相互矛盾或衝突之處，任何一種藝術品都有其共通之美，而其中蘊含的不同文化的特色，正足代表那個民族的特殊之處，傳統的彩繪與現代美術作品，正是兩類截然不同的作品，正因其不同，我們才能在彩繪中，體認先民的精神與生活狀態，它的價值，除了美之外，更在於它所蘊含的特殊文化表徵。

當然，時代的快速進步之下，傳統的美術、工藝與文化，面臨了難以持續的大難題，導致這個問題的因素頗多，政府政策的不當，教育的偏頗以及社會的畸型發展，讓戰後的臺灣人擁有最好的知識教育，卻完全缺乏生活教育，終造成今天這個以金錢論成敗，從不考慮精神生活的社會型態。

過去，也有許多的專家學者，對這個病態的社會提出不少頗有見地的意見，但我一直認爲，任何一個正常的社會，必要擁有正常的文化；臺灣光復以來，政府當局全力追求經濟建設的成長，卻不顧文化水平一直在原地踏步，直到近幾年，有關單位似乎也較積極地從事文化建設；只是，當中共的廣東省政府，花了兩億美元整修一座五落大厝，成爲一座古色古香的廣東地方博物館時，臺灣的左營舊城門才剛剛被毀，半毀的麻豆林家也被拆遷，這樣的文化建設又怎能談得上什麼成績呢？

在這種種難題與僵局之下，要重振傳統文化，重新獲得現代人的肯定，甚至立足在世界的舞臺上，就不能光靠政府的政策與態度，而是我們每個人都有責任付出關心與努力，用現代化的方法與現代人的觀點，提昇傳統文化的品質，再締造本土文化的光輝。

●

從開始收藏第一尊布袋戲偶起，彷彿便註定我將走上這條寂寞卻不會後悔的文化之路。

過去那麼多年前，只是默默地收藏一些珍貴的文化財產，我當然知道，光如此是不夠的，但直到今天，時機稍稍成熟，才敢進行下一步的計畫。

這個計畫，大概可分爲三個部份，一是成立出版社，二爲創立協和藝術文化基金會，三則創設傳統戲曲文物館。

臺原出版社成立的目的有二；一是專業臺灣風土叢刊的出版，這是一套持續性的計畫，計畫每年分三季出書，每季同時出版五種臺灣風土文化的叢書，類別包括：民俗、戲曲、音樂、歷史、工藝、文物、雜俎、原住民族等大類，每本書都將採最精美的設計與印刷，用最通俗的筆法，喚醒正在迷茫與游離中的朋友，讓更多的朋友重新認識本土文化的可貴與迷人之處。我深信，只要持之以恆，所有努力的成績不僅將獲得關愛本土人士的肯定，更將贏得國際間的重視；二爲出版基金會的專刊，協和藝術文化基金會成立之後，將有計畫地整理臺灣的傳統藝術之美，諸如戲曲之美、偶戲造型以至於建築、彩繪之美……等等。

至於基金會與博物館的創立，則是我最大的目標，這兩個計畫其實是一體的，博物館只是基金會的附屬單位，主要的功用在於展示基金會所收藏的文物與美術品；至於基金會本身，除了推廣與發展本土文化，定期舉辦各種研習營與表演、演講，更將策劃舉辦各種世界性的文物交流展，目的除了讓國人有機會打開更廣闊的視野外，更重要的是讓本土文化立足在世界的舞臺上。

讓本土文化立足在世界的舞臺上，不僅是協和藝術文化基金會與出版社努力的目標，更是每個關愛本土文化人士最大的期望，不是嗎？畢竟唯有如此，才能重拾我們失落已久的自尊！

講客語，救客家

——《台灣的客家話》自序

客家人在臺灣，早期生活困苦，社會封閉，人口外流少，語言的變化也不多，所以數百年來，一直保有很傳統的客家特色。自「國府」遷臺以後，全面實施「國語」教育，使得客家話漸漸被忽視，尤其國語搶盡了「書面語」的市場以後，很多客家鄉親以爲客家話水準低落，沒有文化，不如全面學國語，放棄客家話的好，因此年輕一輩的紛紛棄守自己母語轉學官話，置祖先遺產於不顧。

客家人向來以保守流浪自況，以硬頸勤儉自我要求，所以早期有「寧賣祖宗田，不賣祖宗言；寧賣祖宗坑，不賣祖宗聲。」的祖訓，然而，近四十年來，國語教育的強力推展之下，竟然紛紛背祖，不惜賣言賣聲，實在令人感慨萬千。

然而造成這種遺憾，也不能全怪年輕的客家子弟，因爲客家人所處的環境不容許他們繼續發展客家話，也就是說很多放棄母語的人，是被環境所逼迫的，例如：

1.學校教育全面使用國語，甚至嚴禁方言，使致客家話在書面語上一片黑暗，部分仍會說客語的人，已無法用客家音唸文句了。

2.大眾傳播全面封殺客家話，上自電視下至廣播，以及公共集會，都罕於聽到客家話，尤其廣電法限制方言節目，結果僅有的百分之十二方言節目都由閩南話盡佔，而只佔臺灣人口百分之十五的官話人口，國語卻幾乎壟斷臺灣的語言市場。

3.學校教育及大眾傳播報導偏差，常常有意無意間，抬高國語的現代性，優美性與豐富性，而貶低方言的文化性、歷史性與鄉土性，結果造成不明就理的人，常常因此而貶損自己的母語文化。

4.弱勢的客家話，由於人口少，使用機率小，結果年輕人懶得學習母語，因爲出外用不上，那又何必學？於是弱者愈弱，強者愈強，如果客家人士認識不淸，堅持不够，不多久，客家話就會全盤潰亡。

基於以上四個外在及內在的危機，所以筆者從碩士論文的撰寫到這本書的編寫，都戰戰兢兢的爲客家文化命脈（尤其客家語言的延續），孜孜矻矻的去做整理和呼籲。政府解嚴以來，本土意識抬頭，閩南語言及文化的刊物書籍如雨後春筍紛紛出籠，唯獨客家語言及文化的整理和研究，依然慢如牛步，加上有志之士不多，所以力量不易結合。然而，客家話的流失那麼嚴重，整理保存及提醒推廣的工作，已迫在眉睫，如果不具體的做一些事情，留給後代子孫，那這一代的客家人，將成爲歷史的罪人。

爲了使自己對祖先文化有所交持，也爲了因應一些朋友的要求，所以把筆者這幾年所做的研究，擷取比較代表客家特色的現象，編錄成書。第一章緒言部分，是報章雜誌所發表呼籲重視客家語言的散論，藉之當做進入本書的引子。第二、三兩章，於說明客家話在中國與臺灣的歷史和分布，第四章是客家話的音韻調及結構的描述，大量採取了拙著《客語語法》的資料，其中例字的選用，也以代表客家用法的字爲主。第五章略述客家話與其他方言的不同，好讓關心客家話的朋友能跳出來看客家話的語音特點。第六章臺灣客語次方言現象，是取十個方言點所做的次方言調查，雖然差異性不大，但基本的分別還是可以淸楚的看出來。第七章是第六章的附錄，有些第六章尙未討論的問題，可以從第七章的基礎詞彙找到答案。第八章以四縣和海陸做比較，是因爲臺灣客家話，基本上以四縣和海陸爲主，所以把兩次方言的結構差別作細的比對，給講四縣的人藉之以學海陸，也給講海陸的人藉之以學四縣。第九、十、十一、十二章都是簡單的規則及文白與音韻結構，最後附上單字表，以備索查。第十三章把中古到國語、中古到客語、及客語與國語之間的演變和對比差別，做一般性的比較。第十四章詞彙結構，以代名詞和形容詞的差異較大，所以只選此兩項，其他各詞類都可參看拙著《客語語法》(學生書局)。第十五章是構詞法，一般人比較陌生，希望這裏的分析能引起關心客家語法的人注意。第十六章是特殊詞彙，雖然標目與《客語語法》一樣，但裏面把近年來考究認為較可靠的客家特殊字一一列入，是頗值得保存的詞彙，盼有心此項工作的朋友給予批評。第十七章綜合詞句特點為了使本書內容完整，而把《客語語法》的結論原封不動的收錄下來，不周全的地方很多，祈望讀者先生們多予指教，也不枉關心客家文化一場。

最後請讀者諸君特別留意，假如您對萬國音標不熟練，務必先把音標說明弄清楚，才能完全了解本文的描述分析，尤其聲調的對照有圈調法（${}_{\subset}\square\ {}_{\subseteq}\square\ {}^{\subset}\square\ {}^{\subseteq}\square\ \ \square^{\supset}\ \square^{\supseteq}\ \square_{\supset}\ \square_{\supseteq}$），有調型法(˨˦ ˩˩ ˧˩ ˥˥ ˨ ˥)，有調值法（24 11 31 55 2 5）沒有受過語音訓練的人不易看懂，希望讀者諸君能配合字例，先行瞭解，再看本書，才能收事半功倍的效用。

一九八七年十一月十日

羅肇錦序於永和

台灣的客家話

羅肇錦／著

音標表

	方法 \ 部位			雙脣		齒脣	齒間	舌尖前	舌尖後
輔音	塞	清	不送氣	p				t	t
			送氣	p‘				t‘	t‘
		濁	不送氣	b				d	ɗ
			送氣	b‘				d‘	ɗ‘
	塞擦	清	不送氣			pf	tθ	ts	tʂ
			送氣			pf‘	tθ‘	ts‘	tʂ‘
		濁	不送氣			bv	dð	dz	dʐ
			送氣			bv‘	dð‘	dz‘	dʐ‘
	鼻	濁		m		ɱ		n	ɳ
	滾	濁						r	
	閃	濁						ɾ	ɽ
	邊	濁						l	ʃ
	邊擦	清						ɬ	
		濁						lʒ	
	擦	清		ɸ		f	θ	s	ʂ
		濁		ß		v	ð	z	ʐ
	無擦通音及半元音	濁		w	ɥ	ʋ		ɹ	ɹ
元音				圓脣元音				舌尖元音 前	舌尖元音 後
	高			(ʮ ʮ y ʉ u)				ɿ ʮ	ʅ ʯ
	半高			(ø o)					
	半低			(œ ɔ)					
	低			(ɒ)					

舌葉（舌尖及面）	舌面前	舌面中	舌根（舌面後）	小舌	喉壁	喉
	ȶ	c	k	q		ʔ
	ȶ‘	c‘	k‘	q‘		ʔ‘
	ȡ	ɟ	g	G		
	ȡ‘	ɟ‘	g‘	G‘		
tʃ	tɕ					
tʃ‘	tɕ‘					
dʒ	dʑ					
dʒ‘	dʑ‘					
	ȵ	ɲ	ŋ	N		
				R		
				R		
		ʎ				
ʃ	ɕ	ç	x	χ	ħ	h
ʒ	ʑ	j	ɣ	ʁ	ʕ	ɦ
		j(ɥ)	ɯ(w)			

舌面元音
前 央 後

i y ɨ ʉ ɯ u
e ø ɤ o
ə
ɛ œ ʌ ɔ
æ ɐ
a ɑ ɒ

客家話基本音標說明

一、聲母共十七個

雙唇音：p p‘ m

唇齒音：f v

舌尖音：t t‘ n l

舌尖前：ts ts‘ ȵ s

舌尖面：(tʃ) (tʃ‘) (ʃ) (ʒ)

舌根音：k k‘ ŋ

喉　音：h ø

二、韻母共六一個

單韻母：a e i ɿ̈ o u

複韻母：ie ia io ua ai oi eu au iai ioi iu iau uai ui

m韻尾：əm am im iam

n 韻尾：ən an on in ian ion iun uan un

ŋ 韻尾：aŋ oŋ iaŋ ioŋ iuŋ uŋ

p 韻尾：ep ap əp ip iap

t 韻尾：et at ət ot it iet iat iut uet uat uət

k 韻尾：ak ok iak iok iuk uk

成音節：m̩ n̩ ŋ̩

三、聲調

調類		陰平	陽平	上聲	陰去	陽去	陰入	陽入
調型	四縣	˨˦	˩	˧˩	˥		˨	˥
調值		24	11	31	55		2	5
調型	海陸	˥˧	˥	˩˧	˧˩	˨	˥	˨
調值		53	55	13	31	22	5	2

四、聲母發音

客語	國語	第二式	說明	例字
p	ㄅ	b		pa（笆）pu（補）
p‘	ㄆ	p		p‘a（爬）pu‘（簿）
m	ㄇ	m		ma（馬）mi（米）
f	ㄈ	f		fa（花）fuk（福）
v	ㄪ	v	國語"ㄪ"已不用	von（碗）voi（煨）
t	ㄉ	d		ta（打）tu（賭）
t‘	ㄊ	t		t‘ai（大）t‘uk（讀）
n	ㄋ	n		non（暖）nun（嫩）

客語	國語	第二式	說明	例字
l	ㄌ	l		lan（懶）lim（林）
ts	ㄗ	tz		tson（鑽）tsoŋ（張）
ts‘	ㄘ	ts		ts‘oŋ（長）ts‘ut（出）
ȵ	广		國語"广"已不用	ȵien（年）ȵiu（牛）
s	ㄙ	s		su（樹）sun（筍）
(tʃ)	介於ㄗ與ㄐ		限海陸客語用	tʃak（隻）tʃuk（竹）
(tʃ‘)	介於ㄘ與ㄑ		限海陸客語用	tʃ‘ak（尺）tʃ‘a（車）
(ʃ)	介於ㄙ與ㄒ		限海陸客語用	ʃa（蛇）ʃu（手）
(ʒ)	近半元音 j		限海陸客語用	ʒa（爺）ʒun（雲）
k	ㄍ	g		kam（甘）kaŋ（更）
k‘	ㄎ	k		k‘ui（虧）k‘iuŋ（共）
ŋ	ㄫ	ng	國語"兀"已不用	ŋo（鵝）ŋau（咬）
h	ㄏ	h		hot（渴）hon（寒）

客語	國語	第二式	說明	例字
ø			無聲母	ien（煙）am（暗）

五、韻母發音

客語	國語	第二式	說明	例字
a	ㄚ	a		na（拿）t'a（他）
e	ㄝ	e		se（洗）tse（𡚸）
i	ㄧ	i		pi（比）li（李）
ï	ㄭ	r, z	與 ts ts s 結合	tsï（紙）ts'ï（齒）
o	ㄛ	o		to（到）p'o（婆）
u	ㄨ	u		ku（古）k'u（苦）
ie	ㄧㄝ	ie		kie（街）ȵie（艾）
ia	ㄧㄚ	ia		ia（野）sia（寫）
io	ㄧㄛ	io	國語不用	k'io（瘸）hio（靴）
ua	ㄨㄚ	ua		kua（瓜）k'ua（誇）

客語	國語	第二式	說　　　明	例　　　字
ai	ㄚㄧ	ai		nai（耐）p'ai（排）
oi	ㄛㄧ	oi	國　語　不　用	soi（稅）loi（來）
eu	ㄝㄨ	eu	國　語　不　用	meu（貓）seu（少）
au	ㄚㄨ	au		k'au（考）tsau（找）
(iai)	ㄧㄚㄧ	iai	限　海　陸　用	kiai（街）kiai（介）
ioi	ㄧㄛㄧ	ioi	限　四　縣　用	k'ioi（褖）
iu	ㄧㄨ	iu		liu（劉）ts'iu（秋）
iau	ㄧㄚㄨ	iau		tiau（吊）t'iau（調）
uai	ㄨㄚㄧ	uai		kuai（拐）kuai（怪）
ui	ㄨㄧ	ui		t'ui（退）nui（內）
əm	ㄜㄇ	êm	國　語　不　用	tsəm（枕）ts'əm(深)
am	ㄚㄇ	am	國　語　不　用	kam（敢）tam（膽）
im	ㄧㄇ	im	國　語　不　用	im（音）lim（林）

客語	國語	第二式	說　　明	例　　字
iam	ㄧㄚㄇ	iam	國　語　不　用	iam (鹽) kiam (劍)
ən	ㄜㄢ	ên	可　寫　成　**in**	sən (身) ts'ən (陳)
an	ㄚㄢ	an		lan (爛) man (滿)
on	ㄛㄢ	on	國　語　不　用	ts'on (閂) son (船)
in	ㄧㄢ	in		lin (臨) kin (緊)
ian	ㄧㄚㄢ	ian	變 ien	kien (簡) mien (面)
ion	ㄧㄛㄢ	ion	國　語　不　用	ts'ion (全) lion (攣)
iun	ㄧㄨㄢ	iun		kiun (軍) hiun (訓)
uan	ㄨㄚㄢ	uan		kuan (關) k'uan (擐)
un	ㄨㄢ	un		t'un (吞) lun (輪)
aŋ	ㄚπ	ang		laŋ (冷) taŋ (釘)
oŋ	ㄛπ	ong	國　語　不　用	soŋ (賞) ts'oŋ (長)
iaŋ	ㄧㄚπ	iang		miaŋ (名) ȵiaŋ (迎)

客語	國語	第二式	說　　明	例　　字
ioŋ	ㄧㄛㄫ	iong	國 語 不 用	ts‘ioŋ (搶) sioŋ (想)
iuŋ	ㄧㄨㄫ	iung		ts‘iuŋ (松) kiuŋ (弓)
uŋ	ㄨㄫ	ung		fuŋ (紅) nuŋ (農)
ep	ㄝㄅ	ep	國 語 不 用	tep (丟) sep (澀)
ap	ㄚㄅ	ap	國 語 不 用	fap (法) ts‘ap (揷)
əp	ㄜㄅ	êp	可 寫 成 ïp	tsəp (汁) səp (十)
ip	ㄧㄅ	ip	國 語 不 用	lip (笠) hip (翕)
iap	ㄧㄚㄅ	iap	國 語 不 用	liap (粒) tsiap (接)
et	ㄝㄉ	et	國 語 不 用	pet (北) vet (域)
at	ㄚㄉ	at	國 語 不 用	pat (八) mat (襪)
ət	ㄜㄉ	êt	可 寫 成 ït	sət (食) ts‘ət (直)
ot	ㄛㄉ	ot	國 語 不 用	t‘ot (脫) tsot (拙)
it	ㄧㄉ	it	國 語 不 用	lit (力) kit (吉)

客語	國語	第二式	說　明	例　字
iet	ㄧㄝㄉ	iet	國語不用	iet (乙) t‘iet (鐵)
iat	ㄧㄚㄉ	iat	四縣變 iet	ȵiat (月) hiat (血)
iut	ㄧㄨㄉ	iut	國語不用	iut (鬱) k‘iut (屈)
uet	ㄨㄝㄉ	uet	國語不用	kuet (國)
uat	ㄨㄚㄉ	uat	國語不用	kuat (刮)
ut	ㄨㄉ	ut	國語不用	kut (骨) p‘ut (勃)
ak	ㄚㄍ	ak	國語不用	kak (格) lak (壢)
ok	ㄛㄍ	ok	國語不用	kok (各) tok (琢)
iak	ㄧㄚㄍ	iak	國語不用	piak (壁) tsiak (跡)
iok	ㄧㄛㄍ	iok	國語不用	liok (略) siok (削)
iuk	ㄧㄨㄍ	iuk	國語不用	k‘iuk (菊) ȵiuk (肉)
uk	ㄨㄍ	uk	國語不用	luk (鹿) t‘uk (毒)
m̩			國語不用	m (唔)

客語	國語	第二式	說　　明	例　　字
n̩			限四縣用	n̩（你）
ŋ̩			國語不用	ŋ̩（魚）ŋ̩（女）

六、聲調發音

調類	陰平	陽平	上聲	陰去	陽去	陰入	陽入
圈調	꜀□	꜁□	꜂□	□꜄	□꜅	□꜆	□꜇
四縣	˨˦ 24	˩˩ 11	˧˩ 31	˥˥ 55		˨ 2	˥ 5
海陸	˥˧ 53	˥˥ 55	˩˧ 13	˧˩ 31	˨˨ 22	˥ 5	˨ 2
例字	夫	湖	府	褲	護	福	服

第一章　緒言

第一節　請善待方言

在臺灣，推行國語的成效，不但可以說令人刮目相看，也可以說令人膽戰心驚。我說「膽戰心驚」，對一般人而言，也許以爲我太過於虛篩誇張，但對一個關心方言前途，關心語言生命的人來說，卻是肺腑之言。試想，推行國語政策只四十年的時間，可以讓二十歲以下的人幾乎忘了他的母語，三十歲以下到二十歲的人無法說正確的母語，四十歲以下到三十歲的人已無法用母語演說，而五十歲以上的人卻又不會說國語。

這種現象所顯示的因果次序是，五十歲以上的人，完全沒有機會學國語（大衆傳播沒有方言，聽不懂北平話的人，無法藉助方言去學國語）；四十歲以下的人，沒有用方言演說的機會（所有公衆場合的演說都要用國語），所以長大後不會用方言演說；三十歲以下的人，無論幼稚園、小學、初中、高中、大學教育，一律使用北平話，僅靠兒時所學一點方言去套來套去，所以只會說國語化的方言，當然失去說正確母語的能力；二十歲以下的人，由於父母與他交談也用國語，當然「媽媽的話」或「爸爸的話」都變成國語了，這時自然忘了他的方言，忘了他的種族，忘了他的文化根，忘了他是誰？

你說，你能不「膽戰心驚」嗎？能不「刮目相看」嗎？

說方言是一個種族，承傳祖先文化最道地最基本的能力，現在大家只會說國語，不會說方言，就等於放棄祖先留給我們的文化遺產，而只接收了北平人的文化成果。然而光接收北平人的文化財產，能代表整個中華民族的文化嗎？答案很淸楚，是不可能，是荒謬可哀，是令人膽戰心驚的。尤其北平話是那麼後起的語言，怎麼去承擔接續祖先文化的責任呢？用北平話唸幾首中古詩，由於北平話沒有了入聲字，所以唸起來就韻味全失，可見詩的承傳上，北平話就失去了能力，也就是說，只會說北平話，就注定要把中國的詩學這項文化財產拋棄

●公衆場合演說都要講國語，沒有用方言的機會。(劉還月／攝影)。

。研究中國音韻，只會說北平話，無從體會-p -t -k怎麼消失，無從瞭解「深錦臨」這些字是唸-im不是唸-in，於是中國語言研究，只靠北平人也無法勝任，因此如果大家只會說北平話，那麼中國語言歷史這一項文化財產，也要拋棄。

我不知道，爲什麼？我們天天口頭上喊復興中華文化，竟然執行政策時，是在做消滅中華文化的工作，而且用盡辦法消滅了四十年。我想只要再五十年，我們的子弟只會說幾句方言的人，就無能爲力去扭轉方言被消滅的命運，也無能承續祖先文化了。試想五十年以後的孩子向誰去問「錦」爲什麼唸 kim，向誰去問「合」爲什麼是仄聲？

說到這裏，我不得不停下來說：「要復興文化，要延續文化，請善待方言。」

請善待方言，有非常迫切的理由：

一、保存方言就是保存解讀古籍的能力：例如漢詩〈艷歌羅敷行〉（一名〈陌上桑〉），描寫羅敷的迷人「行者見羅敷，下擔捋髭鬚」，一般注家對「捋」字解成「捻」，是不合情理反應的解釋，如果會說客家話的人，讀到「捋」lot 這個字，自然可以體會「行者」捋髭鬚忘我神態，這不是北平話可以代替的。又如讀《西遊記》對「緊箍咒」、「金箍棒」的「箍」字不瞭解，你就無法想像「箍」是什麼樣的形狀，但是如果你知道閩南語 kho thaŋ 就是「箍桶」，zit kho 就是「一箍」(一塊錢)，tua kho 就是「大箍」(大胖子)，這些閩南語的「箍」都是「圓形」的（「箍桶」是圓形的竹篾用來束緊桶子，「一箍」是圓形的銀幣，「大箍」是肚子圓圓的胖子），那麼你可以因此了解「緊箍咒」的「箍」是圓形，「金箍棒」的「箍」也是圓形的，畫孫悟空時，頭上必須束著一個圓形的「緊箍」，而孫悟空手上拿的「金箍棒」，棒兩頭也一定是圓形的武器。

二、保存方言可以化解古文的疑點：例如《左傳‧襄公十年》：「故五族聚羣不逞之人，因公子之徒以作亂。」歷來訓詁「不逞之人」的「逞」字，不外乎「快」「疾」「盡」「極」「娛」「解」《經籍纂詁‧卷五十三》等解釋，不一而足。但你如果會說吳語、閩語，就知道「逞」thiəŋ 是同族語詞，從而知道「逞」有「滿足」的意思，所以「不逞之人」是指心懷不滿的人。又如〈孔雀東南飛〉向來對作品的時代爭論不休，但是從詩中「舉言謂新婦」「新婦起嚴妝」「新婦初來時」……一連串出現「新婦」這樣的詞彙，如果知道閩南話 sim pu 就是「新婦」，而又知道閩南音與六朝音相近，那麼就可以化解〈孔雀東南飛〉是哪一個時代作品的爭論。

三、保存方言可以豐富語言的生命：例如今天臺灣的流行語中有「黑白講」「七𨑨人」（廸迌人）「老神在在」「有夠鷄婆」等從閩南語借來的詞彙，使現階段的國語變得輕鬆有趣，而且像「老神在在」「有夠鷄婆」一類的詞，不是用國語可以表達貼切的，閩南詞彙的加入，使我們的語言生命豐富而又活潑起來。又如客家話「對答」一詞指的是甲乙兩個人非常相稱，如果流行開來，我們的流行語又多了一個很古雅的詞，而且「對答」tui tap 有一問一答的意思，是很有內涵的一個古詞，加入我們的語言行列，自然也使語言生命活潑生動起來。君不見我們掛在口頭上「很棒」「太棒」「眞棒」，本來是北方的粗話，我們把它放在口語中用，怎麼不能把其他方言裏的古雅又有意境的詞彙拿來用呢？

四、保存方言可以糾正俗傳的訛誤：例如陸游在《老學庵筆記》中說，五代十國時吳越王錢鏐建了一個「握髮殿」，命名的依據是「周公一沐三握髮」，來標榜自己也是像周公一樣勤於政事，關心百姓，但是後人不懂典故，竟把「握髮」說成「惡髮」，以爲是發怒（惡髮）時就升堂的宮殿，如果懂得東南方言的人，唸「握髮」與「惡髮」音差別很大，立刻可以證明傳聞的錯誤了。

五、保存方言可以增進團結：本來推行共同語言是爲了溝通方便，爲了增進團結，但是當共同語已經很普遍了，大家都會說會聽了以後，如果還大力壓抑方言，不但不能讓不同方言的人心服，反而造成被壓迫的感覺，從而對共同語產生很強的排斥感，甚至對規定國語的政府起了不滿的情緒，不信的話，問一個四十歲以上的人，他們雖然會說會聽國語，但當他聽看電視節目或演講，用方言發音的節目一定比用國語發音的節目，更能安頓他的心靈，這是人類對母語關切的本質，正如一個人雖然旅居國外，但仍以遇到同種族的人較親切的道理一樣，是斬不斷、壓不碎的，所以保存方言，讓它們和平共存，才是增進團結之道。

以上大略的舉了幾個理由，就可以清楚的看出，要復興文化，要延續祖先文化生命，就必須善待方言。但是目前我們的語言政策，不但沒有做到善待，反而是刻意的想消滅，全國各電視臺、廣播電臺，幾乎全面國語，僅留的一點閩語節目也根本不成比例，至於客家話、

●新生一代的台灣人，在學校受教育都使用北平話。(劉還月／攝影)。

廣東話、山地話更是四十年難得聽到，尤其客家話，在臺灣有近五分之一的客家人，竟然沒有一個電視節目，我不知道，這是什麼語言政策？而學校裏的語言教育也是偏頗得令人不敢領教，規定唸書、演講，甚至交談都不能用方言，卻硬要學生學北平話的兒化輕聲等，完全不合語言現實環境的方言（北平話也是方言的一種），這無異於要北平人去學閩南話的變調，學客家的入聲一樣，是非常不公平的事。

站在語言的現實立場，或站在語言的理想未來，政府都應該拿出誠意來「善待方言」，才能使我們的文化，得到完整的承傳。

（《國文天地》四卷二期·一九八八年七月）

第二節　客家話的危機

臺北山胞服務中心十二月四日舉辦大專學生母語演講比賽，與會成員竟然大都無法用母語表達完整的概念，有人因此慚愧得哭了！這個消息著實令人憂心忡忡。臺灣的語言生態，由於國語的強勢推行，已由不平衡走向傾頹不堪的地步。

就在同一天，筆者參加桃園龍潭舉行的「臺灣區客語演講比賽」，從報名人數及臨場缺席的情況，可以看出客家話也已危機重重了。最可悲的是：客家人對這種危機的認識不夠，任自己的母語被忽視也無動於衷。

客家人給人的印象，至今仍是唱傳統的山歌，性格保守，但堅忍、勤勞。然而，這種歌、這種性格、這種操守、能保住客家話嗎？尤其，處在國語、閩南語如此強大的勢力下，如還不知自救，也許拖不了幾十年，客家話也會和山地話一樣，被時代所吞滅。

關心客家文化的人，只要稍用心去了解目前客家子弟的語言現狀，就不得不揑一把冷汗。由於國語教育的獨佔，以及大衆傳播的壟斷，加上閩南人口的優勢，使得在臺灣的客家子弟，三十歲到四十歲的人，已無法用客家話演講，二十歲到三十歲的人，所說的已經是國語化的客家話（如「如何」唸成 lu ho，「故所」說成「所以」）更糟的是二十歲以下的子弟，在學校說國語，外出說閩南語，連回到家裏也都不說自己母語。在這種內憂外患之下，客家話還能活多久？

回想當年的平埔族，十七世紀荷蘭、西班牙人佔據的時代，是當時臺灣勢力最大的語族。自從閩、客人士相繼來臺，平埔話就在漢語強勢的挑戰下漸漸消失了；到了日據時代只剩寥寥數萬人。延至今日，「平埔族」已成了歷史名詞，只能從文獻裏去翻查和追索。他們不但失去了母語，也失去了自己的子孫。

從平埔族的凋亡可以推測，今天的山地話如果政府不想辦法挽

●今日的原住民，絕大多數已無法順暢的運用母語（劉還月／攝影）。

救，儘速推行雙語政策，不出三十年，山地話也將成爲臺灣的歷史名詞。假使客家人本身不覺醒，政府又繼續推行不公平的語言政策，相信不出幾十年（因爲人活不過三代），客家話也會和山地話一樣，變成「昨日客家」。

客家話，是漢語的一支，是承傳漢文化不可或缺的語族；放棄它就是放棄文化遺產，切斷文化延續的臍帶。假使今天大家都只會說北平話，而不會東南方言，自然就無法了解什麼是入聲，什麼是陽聲，唸起詩詞就無從體會前人詩詞的節奏，詩學的承傳便可能戛然中斷。當然，不會說客家話，也就無從知道「立力歷利」是〔lip〕〔lit〕〔lik〕〔li〕四個完全不同的韻字，更不知道「金斤」應唸〔kim〕〔kin〕，「林鄰」要唸〔lim〕〔lin〕了。

或許，有人會說，古詩詞早已老掉牙了，爲了統一爲了團結，方言消失又何妨？對於持這種論調的人，我只能說——現在英語已是世界流行語，爲了進步爲了趕上歐美，何不放棄國語，大家說英語有何不可？

人活著，有他活著的自尊，國家的建立有他建立的尊嚴，而語族的生存也有他的語族尊嚴，那就是維繫尊嚴的母語。放棄了母語就放棄了語族，放棄了歷史文化就放棄了國家，放棄了人格自尊就放棄了他的生命，這是嚴肅而又淺顯的道理。

或許，又有人會說，國語鏗鏘高雅，方言拗口難聽，這又是自我本位的偏見。語言只有聲韻調的不同而沒有高下美醜之別。任何批評其他語言的人，都犯了自大心病。

更有人說，國語有文字，客家話沒有文字，所以應推行國語。持這種觀點的人，根本沒有歷史文化常識。漢字是所有漢人的共同財產，不管是北平人、閩南人、廣東人、客家人，數千年來都靠它傳遞知識經驗，它不曾單屬於任何一個語族。然而，爲什麼國語可以一字不漏的表達概念，而客家話卻常常出現「有音無字」的情況？這個問題不是語言內涵的問題，完全是外在權利掌握的問題。凡是掌握了教育權和傳播權的語言，就可以一無掛礙的推展它的語言文字。如果碰到「有音無字」的時候，立刻造一個新字，推廣開來，立刻就有音有字了。客家話既沒有教育權，又沒有傳播環境，對有音無字的詞當然無從造新字來給大家認同。更不妙的是，有些詞本來就有字的，由於語音的轉變或經久不用，而忘了是哪一個字，譬如客家話吃中飯叫「食晝」，很多人忘了「晝」怎麼寫，又如客家話「對」的意思說成

●廣電法限制客家話上電視，致使客家話日漸沒落。

「著」，「不對」是「唔著」，很多人不肯思索便以爲是有音無字。假如現在學校全面用客家話教學，不出十年，再偏僻的土音也有字可寫了。

除了以上的誤解，還有許多其他實質的重要性，一般人不能體會，所以才會以爲客家話存不存在都無所謂，下面就舉最粗淺的語例加以說明，譬如：

——古書裏說：「尋常是長度單位」，一般人難以理解，但客家話表示兩手張開的長度叫「一尋」（音 tshim），可見客家話可以幫助了解文化。

——客家話形容一個人笨拙可笑叫「姿拙」（音 tsï tsot），形容專好捉弄人的行爲叫「雕琢」（音 tiau tok），都是很有意境的詞彙，若流行開來，可以使我們的語言內涵更爲豐富。

——六朝詩〈木蘭辭〉「喞喞復喞喞，木蘭當戶織，不聞機杼聲，唯聞女嘆息。」歷來有的解「喞喞」爲織布機聲，有的解爲「嘆息聲」。但從「不聞機杼聲，唯聞女嘆息」可以確定是嘆息聲，問題是怎麼有人的嘆息聲是「喞喞」「喞喞」的？這種錯覺是用國語唸「喞喞」所造成的結果，如果用方言唸，tsit tsit 表嘆息，就不奇怪了。客家話罵人心情不好，整天 tsit tsit tsut tsut 的 tsit tsit 與喞喞很吻合。可見這些問題都必須靠方言才能解決的。

——客家話「分」「馮」「肥」「放」「吠」等字聲母都唸ㄅ，而國語都唸ㄈ，這是語言史上ㄈ聲母是後起的明證。

諸如此類詞例俯拾卽是，可以清楚知道客家話不但能幫助了解文化現象，也可以豐富語言的內涵，解釋古籍的難題，印證語言的歷史。關心文化的我們，忍心讓這麼重要的方言消失嗎？客家子弟們可以坐視自己的祖先遺產被拋棄嗎？

客家話的危機，不只是客家人的危機，也是中華文化的危機，不容關心文化的人坐視不管。當前的解救之道，除了客家人的意識覺醒，最重要的是政府應採取公平的語言政策。在近程目標上儘速擬定多元化的語言政策，並修改廣電法對方言的限制，開放電視新聞用客語播出，以喚起客家人對母語的關切。在遠程目標上，開放學校實施雙語教育，並廢除ㄅㄆㄇㄈ的注音符號，另擬一套可以包容各地方言的音韻系統，才能讓方言繼續發展，以保護我們的語言生態，保護這些陷入危機的文化寶貝。

（《中國時報》人間副刊七十七年二月二日）

第三節
客家話在台灣的命運

客家人大批移民臺灣，從乾隆算起（乾隆元年是西元一七三五年），至少有二百多年的歷史。這二百多年裏，客家話曾有三次大浩刼：第一刼是客家人投入早有基礎而又勢力龐大的閩南語區，爲了生活的需要以及與閩南人通婚的影響，不得不學閩南語，因此客語詞彙中，不知不覺加入了閩南語的成分（如「隨便」叫 ts'in ts'ai，「骯髒」叫 la sap）；第二刼是，日本占據臺灣（西元一八九五年馬關條約後），實行全面「皇民化」，強迫「臺灣人」放棄母語改用日語，於是客家話在日據五十年間也滲入了不少日語成分（如「四季果」叫 t'o k'e so，「司機」叫運轉手，「上班」叫出勤……等）；第三刼是民國卅八年政府播遷來臺，在六年、九年國民教育及推行國語政策的強力執行下，年青一代的客家子弟，所說的客家話已經成了「北京語化的客家話」了，（如「定著」說成一定，「沒成」說成難道，「做戲」說成演戲……等）。

今天，所有的大衆傳播（包括電視、電影、廣播、報紙、雜誌……），除了幾乎全面壟斷了語言市場的國語而外，只有少部份閩南語存活，而占總人數近乎五分之一的客家話，則在大衆傳播被完全封殺了。尤其與民衆息息不可分的電視節目，除了偶而露出一兩句客家話，當作笑料或揶揄的對象而外，客家話根本不可能出現大衆傳播裏。無怪乎，很多人都以爲客家話奇特難學，事實上，北平話的捲舌音兒化韻，閩南語的濁音和聲調才眞難學呢？近來，新聞局正在研擬電視節目改爲「雙語」播出，也只想到國語和閩語，根本沒有考慮客語的存在。更有甚者，每次坐火車，經過停車站時，就可以聽到各站服務員替旅客播報到站的消息，千篇一律的國語一遍，閩南語一遍，硬是少了客家語，尤其在幾乎全面使用客語的苗栗、中壢……等車站，也聽不到一句客家話。這對不識字又不懂國語不會聽閩南語的客家老

●日人占據台灣，客家話也滲入不少日語成份。

人家來說，是非常不公平的事，所以在我的經驗所知，這些客家籍老前輩，有事出遠門，一定要年青人帶路，否則會走上「不歸路」。

語言是傳達思想和感情的工具，不同的團體所用的共同語，應該受到互相尊重，不能站在自己的立場去排斥其他的語言。客家話在臺灣所遭受的委屈除了上面很明顯的三大刼運之外，我們也可以從內在和外在的因素來分析它漸被忽視的原因。

從內在因素言，可依語音的特徵，民族的特性及經濟、文化的實力三方面來說明：

(1)語音特徵：客語是唐宋時期南遷（黃巢及安史之亂最多）而形

成的方言、與吳語、湘語、粵語、閩語比起來，無論聲音、韻音、聲調、詞彙、語法，都與官語較接近，所以學術界的研究也沒那麼積極。加上客語表現在書面文字的結果並不如閩南語突出，所以絕少作家以客語寫作，而一些客家文物歌謠描述的專家們，所用的書面語言，也幾乎都是官語，因此客家話引起人們注意的機會就少得多了。

⑵民族特性：由於客家人大都住在與世隔絕的山區（如大庾嶺、武夷山、九連山一帶）及交通不便土地貧瘠的丘陵地（如早期的桃園、新竹、苗栗一帶），形成很牢固保守的色彩，本來這一種不輕易與外人往來，對方言特色保存是有利的條件，但由於心態保守，不知發揚，不懂發揮影響力，所以一與外力接觸時，就守不住自己，盲目的向外學習。因此，因爲保守性強的客家族，住在山區時依然保有它的語言、服式、舉止、習慣，但交通發達以後，與外面接觸頻繁時，

●客家人大多住在與世隔絕的山區，形成牢固的保守色彩。
（陳文和／攝影）

則主動積極的去學習別的方言。

⑶經濟文化實力：社會學上有一種理論證實，所有「邊陲文化」都會向「文化中心」學習，久而久之，邊陲文化會自然消失而融入中心文化裏，中國早期的匈奴、胡人、突厥、後期的滿人、蒙古人，都是因爲自己文化較低而向中心文化的漢族學習，結果自己融入漢族文化之中，失去了自己。客家人這二百多年在臺灣，除了山歌仍爲人稱道，勤儉刻苦的精神仍爲人贊賞而外，在文化經濟上的成就，遠落人後，所以遇到較強經濟的閩南人及較強文化力的外省人時，就以邊陲自居，紛紛向他們學習，我們可以預見，如此長遠發展下去，臺灣的客家人終會消失在強勢文化經濟的方言之中。

在移民與方言的關係中，有一種公則，那就是移居民族的經濟、政治、文化較高，而遷移的人數又很龐大，極可能會取代原居地土著的方言，如東晉永嘉之亂後，蘇北、山東人進入建康（南京）一帶，由於移民在百萬以上，文化經濟又遠超過土著，所以北方官話取代了吳語，這就是顏之推所說：「然冠冕居子南方爲優，閭里小人北方爲愈，易服與之談，南方庶士，數言可辨，隔垣而聽其語，北方朝野終日難分，而南染吳越，北雜夷虜，皆有深弊不可具論。」（見顏氏家訓卷七音辭第十八）很清楚的指出南方士族說北方語，庶人仍說吳語，所以「數言可辨」，而北方官民都使用北方話，所以「終日難分」。客家人與閩人都從廣東福建遷移來臺，本來經濟文化無分軒輊，但由於客家人遷移來臺的人數只及閩人的六分之一左右，且經濟價值高的地域都爲閩人所占，由是在主客異勢的情況下，只有「以客就閩」，大量學習閩語，加上客家人遷移來臺時間不夠集中（從康熙、雍正、乾隆、嘉慶、道光共百餘年間）力量分散，無法與閩人抗衡，所以有許多「棄客就閩」的人，絕少「棄閩就客」的，時日長久以後，客語自然愈來愈不受重視了。

以上所言是客語被忽視的內在因素，至於外在因素，除了首段所言有「閩人強勢語言」「日本皇民化」「政府推行國語」三大浩刼之外，我們可以從客家人移民的特徵來加以分析。一般談移民特徵與方

言的關係，總會注意下面四個關鍵：⑴移民的數量⑵遷徙過程的長短⑶遷徙距離的遠近⑷原居地與新居地的情況。下面依序加以檢視。

⑴移民數量問題：客家人從嘉應、潮州、惠州來臺灣，康熙末年時已有五、六萬之衆，乾隆中、末葉達於鼎盛，實際人數當時沒有詳細調查，但一般推斷，當時閩客比例就與今天差不多（百分之十五到二十之間），根據日本在民國十五年（西元一九二六・昭和元年）所辦的「臺灣在籍漢民族鄉貫別調查」顯示，當時漢人有三百七十五萬

●在閩人的強勢語言壓力下，客家語逐漸被淡忘。

人，占總人數百分之八十八點四，其中廣東省客家人有五十九萬，占百分之十五點六，加上福建汀州府系客籍居民有四萬二千人，共有客家總數六十三萬，占全部臺籍漢人百分之十七左右。以這樣的量來比較，閩南語是完全優勢的方言，加上閩南人比客家人早來（閩人以鄭成功時來臺最多），早就奠定了政治、文化、經濟基礎，所以客語方言的環境遠遜於閩語，當然愈來愈弱，愈被忽視。

⑵遷徙過程長短問題：客家人最早來臺，是跟隨鄭成功來開發，

但人數極少，且都與閩人混同，所以不能算正式移民。眞正的移民應在康熙二十一年（西元一六八三）鄭氏爲滿清所平後開始，尤其康熙二十五、六年時，廣東嘉應州屬的鎭平（今蕉嶺）、平遠、興寧、長樂（今五華）的「四縣人」，由於生活環境困迫，開始大量來臺謀生，到朱一貴事變發生時（康熙三十年）已達五、六萬之多。其後歷雍正朝都有客家人陸續來臺，延續到乾隆鼎盛，嘉慶道光以後才日漸減少，因此，從時間上計算，康熙二十五年到乾隆末（康熙共六十五年，雍正十三年、乾隆也有六十年）的一百多年，是客家人移民臺灣的時限，以遷移過程來講是夠綿長了，而客家話也就因爲移民時間，及分布的聚落零散（有下淡水溪、有臺東、花蓮、有桃竹苗丘陵地，有臺中盆地、臺北盆地）內聚力不夠，所以在閩南語強勢影響下而被忽視了。

⑶遷徙距離遠近問題：前面說過，客籍人士，大都從廣東東北韓江流域的嘉應、潮、惠等地渡海來臺，以地理位置言，算是鄰近移民（離閩南粤東僅百餘里），如果往返方便，常相往來那麼客語方言可以時時與原居地（嘉應等地）頻繁互通，保存客語的原來面貌，自然受閩語的影響可以減少，可惜海峽時有風浪，往返不方便，加上原住地貧瘠不堪，所以移墾客民大都「往而不返」，久而久之，臺灣與原住地之間的客語就漸漸有了距離。因此從遷徙距離看，客家人雖然遷移地不遠，但客家話並沒有得近距離之便保持方言原貌，反而因隔海不便而愈形疏遠，尤其政府來臺四十年間，政治對立，禁絕兩岸住民往來，加上全面推行國語，所以客語不是吸取閩南語，就是逐漸國語化了。

⑷原居地與新居地情況問題：客家人的原住地，從贛南到五嶺九連山，或從武夷山到福建長汀，以及粤東韓江流域一帶，大都是山地和丘陵地，由於山脈綿亘，交通艱險，外力難以侵入，所以語言可以保存得很道地，而來到臺灣的客家人，聚集在桃園、新竹、苗栗等丘陵地帶，早年交通不便，也不易被外力所影響，但屏東六堆（指屏東竹田、萬巒、內埔、長治、麟洛、新埤、佳冬、高樹及高雄、美濃等

●跟隨鄭成功來台開發的客家人，爲數不多。

地）一帶平原較多，交通較方便，自然受鄰近閩南語影響也較大（如新埤、美濃的「他」說成「伊」，）近年來桃園中壢一帶，交通、建設進步，大批中南部閩南人遷入，客語已有漸被閩南語取代的趨勢，統計全省客家人，保存原居地客語較純的大聚落，大概以苗栗山線一帶鄉鎮較完整，而政府推行國語政策，及大衆傳播壟斷，也使苗栗一帶年青子弟講國語化的客語了（如「自然」唸成 ts'ï lan」。

從以上內在的語音特徵、民族特性、經濟文化三個因素，及外在的移民數量、遷徙過程、遷徙距離、居地狀況四條件分析起來，客語方言幾乎都處於弱勢的語言，每一個條件和因素都對臺灣客家話的發展不利，如果客家人本身不知自覺，而政府也不給予平等的語言生存空間，不出百年，臺灣的客語會因此消滅無踪，這對國家語言財產是一大損失，對客家的子孫則是一大羞愧，我們能不戒愼努力而坐視其消滅嗎？

（《客家風雲》第三期）

第四節
爲何要保存客家話？

常常碰到一些客家朋友，我跟他們說客家話，他偏要跟我說國語，我問他爲什麼不講客家話，他說用國語比較好表達，我再問他孩子會不會講客家話，他搖搖頭，然後辯解著說：其實說什麼話都一

樣。

碰到這一類朋友，眞令人又氣又悲哀，想想看，連客家人本身都不重視自己的語言了，那我們又怎能要求別人來重視我們的語言呢？一個人對自己都不尊重，別人更不可能尊重你，所以，客家話今天不受尊重，要從這些不尊重自己語言的人開始再教育，讓他們覺醒，我們的客家話才有延續下去的希望。我不得不苦口婆心的說「為什麼要保存客家話」。

●「還我客家話，尊重客家人」已成台灣客家人共同的心願。

首先，我要反問這些不說客家話的客家人，你怎麼認定一個人是不是客家人？一個在你身邊的「臺灣人」，他不會說客家話，你怎麼認定他是不是客家人？從族譜？從傳說？從血統？從宗教？從風俗習慣？然而，他們都是黃皮膚，都一樣有高有矮有胖有瘦，有單眼皮有雙眼皮，他們有的拜媽祖，有的拜關聖爺，有的拜觀音娘娘，而且各地都有三山國王廟，都有福德祠（伯公），他們都穿著差不多，吃法差不多，都在家有電視冰箱，出門有機車轎車，除了從會不會說客家話這一點以外，我們幾乎無從認定他是不是客家人了！就像各客家雜誌說李登輝、邱創煥是客家人，是從傳說考證得來，但是他們都不會說客家話了，如果不是因爲他們地位高、名氣大，客家人想拉攏他們，把他們底細好好考證一番，我們才知道他們是客家人，否則，光從血統、宗教、風俗習慣，誰會知道他們是客家人？因此會不會說客家話，是認定你是不是客家人的唯一外在條件。

其次，有的人以爲說國語可以完整寫出口語文字，而客家話常常有音無字，所以客家文化比不上國語，因此放棄說客家話，轉而說國語，這個想法是完全錯誤的。事實上，北平話也是方言的一支，一樣有很多有音無字的語詞，只是後來教育單位都以北平話爲準，大家都爭相學習，遇有不會拼的文字，立刻就有專家訂出一個唸法和寫法，於是許多有音無字的語詞，自然可以有其音必有其詞了。

同樣道理，如果客家話也有這樣的教育權，相信不出十年，也可以把所有有音無字的情形統統化解，變成有客家音必有文字可以表達。也就是客語文字化能不能成立，全在是否擁有教育權和傳播權罷了，因此有人以爲國語較高尙，客家話較淺俗，是完全錯誤的。語言並無所謂誰高尙、誰低俗，完全看政治權力屬誰，看誰掌握了教育權和傳播權，那麼他們推行的那個語言自然就變成了高尙的、完整的語言了。如果有人說，大家都說國語，這是一種潮流，我們就乾脆放棄方言改說國語算了，那還不如奉勸大家放棄中國話，改用現在流行全世界的英語，不是更合乎潮流嗎？

一個人有他人格的自尊，有他人格的特質，一個語族也有他的語

●保存客家話是爭取文字權、教育權的重要工作。

族自尊和特質，如果一個語族的人放棄了他的語族自尊，也等於放棄他自己，這和中國人不說中國話、放棄自己是中國人一樣的被人瞧不起。所以，一個客家人不願說客家話，甚而嚮往別種語言，加入別種語言的行列，那他早就沒有語族的族格！當然從個人而言，也沒有他的人格可言，對這樣心態的人，我們除了難過以外，更應自我惕勵，不可丟自己的格。

另外，客家話是早期的中國話，保存了許多早期說詞，所以保存客家話，就保存了漢文化。否則，今天大家都只會說北平話，而不懂客、閩、粵等保有古代音韻的方言，自然就不懂入聲唸法，那麼唸古代詩文，就無法得到實際聲韻的幫助而體會深刻，也無從欣賞他們的音律節奏，而達到唱作俱佳的效果，也可以說，只會說北平話的人，已沒有能力承傳我國的詩學了。更進一步看，今天研究中國語言歷史，如果沒有東南方言的印證，我們也就無從印證中國語言早期的鼻音韻尾（-m, -n, -ŋ）和塞音韻尾（-p, -t, -k）是那麼整齊出現，當然也無法知道「急」「吉」「極」本來應該唸〔kip〕〔kit〕〔kik〕了。因此保存客家話就是保存漢文化，一味推行國語，忽視方言，不但沒有達到復興文化的效果，反而成了戕害文化的兇手。

最後，站在憲法之前，各語族一律平等的原則下看，我們要維護憲法，就必須保存客家話，使客家話的語格得到對等的尊重，這是人活在這世界上很起碼的要求。但是我們的語言政策，完全以政治權的強勢壓力，迫使弱權力的語言就範，以致佔有五分之一人口的客家人，竟然連一個客家電視節目都沒有，其他如廣播電臺，也只有點綴性質的客串幾個小時而已，服務性的新聞氣象、交通資訊的傳達也幾乎沒有客家話，不會說國語的客家人，只能守在鄉間不敢外出，這完全剝奪了他們被服務的權利，他們同樣納稅，卻沒有得到應有的報酬，我們所謂的「公平原則」又在哪裏？

從以上的敍述我們可以清楚知道⑴會不會講客家話，是認定你是不是客家人的最現實、最直接的條件。⑵要客家人受尊重，先要使客家話受尊重。⑶保存客家話是爭取文字權、教育權的重要工作。⑷保存客家話就是保存漢文化。⑸爭取客家話平等權就是爭取人權平等。我們身爲客家一份子，能夠不努力維護我們祖先留給我們的語言嗎？

你知道保存客家話有那麼重大的意義，你還容許自己不說自己的語言嗎？還忍心不教好自己的子女說客家話嗎？

（《客家風雲》第十期）

第二章 客家話在中國

第一節
客家話與其他方言的分佈

在學術上或一般認定上，客家話都被看成是漢語的一支，這個方言與其他方言差異頗大，常常彼此無法溝通，就以臺灣爲例，沒有學過客家話的閩南人或外省人，是無法聽懂客家話的，所以有人認爲，中國方言與方言的差別類似羅曼語 (Romance language) 之中，葡萄

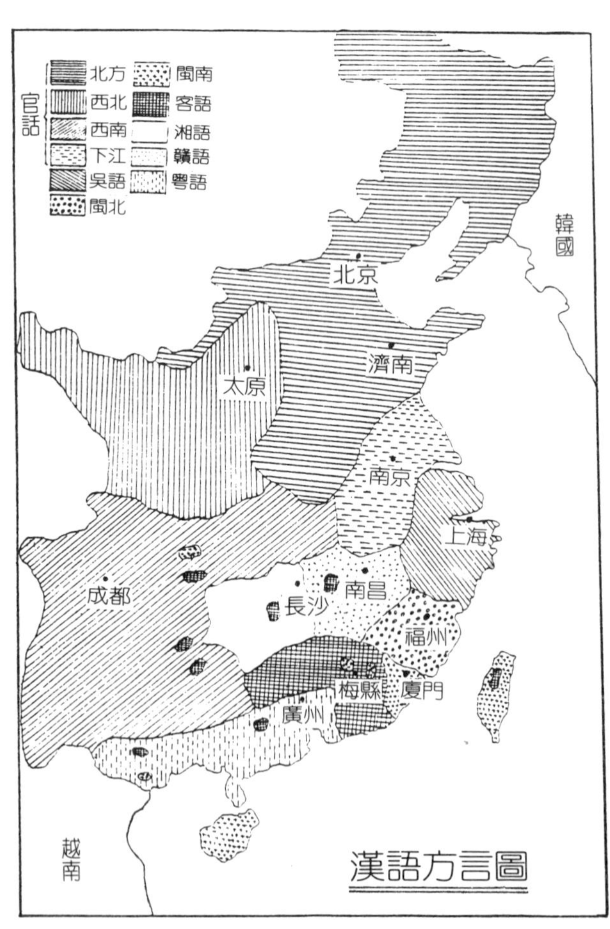

牙語 (Portuguese) 和羅馬尼亞語(Rumanian)之間的差異一樣(註一)，然而，葡萄牙和羅馬尼亞分屬於不同的國家，所以被認爲是不同的語言 (language)，但中國的七大方言，都使用在同一個國家，所以被認爲是不同的方言(dialect)。

漢語各方言的分類，基本上是從語音結構、詞彙特點、自然地理區分及歷史行政區的劃界爲依據，來加以區分的，大部分的學術文獻都把漢語分成七大方言羣(註二)：

一、官話：占漢族總人口百分之七十左右，是漢語中最大的方言，分布在我國北部、中部、西北部和西南部漢人所居住的大部份地區，包括東北三省（遼寧、吉林、黑龍江)、西南三省(四川、雲南、貴州)等廣大區域。依語音特點，又可分四個次方言(註三)(subdialect)區：

1.華北方言（以北平爲代表）。又稱北方官話，大致分布在河北（北京、天津在內）、河南、東北三省及內蒙一部分，常見的說法有河北話（分布河北大部地區，以北京爲代表）、東北話（分布在東北三省及內蒙東部，以瀋陽爲代表）、山東話（分布在山東省中部，以濟南爲代表）、膠東話（分布在膠東半島和遼東半島，如煙臺）、河南話（分布在河南省大部地區，如洛陽。）、淮北話（分布在安徽、江蘇及山東西南）。

2.西北方言（以太原爲代表）。大致分布在西北各省，山西、陝西、甘肅、青海、寧夏等漢族區，常用的分法有山西話（分布在山西省及河北省西部、內蒙古河套地區、陝北、河南北部。）關中話（分布在陝西中南部和甘肅東部，如西安）、寧甘話（分布在寧夏和甘肅河西走廊，如銀川）。

3.西南方言（以成都爲代表）。又稱西南官話，分布在四川、雲南、貴州三省、湖北大部分地區、河南西南部、湖北西北部及廣西北部。常用的稱法有川貴話（分布在四川、貴州）、湖北話（分布在湖北中部、西部，如漢口）、雲南話（分布在雲南省，如昆明）、桂北話（分布廣西北部漢族區，如桂林）。

4.江淮方言（以南京爲代表）。又稱下江官話，分布在江蘇、安徽兩省的長江以北、淮河以南地區，江蘇省江南鎮江以西、九江以東的沿江地帶。可分淮南話（分布在安徽、蘇北大部分地區）、皖南話（分布在安徽南部與浙江交界地帶）、南通話（分布在江蘇江北沿岸濱海地區）。

二、吳語（以上海爲代表）：占漢族總人口百分之八點四，以上海話爲代表，分布在浙江全省及江蘇長江以南、鎮江以東（鎮江不在內）、崇明島、江北沿岸靖江、啓東、海門和南通東部、安徽皖南一部分地區，及江西東北上饒、玉山、廣豐等地。可分六個次方言區：

1.太湖區：這區吳語範圍最廣，北起江蘇南通、丹陽，南到浙江寧海、桐廬。

2.臺州區：包括天臺、三門、臨海、仙居、椒江市、黃岩、溫嶺、寧海的岔路以南地區，樂清的清江以北地區。

3.甌江區：分佈在甌江流域一帶，包括樂清清江以南、永嘉、溫州市、甌海、瑞安、平陽、蒼南、文成、泰順、洞頭、青田等縣市。

4.婺州區：在浙江省中部，包括金華市、蘭溪縣、永康、武義、東陽、磐安、義烏、浦江等八縣市。

5.處衢區：在浙江西南角，包括十七個縣市如縉雲、慶元、常山、江山等地，以及江西玉山、廣豐、上饒、福建浦城的吳語也屬於此區。

6.宣州區：分佈於長江以南、黃山以北的古宣州或宣城郡地區。

三、湘語（以長江爲代表）。占漢族總人口百分之五左右，分新湘語和舊湘語。舊湘語（以雙峯爲代表），分布在湖南中部、沅水東南、湘水以西及資水流域，如寧鄉、湘鄉、雙峯、衡陽；新湘語（以長沙爲代表），分布在湘北、湘中一帶，如長沙南縣、沅江、益陽、寧鄉、湘陰、湘潭、安化、株州等地。

四、贛語（以南昌爲代表）。又叫江西話，占漢族總人口百分之二點四，分布在江西中部、北部，也散見於安徽、湖南、湖北。分布情形大致如下（註四）：

●客家團體在世界各地都存在着，台灣的客家話卻備受壓迫。

1.江西省：南昌市、南昌、新建、安義、永修、修水、德安、星子、都昌、湖口、高安、奉新、靖安、武寧、宜春市、宜豐、上高、清江、新干、分宜、萍鄉市、新余市、萬載、豐城、吉安市、吉安、吉水、峽江、安福、蓮花、泰和、永新、寧岡、井岡山寺、永豐、萬安、遂川、撫州市、臨川、崇仁、宜黃、樂安、南城、黎川、資溪、金溪、東鄉、進賢、南豐、廣昌、鷹潭市、貴溪、萬年、余江、余干、樂平、波陽、橫峰、弋陽、鉛山、彭澤、景德鎮市。

2.安徽省：贛語分佈在江山安慶地區的望江、宿松、太湖、懷寧、潛山、岳西，江南的東至、貴池等地方。

3.湖南省：贛語分佈比較密集的縣份有安仁、永興、資興、耒陽、常寧、醴陵、華容。雜有其他方言的縣份是臨湘、岳陽、平江、瀏陽、攸縣、茶陵、酃縣、隆回、洞口、綏寧。

4.湖北省：東南角的大治、咸寧、嘉興、崇陽。

五、客家語（以梅縣爲代表）。占漢族總人口百分之四，遍布長江以南的許多地方，主要在廣東東北，江西南部和福建西部、北部，廣西南部、湖南、四川也有客家方言島，臺灣及東南亞印尼、馬來西亞、新加坡、泰國、越南、菲律賓僑民，都是客家話分布區。分布情形大致如下（註五）：

1.江西省：客家話分布在南部十七個縣，可分兩區。東區包括興國、寧都、石城、瑞金、會昌、尋烏、安遠、定南、龍南、全南、信豐；西區包括大余、崇義、上猶、南康、贛縣、雩都。江西西北的銅鼓縣百分之六十的人口也說客家話。

2.湖南省：汝城、桂東、酃縣、茶陵、攸縣、瀏陽、平江等縣境內都有客家話。

3.四川省：新都、金堂、廣漢、什邡、彭縣、溫江、雙溪、新津、仁壽、簡陽、樂至、安岳、威遠、資中、內江、榮昌、隆昌、當

●客家原鄉，經濟並不發達（陳文和／攝影）。

順、瀘縣、合江、宜賓、儀隴、巴中、通江、廣安、西昌、三臺、德陽、綿竹、梓橦諸縣境內都可見到客家話散佈。四川境內的客家話自稱叫做「廣東話」，四川人稱之爲「土廣東話」。

4.廣東省：曲江、英德、翁源、始興、乳源、陽山、樂昌、南雄、仁化、連縣、連南、連山、梅縣、大埔、五華、興寧、蕉嶺、豐順、和平、龍川、紫金、河源、連平、平遠、廉江、電白。

5.廣西省：欽州、防城、那彭、久隆、浦北、合浦、靈山、陸川、博白、貴縣、玉林、黎塘、賓陽、賀縣、鍾山、昭平、來賓、桂平、平南、象州、柳州、蒙山、荔浦、陽朔。客家話在廣西叫「新民話」或「麻介話」。

6.福建省：邵武、光澤、泰寧、建寧、順昌、將樂、明溪、寧化、清流、連城、長汀、永定、武平、上杭。

7.貴州省：榕江縣。

8.臺灣省：臺北、桃園、新竹、苗栗、臺中、彰化、南投、雲林、高雄、屏東、花蓮、臺東。（詳見《客家話在臺灣》）

楊福綿先生在《客方言的音韻成素》（Elements of Hakka Dialectd 一九六七）一文中，以語音特徵把客家方言區分爲七個次方言區，各取幾個定點來分析它們的不同，大致可以得到下面的差別：

1.梅縣區：包括梅縣、蕉嶺、平遠、新竹（臺灣）。

㈠聲母：無捲舌音 tʂ- tʂʻ- ʂ- ʐ-。

㈡韻尾：-m -n -ŋ -p -t -k六個輔音韻尾俱全。

㈢聲調：陰平、陽平、上聲、去聲、陰入、陽入六個調。

2.興寧區：包括興寧及其鄰近地區。

㈠聲母：有捲舌聲母 tʂ- tʂʻ- ʂ- ʐ-。

㈡韻尾：只有 -n -ŋ -t -k四個輔音韻尾（無-m -p）。

㈢聲調。和梅縣區一樣六個調。

3.饒平區：饒平一帶。

㈠聲母：沒有捲舌音 tʂ- tʂʻ- ʂ- ʐ-，但有時用 f- 代替梅縣的

s-，如「水」字梅縣唸 sui，饒平唸 fi。

㈡韻尾：有 -m -n -ŋ -p -t -k 六個輔音韻尾。

㈢聲調：只有陰平、陽平、上聲、陰入、陽入五個調。

4.海陸區：包括海豐和陸豐地區。

㈠聲母：有舌尖面聲母 tʃ- tʃ'- ʃ- ʒ-。

㈡韻尾：有 -m -n -ŋ -p -t -k 六個輔音韻尾。

㈢聲調：有七個調，由於去聲分陰去和陽去，所以比梅縣多出一個調。

5. 香港區：包括香港、沙頭角和中山地區。

㈠聲母：沒有捲舌聲母，但 n- l- 不分。

㈡韻尾：有 -m -n -ŋ -p -t -k 六個輔音韻尾。

㈢聲調：和梅縣一樣有六個聲調。

6. 汀州區：包括長汀及鄰近區域。

㈠聲母：有舌尖面聲母 tʃ- tʃ'- ʃ- ʒ-。

㈡韻尾：有鼻區韻尾 -ũ 與 -ẽ 代替梅縣的 -on 與 -an。而韻尾輔音 -m -p -t 和 -k 已經消失都變成喉塞音 -ʔ。

●永定的客家話，在台灣較少見（陳文和／攝影）。

㈢聲調：有五個調，因爲韻尾都是喉塞音 -ʔ ，所以沒有入聲調分陰陽的現象。-ʔ 合陰平、陽平、上聲、去聲共五個調。

7.四川區：包括華陽及附近其他地域。

㈠聲母：沒有捲舌音，但 n- 與 l- 不分。

㈡韻尾：沒有 -m -p -t -k 等輔音韻尾，而有喉塞音 -ʔ。

六、閩語：占漢族總人口百分之四點五，其中閩北話占百分之一點五，閩南話占百分之三。分布在福建省大部分地區，廣東省東部潮汕地區，海南島和雷州半島部分地區，浙江南部溫州地區一部分和舟山羣島，臺灣大部分地區，以及南洋羣島、中南半島等僑地。次方言可分三種：

1.閩南方言：分布福建南部的厦門、金門、同安、漳州、泉州、長泰、華安、龍海、漳浦、雲霄、南靖、平和、東山、詔安、漳平、德化、龍岩、晉江、南安、安溪、永春、惠安、大田等地。廣東東部汕頭、潮州、南澳、澄海、饒平、揭陽、揭西、潮陽、普寧、惠來、海豐、陸豐。海南島的海口、瓊山、澄邁、定安、屯昌、瓊中、文昌、瓊海、萬寧、陵水、崖縣、樂東、東方、昌江等縣。及雷州半島部分地區，浙江南部平陽、玉環和舟山羣島，江西鉛山、上饒、玉山，廣西中南部桂平、北流等地，臺灣大部地區，南洋羣島（非律賓、新加坡、印尼）及中南半島(泰國、馬來西亞)的華僑。以厦門話爲代表。

2.閩東方言：分布在以福安爲中心的山區，包括福安、寧德、周寧、壽寧、霞浦、福鼎等縣，以及以福州爲中心的閩江下游，包括福州、閩侯、長樂、福清、閩清、平潭、永泰、古田、羅源、連江、屏東各縣。以福州話爲代表。

3.閩北方言：分布在建甌、建陽、崇安、松溪、政和、浦城、南平等縣，以建甌話爲代表。另外以永安話爲代表的永安、三明、沙縣的閩中話，與閩北話接近，一般都歸入閩北方言。

七、粤語（以廣州爲代表）。占漢族總人口百分之五，習慣上稱爲「廣東話」，本地人叫「廣府話」或「白話」，分布在廣東省大部分、福建省南部和廣西東南，以及港澳地區、美國和南美華僑地區。

●蕉嶺客家人的土樓（陳文和／攝影）。

廣東省內可分五個次方言區（註六）：

1.廣府系：分布在珠江三角洲大部地區和粵西肇慶地區沿西江一帶，包括廣州、番禺、順德、南海、佛山、三水、清遠、龍門、花縣、從化、佛岡、東莞、寶安、深圳、增城、中山、珠海、英德、肇慶、高要、高明、新興、雲浮、電白等縣。

2.四邑系：分布在臺山、新會、開平、恩平、鶴山、江門、斗門七縣。美洲華僑、華裔大多原籍四邑。

3.高陽系：包括陽江、陽春、高州、茂名、信誼、廉江、湛江、化州、吳州。

4.勾漏系：分布在四會、廣寧、德慶、羅定、郁南、開封、懷集、信宜、陽山、連縣、連山。

5.吳化系：分布在吳州、化州、湛江三縣。

●文革後重修的客家圓樓門景（陳文和／攝影）。

廣西省也可分四個粵語次方言區：

1.廣府系：分布在梧州、蒼縣、賀縣及平南的丹竹、大安。

2.勾漏系：分布在玉林、梧州。

3.邕潯系：分布在南寧、柳州、邕寧、崇左、寧明、横縣、桂平、平南等地。

4.欽廉系：分布在欽州、合浦（廉州）、浦北、靈山、防城、北海。

第二節　客家人口

這個問題，長時期以來，都是很難弄清楚的，由於客家人分布很廣，而且實際分布狀況的掌握，到如今都還沒有十足的把握，加上歷來統計人口，都沒有單以客家爲統計對象，所以到目前爲止正確客家人口數都沒有一定的結論，一般都以主觀估計，說法不一，頗值得商榷。

一九三三年，羅香林在確定純客住縣三十二個、非純客住縣九十五個的前提下，依據幾個二十年代的人口調查報告，對非純客縣採用三級計算法（第一級占全縣人口的80%，第二級占30%，第三級占10%），所得結果是：

純客住縣：六、八七〇、二二八人

非純安縣：九、六七七、八四六人

總　　計：一六、五四八、〇七四人

當時人口爲四億三千六百萬，客家人占百分之三點七九，折算起來，當時客家人數不超過二千萬。

一九五〇年《客家源流考》在客住縣增爲一八四個的前提下重新計算，併加了臺灣客家人所增數目及南洋華僑，共有二千五百二十萬人。

一九五六年袁家驊《漢語方言概要》根據全國人口統計數字和一九五六年至一九五八年全國漢語方言普查，估計客家人占全國漢族人口五億四千七百萬的百分之四，約二千萬。但作者說明由於「調查研究不夠全面深入」以上數字「是不很精確的」。

五十年代，這兩個統計數字十分相近，應該比較接近事實了。但是今天八十年代了，還以「人口約二千萬」來說明客家，是非常不合理的。因爲三十多年來臺海兩岸人口爆增，由五億變成十億，客家人也成比例增加。

如果依據一九八二年全國人口普查數做一估算：

廣東省總人口五千九百三十萬，其中純客住縣人口八百五十七點五萬，平均每縣五〇、四四萬，非純住縣總人口爲二千四百零二點五萬，若一律按客家人30%計算，那麼就有七二〇、七五萬，平均每縣一六、三八萬，則全省爲一五七八、二五萬。按純住縣平均五〇、四四萬人，非純住縣平均一六、三八萬計算其餘省分（註七），則純住縣有八〇七、四四萬人，非純客縣爲一六七〇、七六萬人，合計二四七八、二萬人。

把廣東省客家人口一千五百七十八萬三千五百人與其餘各省的二千四百七十八萬二千人相加起來，再加上臺灣的三百萬（註八），港、澳和海外華僑，總數當在四千五百萬左右。

●梅縣的市街景況（陳文和／攝影）。

第三節
客家話的歷史層次

在第二節所舉的七大方言，從它們的語言特色來分析，有的方言比較古老，有的方言比較新進。而造成古老與新進的原因，可從語言的分化先後來認定它，早從古漢語分化出來的就較古老，慢分化的溶入較多其他語言的成分，就較新進。在同一方言中各次方言的語音成分也有差異，這些次方言的差異，大都與移民的先後有關，先移民帶來的成分較古老，後移民的受別方言影響變化較快，所以形成不同層次，例如厦門方言中「石」字，口語讀〔tsioʔ〕單用，指石頭，而在「石硯」（硯臺）中讀〔siaʔ〕，文讀則是〔sik〕；又「席」字，在「席仔」（草席）中讀〔tshioʔ〕，在「筵席」中讀〔siaʔ〕，文讀則唸〔sik〕。這兩個字的三種讀音，第一種是秦漢音，第二種是南朝音，第三種是唐宋音。三種音代表厦門話的三個歷史層次（註九）。客家話的這種層次不太明顯，但也有一些詞有文白讀法及古今異音的不同，例如「中」字，在表示「中央」時唸〔tuŋ〕（如 ti tuŋ），一般說「中間」時唸〔tsuŋ〕，又如「知」這個字，語音說〔ti〕，讀音說〔tsï〕，很明顯的可以看出，前者是南北朝的音，後者是唐宋以後音（註十）。另外客家話「分」字有兩種唸法，在「給」和「分開」的意思時唸〔pun〕，在「時間」和「分數」時唸〔fun〕，也是不同層次的音，聲母唸 p- 時是切韻以前的音，唸 f- 時是切韻以後的音，其他如「縫」這個字，表示「隙縫」時唸〔p‘uŋ〕，稱「裁縫」時唸〔fuŋ〕，都是相同的道理（註十一）。

整個漢語方言，大致可以分成五個層次：吳語、湘語是第一層次，粵語是第二層次，閩語第三層次，贛語、客語是第四層次，江淮官話、西南官話、北方官話是最後一層次，而吳湘語之前的上古漢語又可以與古藏語相連接，這些層次可以用表顯示：

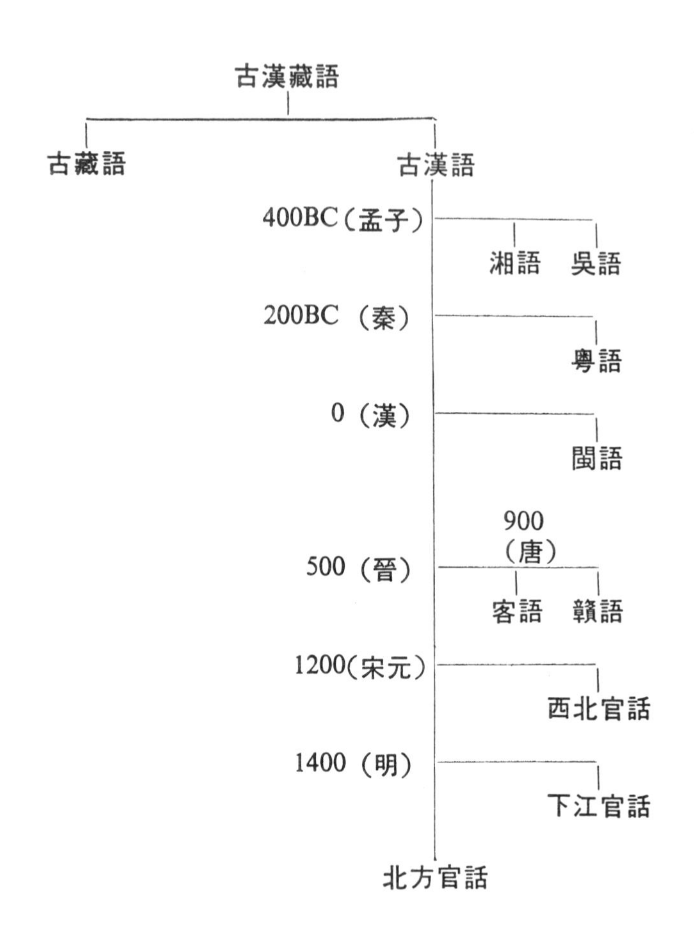

這些方言區分層次的條件，最主要的是從濁聲母及塞音尾、鼻音尾來看，可以得到一個梗概：

1.**濁聲母**：吳語濁聲母如蘇州有 b-（敗）d-（逃）g-（共）dz-（巨）z-（坐）v-（扶）ɦ-（紅）等保持上古濁聲母很完整；湘語也保有不少濁聲母，如湘鄉的b-（排）d-（道）dz-（才）dz-（在）；粵語有的次方言保有不少濁聲母，如玉林的 b-（符）d-（徒）v-（

●客家傳統的圓樓，是客家最具代表性的建築（陳文和／攝影）。

花）；閩語的濁音 b-（蚊）dz-（入）g-（牛）；其他，除了客語及西北官話有 v- 以外，都沒有濁音母了。

2. **入聲尾**：吳語塞音尾 -ʔ（甲骨六），湘語入聲尾消失，粵語保存 -p（甲）-t（骨）-k（六）；閩語入聲有 -ʔ（甲）-t（骨）-k（六）；客語有 -p（甲）-t（骨）-k（六）；贛語有 -t（甲骨）-k（六）；江淮官話（如南京）有入聲 -ʔ（甲骨六）一個；西南官話（如成都）與北方官話大都入聲安全消失 -ø（甲骨六）。

3. **鼻音尾**：吳語鼻音尾 -m 消失在元音上起變化，如蘇州的「甘」唸 ꜀kφ，湘語鼻音尾 -m 變 -n 或鼻化～，如「劍」在長沙唸 tɕiẽ，「甘」唸 kan，粵語保留 -m-n-ŋ，閩語也保有 -m-n-ŋ，客話也有 -m-n-ŋ，贛語 -m 變 -n，如「甘」唸 kan，西北官話 -m -n統統變鼻化音，如西安「林」唸 ꜁liẽ，「班」唸 ꜀pæ，下江官話 -m -n也都唸鼻化，如「林」唸 ꜀lin，「班」唸 ꜀pæ̃。

綜合以上濁聲母、塞音尾、鼻音尾如下圖：

方言 條件	北方	下江	西北	贛	客	閩	粵	湘	吳
	北京	揚州	西安	南昌	梅縣	廈門	玉林	湘鄉	蘇州
b-						+	+	+	+
d-							+	+	+
g-						+		+	+
v-			+		+		+		+
dz-						+		+	+
z-								+	+
ɣ-								+	+
-p					+	+	+		
-t				+	+	+	+		
-k				+	+	+	+		
-ʔ		+	+			+			+
-m					+	+	+		
~		+	+			+		+	+

濁聲母保存較完整的方言，屬於較古的層次，而入聲從粵語以下，保存越少塞音尾的方言則是越後期的方言，因此，西北官話層次比下江官話早，下江官話比北方官話早，也是可以想見的。客家話與贛語的層次，雖然保留了不少南北朝的語音（前面所舉「知」「分」等字），但在整個客家話中，依然只是聊備一格的少數音而已，所以客家話從晉時分出，然後慢慢變化成了今天的方言，應該可以找出很特殊的條件，以有別於其他方言，而且這些條件可以從中國語音史上找到答案，本文非專以此論述，故不再「敷衍」。

附錄　中國境內的語言

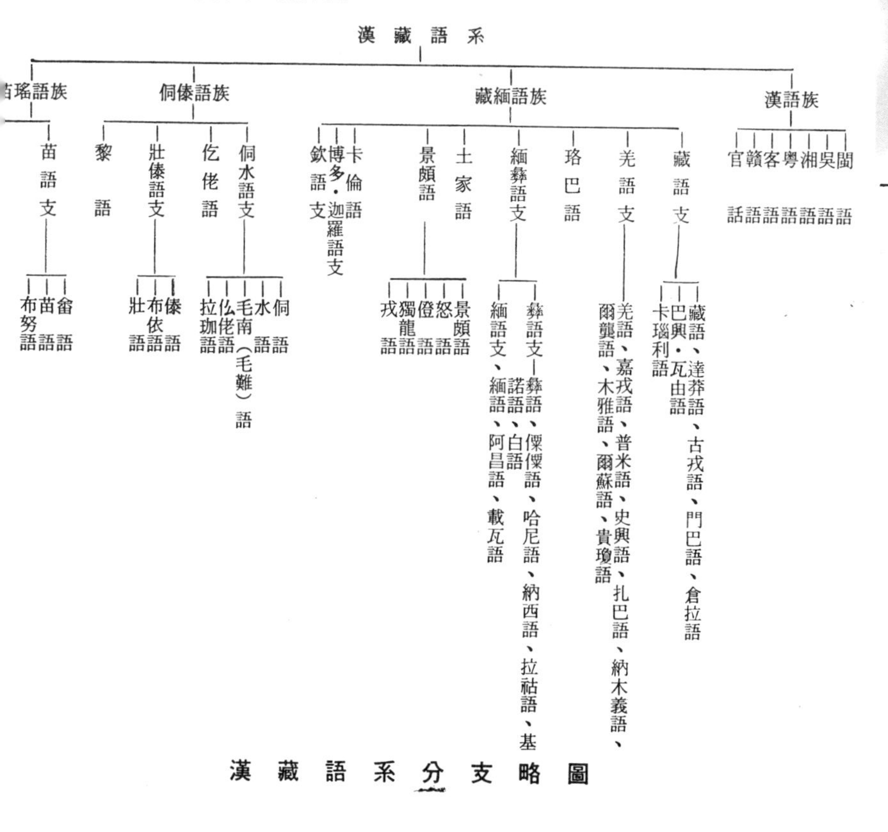

漢藏語系分支略圖

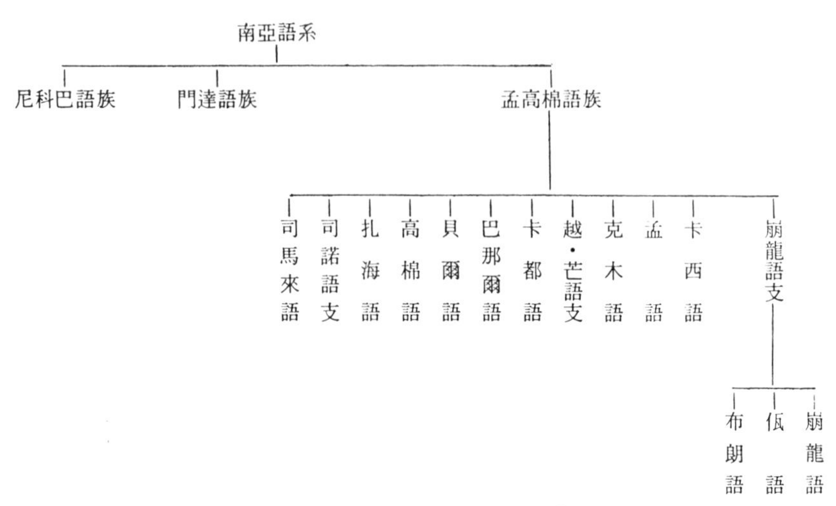

南亞語系分支略圖

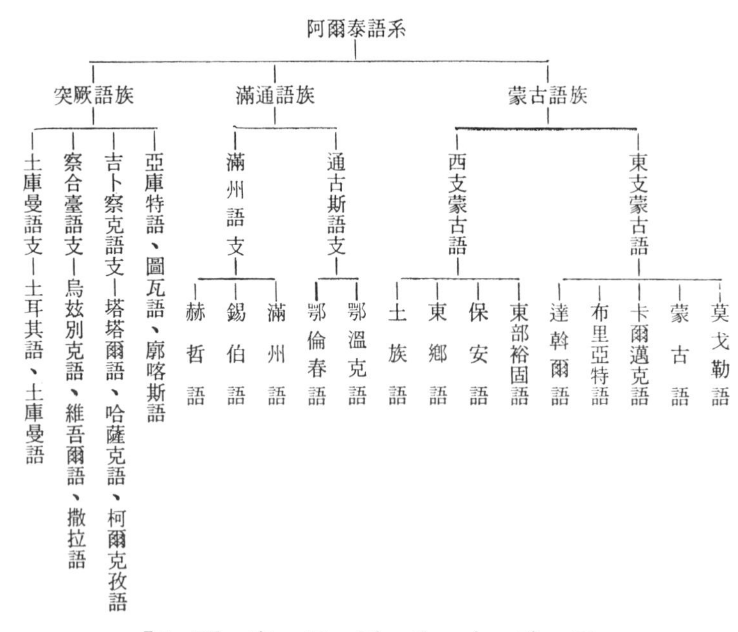

阿爾泰語系分支略圖

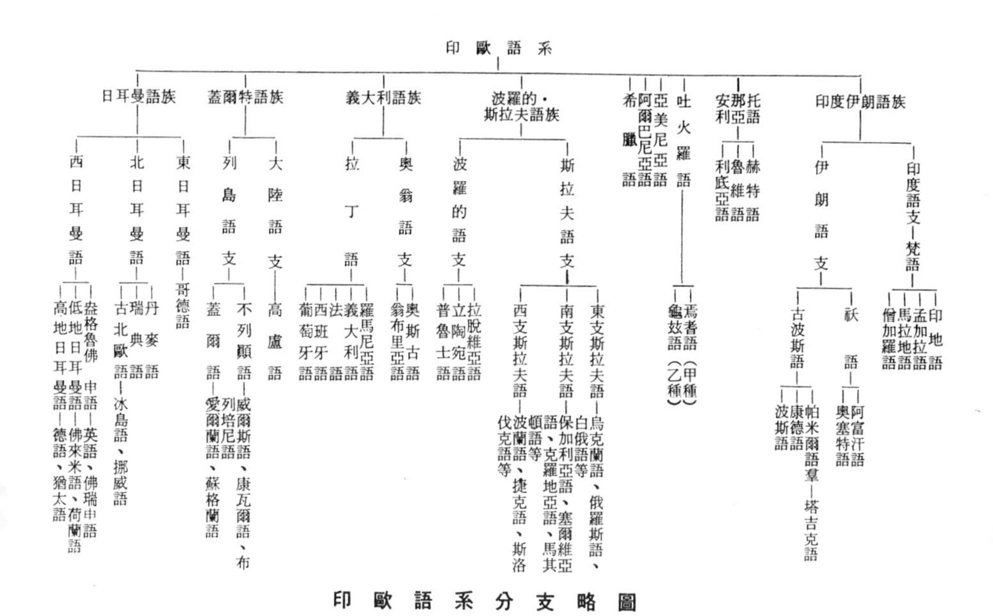

印歐語系分支略圖

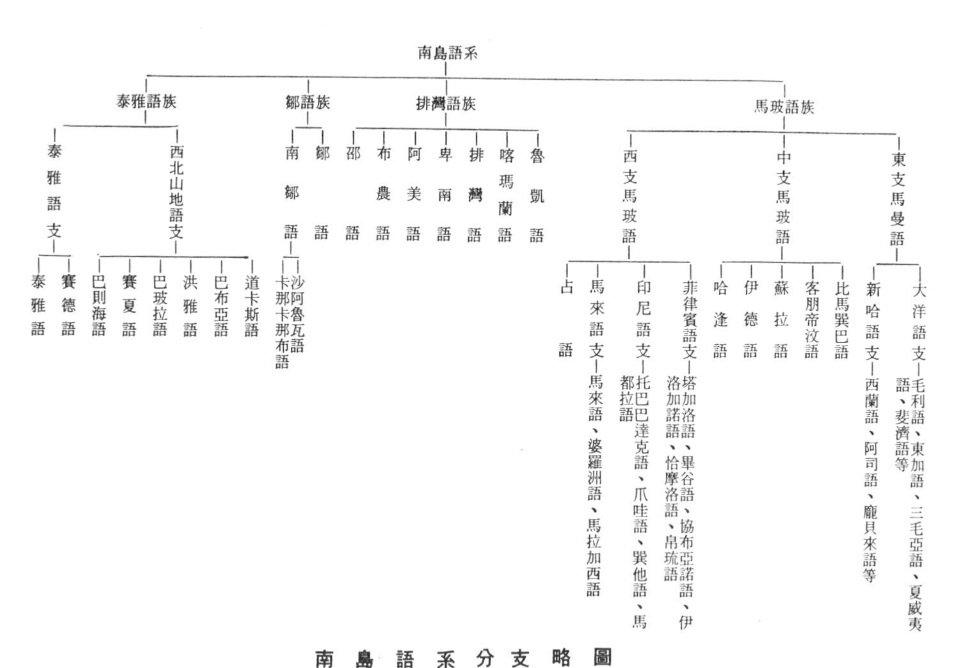

南島語系分支略圖

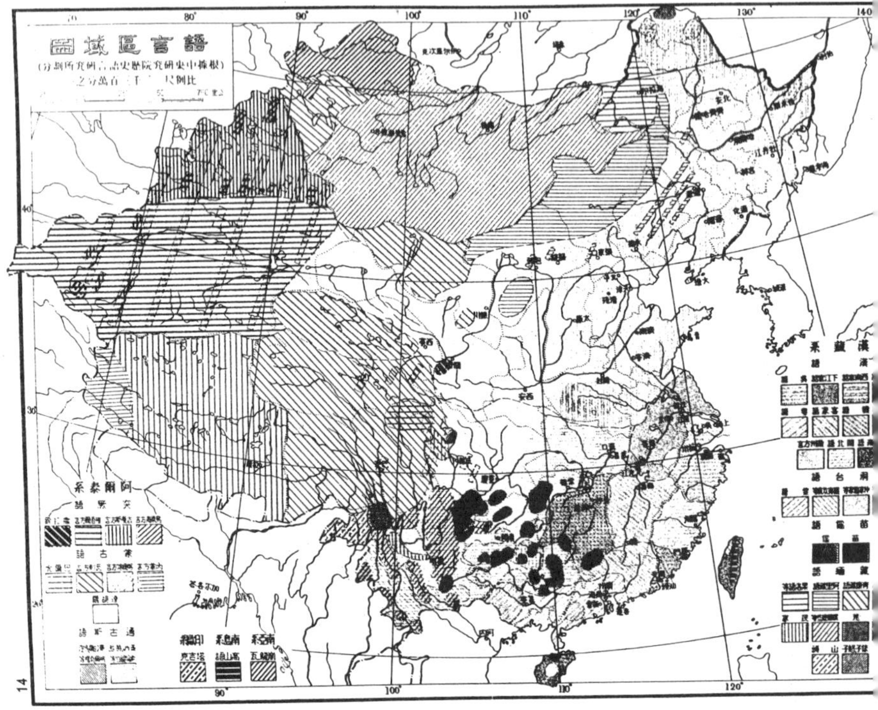

圖三十二　中國境內的語言

註釋：

註　一：原說見 Charles N. Li 和 Thompson 的“Mandarin Chinese” intraduction (P. 2) 作者認為廣東話 (Cantonese) 和國語 (Mandarin) 之閒的不同，大致相當於葡萄牙語 (Portuguese) 和羅馬尼亞語 (Rumanian) 在羅曼語 (Romance Language) 之中的差別。

註　二：如袁家驊的《漢語方言概論》1983，詹伯慧的《現代漢語方言》1980，Thompson 的 “Mandarin Chinese” 1981 周振鶴、游汝杰的《方言與中國化》，1986。

註　三：區分的類別採用詹伯慧《現代漢語方言》第五章〈地方方言〉，頁92。

註　四：說見張光宇先生《中國的語言分布——漢語方言》、《國文天地》，1983年3月1日，頁81。

註　五：客家分區參用劉震川、張衛東的〈論客家研究的幾個基本問題〉，文見第一屆客家學研討會論文，《深圳大學學報》，1988。

註　六：參見詹 (1980)，張 (1988)。

註　七：「純住縣」與「非純住縣」根據羅香林 (1933) 的調查，按現行區劃縣名有：

(一) 江西省

純客住縣：尋烏　安遠　定南　龍南　全南　信豐　南康　安南　崇義　上猶

非純客住縣：贛縣　興國　于都　會昌　寧都　石城　瑞金　廣昌　永豐　萬安　遂川　吉安　萬載　萍鄉　修水　吉水　泰和

(二) 福建省

純客住縣：寧化　長汀　上杭　武平　永定　將樂　沙樂　南平

非純客住縣：清流　連城　龍岩　明溪　平和　詔安　崇安

(三) 廣東省

純客住縣：梅縣　興寧　五華　平遠　蕉嶺　大埔　連平　和平　龍川　紫金　仁化　始興　英德　翁源　赤溪 (51年併入台山) 陸河

非純客住縣：南雄　曲江　樂昌　乳源　連縣　連山　陽山　惠陽　海豐　博羅　增城　龍門　寶安　東莞　花縣　清遠　佛岡　開平　中山　番禺　從化　揭陽　饒平　信宜　潮安　河源　豐順　鶴山　徐聞　陽春　三水　臨高　陵水　廣寧　惠來　儋縣　定安　崖縣　化州　潮陽　澄邁　萬寧　新豐　羅定　台山　封川 (61年合併建縣為封開縣)

(四) 廣西省

非純客住縣：防城　合浦　欽縣　桂平　貴縣　蒼梧　平南　博白　玉林

北流　藤縣　賀縣　武宣　象縣　橫縣　武鳴　陸川　宜山
柳川　融安　鹿寨　昭平　平樂　賓陽　邕寧　鍾山　荔浦
三江　羅城　柳城　來賓　陽朔　蒙山　崇左　東蘭　南丹
信都　金秀　鳳山　馬山　環江　扶綏　寧明　河池

（五）湖南省

非純客住縣：汝城　郴縣　瀏陽　平江　宜章

（六）四川省

非純客住縣：涪陵　巴縣　榮昌　瀘縣　內江　資中　新都　廣漢　成都
雙流　灌縣　會理（原屬西康）　新繁（65年併入新都）

（七）貴州省

非純客住縣：榕江

（八）臺灣省

非純客住縣：臺北　彰化　桃園　新竹　臺中　高雄　花蓮　屏東　臺東
苗栗　南投　雲林

總計純客縣34個，非純客縣146個，共180個。

註　八：人口數臺灣的部分未做詳實調查，這裏按臺灣總人口一千九百萬，客家人占百分之十五的比例加以推算約三百萬，劉、張文（見註七），推算約二百七十萬，未註明根據資料。

註　九：見周振鶴、游汝杰《方言與中國文化》頁50。

註　十：（知）（中）都是（知母）字，唐宋時唸 0-，切韻以前（端知不分）唸 t-，這種現象從許多語調上可以看出，如 tok（琢），ti tu（蜘蛛），tu（貯），toi（追）；t‘aŋ（埕），tuŋ（撞），tuk（涿），tuk（啄），t‘uk（濁），tut（鐲），toi（碓），t‘ok（擇）……都是。

註十一：這類字，都是非敷奉系列的字，唸重唇（幫滂並）是切韻前（幫非不分）的現象，客家話中常用的字有p‘ioŋ（紡），p‘uŋ（蜂），p‘uŋ（馮），pioŋ（枋），pioŋ（放），p‘n（符），p‘u（斧），p‘u（孵），p‘u（瓠），p‘u（甫），p‘u（脯），p‘u（浮），p‘oi（吠），pi（飛），p‘i（肥），pun（糞），pot（發），puk（腹），puk（卜）……等都是。

第三章
客家話在台灣

在臺灣地區的客家話則以梅縣區（四縣話）和海陸區（海陸話）爲主，居民大多分布在臺北到彰化之間及屏東六堆、高雄美濃一帶。其中桃園的中壢、平鎮、龍潭等地以說四縣話爲主，而觀音、新屋、楊梅則以說海陸爲主。新竹縣的竹東、横山、關西、新埔、湖口、寶山、芎林等地的客家人占全縣人口百分之九十以上，以說海陸話爲主。苗栗縣通行四縣話，除靠海的苑裡、通霄、竹南、後龍、三灣及卓蘭有閩南人居住以外，其他如苗栗、公館、頭份、大湖、銅鑼、三義、西湖、南庄、頭屋等鄉鎮，幾乎都是講四縣客家話，因此苗栗在臺灣就成爲客語的大本營，也是梅縣區（四縣話）的中心。其他除了在新竹及臺中東勢有部分說饒平話以外，客家人住地就要跳接到高雄美濃及屏東的長治、新埤、萬巒、竹田、內埔、麟洛、佳冬、高樹等地，這一帶客家人也以說四縣話爲主。下面依北中南東次序列出客家話的鄉鎮。

一、北部地區：以臺北、桃園、新竹、苗栗爲範圍：

1.臺北：臺北縣的八里、泰山、林口、五股、新莊、淡水、三芝、石門、土城、三峽、樹林、鶯歌、平溪、汐止、景美、木柵、新店、石碇、深坑、金山、萬里等鄉鎮，早期都有不少客家人來開發聚居，如今僅剩零零落落快變「福佬客」的散戶人家，近年由苗栗、新竹、桃園北上就業的客家人則散居三重、板橋、中和、永和爲多。臺北市早期則以今日青年公園到克難街、厦門街、南昌街旁及中永和一帶爲客家區，今天的三張犂（通化街一帶）、六張犂（臥龍街一帶）、五分埔（虎林街一帶）、合江街、五常街、士林、北投都住了不少客家人。另外近二十年內由桃竹苗遷入臺北市的內湖、淡水河、新店溪左岸的地帶也聚散不一的住了不少客家人，而且大都以客居的情況住進來，年節都返鄉團聚。這些在臺北的客家人，在臺北市的大都使用國語，在臺北縣大都使用閩南語，幾乎沒有成區域性的客家方言出現，但在家裏和鄉親相聚時仍以說客語爲主。

2.桃園：早期在南崁、竹圍、八德、復興（角板山）、大溪都是客家話通行區，如今這些鄉已漸爲閩南勢力所取代，只剩中壢、龍潭、平鎮（以上說四縣話），觀音、新屋、楊梅（以上說海陸話）。

3.新竹：新豐、新埔、湖口、芎林、橫山、關西、北埔、寶山、峨眉等鄉鎮大都是客家區，以說海陸話爲主，也就是說今日的新竹縣

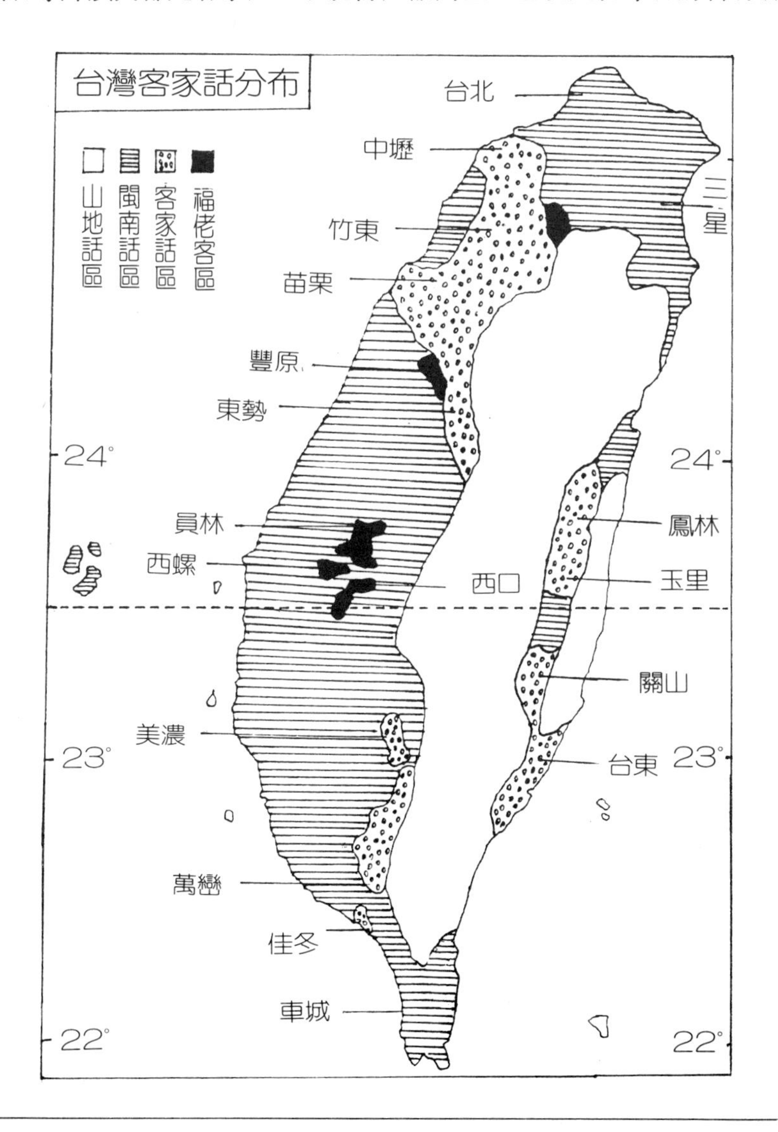

是客家海陸話的主要分布區。

4.苗栗縣：是客家四縣話聚集最緊密的地區，全縣除了沿海地區的苑裡、通霄、竹南、後龍、三灣及山區的卓蘭以閩南話較盛以外，其他苗栗、公館、頭份、大湖、銅鑼、三義、西湖、南庄、頭屋等靠山地帶都是純說四縣客語的鄉鎮。

二、中部區：以臺中、彰化、雲林爲範圍：

1.臺中：早期在神岡（新廣）、社口、潭子（潭仔墘）、豐原（葫蘆墩）、大雅（壩雅）、石岡（石仔岡）、東勢（東勢角）、大甲、新社、谷里、石圍牆、日南、沙鹿等都是客家人開發地，如今只剩東勢、石岡、新社、卓蘭（屬苗栗縣）一帶還說客家話(饒平話爲主)，其餘豐原、潭子、神岡、后里等地已成了閩南話勢力。

2.彰化：早期大村以南，員林、永靖、埔心、社頭、北斗、溪州、竹塘等鄉鎮原爲客家區，如今都淪爲福佬客，只有部分老一輩的人，懂一些客家話而已。

3.雲林：早期二崙、西螺、崙背都是客家區，以說紹安客家話爲主，如今大都以閩南話爲主，中年以上還有人會說不很純正的紹安客家話，其他都成了福佬客，這是馬上就要消失的客說方言島（註一）。

三、南部區：以嘉義、屏東、高雄爲範圍：

1.嘉義：早期新港、溪口、大林、北港及阿里山都是客家區，屬饒平客話，但現在都不會說客家話了，成了道地的福佬客。

2.屏東：是南部客家的大本營，所謂「六堆客家」就是以竹田（竹頭角）、萬巒、內埔（檳榔林）、長治、麟洛、新埤、佳冬（茄苳腳）、高樹爲主的客家區，以說四縣話爲主。

3.高雄：早期的右堆武洛，後來開闢成美濃、杉林、六龜，是與屏東另外五堆連成一脈的六堆客家區，也是說四縣的客語區。另外早期在林邊、東港、車城一帶也都是客語區，但現在都成了福佬客。

四、東部區：以宜蘭、花蓮、臺東爲範圍：

1.宜蘭：有三星鄉、蘇澳鎮（朝陽里、南強里）、圓山鄉（雙連埤）、東山鄉（廣興、大進）、礁溪鄉（三民村)、羅東鎮（北城)。

●客家人性格保守，堅忍、勤勞。(劉還月／攝影)。

以說紹安客語爲主，如今大都改用閩南話。

2.花蓮：花蓮市(國富里、主權里)、吉安鄉、壽豐鄉、光復鄉、玉里鎭約有四成客家人，瑞穗、鳳林、復金、壽豐鄉有四成以上客家人，這些客籍人士大都從西部桃竹苗東來開墾的，以說海陸客話居多。

3.臺東、池上、關山、鹿野、成功、太麻、碑南也是客家重鎮，大都從屏東遷移而來，以說四縣話爲主。

以上是臺灣客家話的分布概況，並附分布圖如下：

四縣是指興寧、五華、平遠、蕉嶺四個縣，都是舊屬於廣東嘉應州，州治現在稱爲梅縣，所以臺灣的四縣話就以梅縣話爲基準。海陸話是指廣東海豐、陸豐兩縣的話，所以簡稱海陸話。由於在臺灣的客家人以說四縣話和海陸話占絕大多數，所以第四章「客家話的音韻系統」的描寫，就以四縣爲主，第七章「四縣話與海陸話」才改用比較方式，其他少部分饒平話、紹安話 ， 則不另補充說明 。而且四縣與海陸兩個次方言之間的聲母和韻母的差別非常有限。只有聲調差別較大，所以本書先以四縣話爲基礎，介紹客家話的聲韻調（註二），然後比較臺灣現階段客家話中次方言(sub dialect)的差異及特性（註三），最後以臺灣兩大客家話「四縣」和「海陸」爲主（註四），做深入的比對分析，並歸納變調及文白差異。

註釋：

註　一：參見《人間雜誌》〈田底村的故事〉39期，78年1月1日，臺灣客家專號，頁84，記載雲林一帶客家人生活及客家話失落情形。《客家風雲》〈消失的客家方言島〉洪惟仁先生的分析，第3期，76年1頁13-17。

註　二：根據拙作《客語語法》第三章〈語音描寫〉之部，以苗栗為準，1984。

註　三：根據筆者所撰〈臺灣客語次方言的語音現象〉《國文學報》(師大)，1987年。

註　四：參考楊時逢〈臺灣桃園客家方言〉《史語所集刊》甲種之二十二，1957年。

第四章 客家話的聲韻系統

第一節　緒言

臺灣的客家話基本上以四縣、海陸爲主，饒平、紹安爲次，本文採四縣音韻調說明客家話的聲韻系統，再以海陸與四縣做比較，饒平與紹安話由於使用的人少，及現有資料不夠完整，所以從略，俟有充分資料時再加以補充。以下就是四縣客家話的描寫：

●精製的美濃紙傘，也成客家的代表性風物（劉還月／攝影）。

第二節　聲母

p	p′	m	f	v
t	t′	n		l
ts	ts′	(ȵ)	s	
k	k′	ŋ	h	
φ				

例字：（聲調依四縣話注出）

p-；痺pi_{55}（手腳痲木），放（$pio\eta_{55}$），綼 pit_2（裂縫），鼈 $piet_2$。

p′-：鼻 $p'i_{55}$，瘭 $p'eu_{55}$（皮膚的小疱），潑 $p'at_2$，楓 $p'u\eta_{11}$，瞨 $p'iok_5$（以錢租用）。

m-：寐 mi_{11}（小睡），網 $mio\eta_{31}$。蔴 mak_2（蒿苣），沒 mut_5。

f-：苦 fu_{31}，蕃 fan_{24}（野），濶 fat_2，髮 fat_2。

v-：芋 vu_{55}，烏 vu_{24}（黑），撫 vu_{42}（弄），黃 $vo\eta_{11}$，鑊 vok_5。

t-：貯 tu_{31}（儲），兜 teu_{24}（捧），膽 tam_{31}，鳥 $tiau_{24}$，値 tat_5，柵 tat_2。

t′-：添 $t'iam_{24}$，鄧 $t'en_{55}$，凸 $t'ut_5$，擇 $t'ok_5$，糴 $t'ak_5$，疊 $t'iap_5$。

n-：□nem_{24}（滿），乳 nen_{55}，納 nap_5，芳 net_2（植物刺）。

l-：蕊 lui_{24}（花朵量詞），腡 lo_{11}（手紋），嫽 $liau_{55}$（玩，休憩），摝 luk_2（搞弄），論 lun_{55}，濫 lam_{55}，絡 lok_5，揷 $ts'ap_2$（揷入，理睬）。

ts-：睜 $tsa\eta_{24}$（腳掌），燥 $tsau_{24}$，皺 $tsiu_{55}$，炙 $tsak_2$，拙 $tsot_2$（有趣），汁 $ts\partial p_2$。

ts′-：賒 $ts'a_{24}$，醋 $ts'ï_{55}$，笮 $ts'a_{55}$（柴草），湊 $ts'eu_{55}$（邀），斜 $ts'ia_{11}$，程 $ts'a\eta_{55}$，贈 $ts'en_{55}$，杉 $ts'am_{55}$，柵 $ts'ak$（

隔開）。

s-: 兆 seu$_{55}$，壐 sa$_{31}$；覡 saŋ$_{55}$，祀 sï$_{55}$，虱 sep$_{2}$，煠 sap$_{5}$（煮），舌 sat$_{5}$，識 sət$_{2}$（曾經）。

k-: 監 kam$_{55}$，扛 koŋ$_{24}$，尷尬 kaŋ$_{11}$ kie$_{55}$（不安），洽kiap$_{2}$，襁 kioŋ$_{31}$，格 kiet$_{2}$，急 kip$_{2}$。

k′-: 遣 k′ien$_{31}$（生氣一動詞），閹 k′ieu$_{24}$，勘 k′am$_{24}$，酷 k′uk$_{2}$，掘 k′ut$_{5}$。

ŋ-: 臥 ŋo$_{55}$（仰），頑 ŋuan$_{11}$，悟 ŋu$_{55}$，愚 ŋoi$_{11}$，樂 ŋok$_{5}$，咬 ŋau$_{24}$。

(ȵ-): 貳 ȵi$_{55}$，蟻 ȵie$_{55}$，惹 ȵia$_{24}$，冉 ȵiam$_{24}$，艾 ȵie$_{55}$，挼 ȵio$_{24}$（搓揉），堯 ȵieu$_{11}$，拈 ȵiam$_{24}$。

h-: 僥 hieu$_{24}$（佔便宜），靴 hio$_{24}$，溪 hai$_{24}$，熻 hip$_{2}$，歇 het$_{2}$ (hiet$_{2}$)。

ϕ-: 儒 i$_{11}$，襖 o$_{31}$，庵 am$_{24}$，坑 haŋ$_{24}$，辱 iuk$_{2}$，挖 iet$_{2}$，鬱 iut$_{2}$，憶 it$_{2}$。

說明：

⑴唇音p, p′, m, f, v: /p, p′/清塞音，四縣的發音比北平話稍硬。/m/是雙唇鼻音，四縣發音時摩擦成分很輕。/f, v/都是唇齒音，前清後濁，上齒咬下唇的成分也很輕，近乎雙唇擦音/Φ/和 /β/，此音在兩客語使用範圍很廣。因此，客家人說北平話〔hu-〕音時，都誤唸成〔f-〕，如花〔hua$_{55}$〕唸〔fa$_{24}$〕，會〔huei$_{51}$〕唸〔fei$_{31}$〕。

⑵舌尖音 t, t′, n, l, ts, ts′, s：從發音上看，舌尖音在客語中並無特出的地方。從歷史上說 t- 是從中古端母字，t′ 是中古透定字。/n, l/ 除了香港區及四川一帶的客語分不清外，其他梅縣等區都清楚有致。至於 /ts, ts′, s/ ，是中古精組與知組字在梅縣、饒平、四川等區都唸舌尖塞擦音及擦音，但興寧一帶卻唸捲舌音 /tʂ, tʂ′, ʂ/，海陸、汀州一帶唸舌尖面音 /tʃ, tʃ, ʃ/。不過如果細分之下，梅縣的 /ts, ts′, s/ 其實比北平話的 /ts, ts′, s/

●樂於助人是客家本性，許多客家地方都有義助或義渡的史蹟存在（劉還月／攝影）。

較後，且接觸面廣，有點近於 /tʃ, tʃ′, ʃ/ 了。

⑶舌根音 k, k′, ŋ, h: /k, k′/ 可以和齊齒呼韻母〔i〕拼，這是客語舌根音沒有顎化的現象。如「斤」唸〔kin_{24}〕，「金」唸〔kim_{24}〕；「謙」唸〔$k'iam_{24}$〕，「奇」唸〔$k'i_{11}$〕；「氣」唸〔hi_{55}〕，「喜」唸〔hi_{31}〕，「掀」唸〔$hien_{24}$〕。只有 ŋ- 後接細音時唸成 ȵ-，例如「宜」唸〔ȵi_{11}〕，「玉」唸〔ȵiuk_5〕。

⑷無聲母 ϕ ：無聲母是指以元音為韻頭，或以主要元音為音首的字，如〔鴨〕唸 ap_2，〔夜〕唸 ia_{55}，〔遠〕唸 ien_{31}，〔影〕唸 iaŋ$_{31}$ 等等。

第三節　韻母

主要元音六個，韻母有開尾韻二十個、有鼻音尾的韻母二十二個、有塞音尾的韻母二十一個，共六十三個。外加成音節的鼻音m̩、ŋ̩兩個六十五個。

(1)主要元音：

	前	中	後
高	/i/	/ï/	/u/
中	/e/		/o/
低		/a/	

例字：

/i/：死 si_{31}，徐 $ts'i_{11}$，息 sit_{2}。

/ï/：駛 $sï_{31}$，剮 $ts'ï_{11}$，識 $sït_{2}$。

/e/：洗 se_{31}，齊 $ts'e_{11}$，塞 set_{2}。

/a/：撒 sa_{31}，茶 $ts'a_{11}$，殺 sat_{2}。

/o/：鎖 so_{31}，曹 $ts'o_{11}$，說 sot_{2}。

/u/：手 su_{31}，除 $ts'u_{11}$，術 sut_{2}。

(2)韻母：

		ï	i	e	ie	ue	a	ia	ua	o	io	u	iu
-i							ai		uai	oi	ioi	ui	
-u				eu			au	iau					
-m	m̩	ïm	im	em			am	iam					
-n	n̩	ïn	in	en	ien	uen	an		uan	on	ion	un	iun
-ŋ	ŋ̩						aŋ	iaŋ		oŋ	ioŋ	uŋ	iuŋ
-p		ïp	ip	ep			ap	iap					
-t		ït	it	et	iet	uet	at		uat	ot		ut	iut
-k							ak	iak		ok	iok	uk	iuk

(A) 開尾韻：二十個

/ ï /：蒔 sï$_{55}$，剻 ts′ï$_{11}$，（梳） sï$_{24}$。

/ i /：飛 pi$_{24}$，篦 pi$_{55}$，企 ki$_{24}$（站）。

/ e /：姆 me$_{24}$（母親），舐 se$_{24}$，細 se$_{55}$（小）。

/ ie/：蟻 ȵie$_{55}$，（啃） k′ie$_{55}$，鷄 kie$_{24}$。

/ue/：□k′ue$_{55}$（碗破的狀聲詞）

/ a /：□la$_{55}$（夠），枒 a$_{24}$，□sa$_{24}$（用手抓）。

/ ia/：□mia$_{24}$（摸），□ȵia$_{24}$（你的），擎 k′ia$_{11}$（拿、扛）。

/ua/：剮 kua$_{31}$，卦 kua$_{55}$，誇 k′ua$_{24}$。

/ o /：蚵 o$_{11}$，臊 so$_{24}$，鉈 t′o$_{11}$。

/ io/：瘸 k′io$_{11}$，靴 hio$_{24}$，□hio$_{55}$（用巴掌打）。

/ u /：苧 ts′u$_{24}$，瓠 p′u$_{11}$，□tu$_{11}$（碰見），跍ku$_{24}$(蹲)。

/ iu/：抾 kiu$_{24}$（縮），揪 k′iu$_{31}$（抓），泅 ts′iu$_{11}$。

/ai /：拉 lai$_{24}$，揩k′ai$_{24}$（挑），（侹）ŋai$_{11}$，（孻）lai$_{55}$（兒子）。

/uai/：乖 kuai$_{24}$，拐 kua$_{31}$（欺騙），筷 k′uai$_{55}$。

/oi /：煨 voi$_{24}$，腮 soi$_{24}$，頦 koi$_{24}$，焙 p′oi$_{55}$。

/ioi/：□k′ioi$_{55}$（累）。

/ui /：危 ŋui$_{11}$，季 kui$_{55}$，魏 ŋui$_{55}$，瑞 sui$_{55}$。

/eu/：摳 eu$_{31}$（用棍打）箍 k′ieu$_{24}$，□ neu$_{11}$（濃），浮 feu$_{11}$，樵 ts′eu$_{11}$，麤 peu$_{24}$。

/au/：敲 k′au$_{55}$，拗 au$_{31}$，□au$_{55}$（與人爭強）。

/iau/：吊 tiau$_{55}$，曉 hiau$_{31}$，糶 t′iau$_{55}$，撩 liau$_{55}$（擾亂）。

(B) 鼻尾韻：二十二個

/im/：深 ts′ïm$_{24}$，枕 tsim$_{31}$，沈 sïm$_{11}$，斟 tsïm$_{24}$。

/im/：鑫 him$_{24}$，□him$_{11}$（怒而凝視），尋 ts′im$_{11}$。

/em/：□lem$_{24}$（用手伸進孔探取），揞 em$_{24}$（掩蓋）。

/am/：崁 k′am$_{55}$，杉 ts′am$_{55}$，□ŋam$_{31}$（點頭）。

/iam/: □t′iam$_{31}$（疲倦），蘸 tsiam$_{31}$（沾），□ tsiam$_{55}$（佔）。

/ïn/：貞 tsïn$_{24}$，蒸 tsïn$_{24}$，陳 ts′ïn$_{11}$，神 sïn$_{11}$。

/in/：卿 k‘in$_{24}$，□tin$_{24}$（轉），仁 in$_{11}$。

/en/：僧 sen$_{24}$，鷹 en$_{24}$，凭 pen$_{55}$（靠），□en$_{24}$（我們）。

/ien/: 賤 ts′ien$_{55}$，揙 pien$_{24}$（翻找），撚 ȵ ien$_{31}$。

/uen/: 耿 kuen$_{31}$，亘 kuen$_{11}$。

/an/：濫 lan$_{55}$，□ŋan$_{11}$，蜆 han$_{31}$，粄 pan$_{31}$。

/uan/: ：款 k′uan$_{31}$，擐 k′uan$_{55}$（用手提），關 kuan$_{24}$。

/on/：鼾 hon$_{55}$，□t′on$_{11}$（猜），閂 ts′on$_{24}$。

/ion/：□ts′ion$_{24}$（吮吸），攣lion$_{11}$（縫），輭 ȵ ion$_{24}$。

/un/：唇 sun$_{11}$，□p′un$_{2}$（厚），□tsun$_{24}$（驚恐而慄）。

/iun/: 近 k′un$_{55}$，靭 ȵ iun$_{55}$，忍 ȵ iun$_{24}$。

/aŋ/：冇 p′aŋ$_{55}$（無米之穀），硬 ŋaŋ$_{55}$，□maŋ$_{11}$（尚未）。

/iaŋ/: 迎 ȵiaŋ$_{11}$，□k′iaŋ$_{55}$（能幹），婧 tsiaŋ$_{24}$（美麗）。

/oŋ/：糠 hoŋ$_{24}$，戇 ŋoŋ$_{55}$，囥 k′oŋ$_{55}$（藏），□poŋ$_{31}$（用菜下飯）。

/ioŋ/: □ȵ ioŋ$_{31}$（怎樣），框 k′ioŋ$_{24}$，枋 pioŋ$_{24}$。

/uŋ/：銃 ts′uŋ$_{55}$，□tuŋ$_{24}$（蒙覆不可見），蜂 p′uŋ$_{24}$。

/iuŋ/: 熊 iuŋ$_{11}$，蹤 tsiuŋ$_{24}$，雄 hiuŋ$_{11}$。

(C) 塞尾韻：-p, -t, -k 共二十一個。

/ïp/：濕 sïp$_{2}$，汁 tsïp$_{2}$，執 tsïp$_{2}$。

/ip/：笠 lip$_{2}$，泣 k′ip$_{2}$，□ts′ip$_{5}$（壓擠人）。

/ep/：澀 sep$_{2}$，□tep$_{5}$（丟擲），□ep$_{2}$（用土埋）。

/ap/：鴿 kap$_{2}$，涉 sap$_{5}$，聶 sap$_{2}$，□ŋap$_{5}$（以頭撞物）。

/iap/: 捷 ts′iap$_{5}$，聶 ȵ iap$_{2}$，帖 t′iap$_{2}$。

/ït/：直 ts′ït$_{5}$，姪 ts′ït$_{5}$，式 sït$_{2}$。

/it/：壁 pit$_{2}$，縊 it$_{2}$，□ȵ it$_{5}$（被挾壓）。

/et/：扐 net$_{2}$（以指甲掐人），擮 met$_{2}$（搞弄），篾 met$_{2}$。

/iet/: 閱 iet_5，洩 $siet_5$，□$t'iet_5$（講話誇大）。

/uet/: 國 $kuet_2$。

/at/: □$p'at_2$（砍草），□nat_2（以火燙人），瞎 hat_2。

/uat/: 刮 $kuat_2$。

/ot/: 捋 lot_5，□pot_2（發病，富有），葛 kot_2。

/ut/: □mut_2（物件腐朽），□vut_2（以手彎物），掘$k'ut_5$。

/iut/: 鬱 iut_2，屈 $k'iut_2$。

/ak/: 握 ak_2，磧 $tsak_2$（壓），壢 lak_2，□$t'ak_2$（捆綁）。

/iak/: □iak_5（招手），□$kiak_2$（急），惜 $siak_2$，蓆 $ts'iak_5$。

/ok/: 熇 hok_2，著 $tsok_2$（穿），□$t'ok_5$（選擇），□pok_5（抽煙）。

/iok/: 腳 $kiok_2$，□$ts'iok_2$（跳躍），□ȵ iok_2（被物所刺）。

/uk/: 熝 luk_5（火燙），嗽 $ts'uk_5$，贖 suk_5，卜puk_2。

/iuk/: 局 $k'iuk_5$（圍堵），□$ts'iuk_2$（以尖物刺），旭 $hiuk_2$。

(D) 成音節鼻音：m̩、ŋ̩。

/m̩/: 唔 $m̩_{11}$（不）。

/ŋ̩/: 五 $ŋ̩_{31}$，魚 $ŋ̩_{11}$，女 $ŋ̩_{31}$，你 $ŋ̩_{31}$。

/n̩/: 你 $n̩_{11}$。

說明：

(1)梅縣話只有開口、合口、齊齒三呼，而沒有撮口呼，所以來自中古遇山臻通等攝的撮口字，北平話唸撮口呼，而各地客語讀成齊齒呼或合口呼。如「徐」北平話唸〔$ɕy_{35}$〕，客語唸〔$ts'i_{11}$〕，「俊」北平話唸〔$tɕyn_{51}$〕客語唸〔$tsun_{55}$〕。

(2)/ï/ 只跟 ts-, ts', s- 相配，但ts-, ts'-, s-也同樣可以和 /i/ 配，因此 /ï//i/ 是兩個完全不同的音位。如「痣」讀〔$tsï_{55}$〕，「濟」讀〔tsi_{55}〕。

(3)客語無撮口音，所以只有兩個介音 /i, u/，而當 /i//u/ 當韻頭時，/i/ 的實際音值近 /j-/，摩擦成分較重，有顎化的現象如「翼」唸〔jit_5〕，而 /u-/ 則變成唇齒音 /v-/，如「彎」唸

●客家人辛勤墾拓出的梯田風貌（陳文和／攝影）。

〔van$_{24}$〕。

(4)/ï/ 本來有兩個同位音，一個是〔ɿ〕，一個是〔ə〕，但梅縣一帶，〔ɿ〕只出現在〔ts, ts′, s〕三聲母之後，與北平話相同，而〔ə〕只和韻尾輔音連用爲四個韻母〔əm, ən, əp, ət〕，出現的位置互補，因此本文描寫時都用 /ï/ 統括它們。

(5)/ien//iet/兩音位與 /iam, iaŋ//iap, iak/ 成對等分佈，尤其在陸豐海豐實際音值就是〔ian〕〔iat〕，但梅縣一帶卻唸成〔ien〕〔iet〕，顯然〔-a-〕是受前面高元音 i- 及後面舌尖輔音 -n 的同化所造成的，爲了總表的劃一採用 /ien//iet/，但實際海陸豐語音描寫時則用〔ian〕〔iat〕。

(6) /iai/ 只在口語中出現，只有有音無字的語位，所以沒有適當的漢字表示，另外〔uat〕〔uet〕〔uot〕〔uok〕等音的〔-u-〕有漸漸消失的現象，如「刮」kuat$_2$，「國」kuet$_2$，「括」kuot$_2$，「郭」kuok$_2$ 等字在四縣大都唸〔kat$_2$〕〔ket$_2$〕〔kot$_2$〕〔kok$_2$〕。

(7)梅縣話鼻音m̩ ŋ̩都可自成音節，不與任何聲母相結合，如m̩$_{11}$（唔），ŋ̩$_{31}$（女）。其中ŋ̩有時唸n̩，如「你」n̩。

第四節　聲調

客家話次方言的差別主要在聲調，四縣六個調，海陸七個調（詳見七章「四縣話與海陸話」），主要的不同在去聲（四縣不分陰陽，海陸分陰去，陽去兩調型）。這裏以四縣六個調的調型加以舉證說明：（註一）

調類	陰平	陽平	上聲	去聲	陰入	陽入
調型	˨˦	˩	˧˩	˥	˨˩	˥
調值	24	11	31	55	$\underline{21}$	$\underline{55}$
例字	翻 千 牽	煩 前 權	反 淺 犬	飯 賤 勸	濶 切 缺	罰 絕 傑

說明：

1. 陰平：是低升調，如 fan˨˦（翻），ts'ien˨˦（千），k'ien˨˦（牽）。
2. 陽平：是低平調，如 fan˩（煩），ts'ien˩（前），k'ien˩（權）。
3. 上聲：是中降調，如 fan˧˩（反），ts'ien˧˩（淺），k'ien˧˩（犬）。
4. 去聲：是高平調，如 fan˥（飯），ts'ien˥（賤），k'ien˥（勸）。
5. 陰入：是低短調，如 fat˨˩（濶），ts'iet˨˩（切），k'iet˨˩（缺）。
6. 陽入：是高短調，如 fat˥（罰），ts'iet˥（絕），k'iet˥（傑）。

註釋：

註 一：四縣調值〈袁家驊，1960〉〈方言字彙，1962〉〈方言詞彙，1964〉〈楊福綿，1967〉〈詹伯慧，1980〉，〈楊時逢，1971〉〈Harkin, 1975〉所記載的都不一致，筆者以苗栗聲調為準，與楊時逢先生所記吻合。

地　方	作　者	陰平	陽平	上聲	去聲	陰入	陽入
梅縣話	袁家驊	˦ 44	˩ 11	˧˩ 31	52	21	˦ 4
	方言字彙	˦ 44	˩ 11	˧˩ 31	41	˨ 2	˥ 5
	方言詞彙	˦ 44	12	˧˩ 31	42	21	˦ 4
	楊福綿	˧ 33	˩ 11	˧˩ 31	˥ 55	31	˦ 44
	詹伯慧	˦ 44	˩ 11	˧˩ 31	53	˩ 1	˥ 5
四縣話	楊時逢	˨˦ 24	˩ 11	˧˩ 31	˥ 55	˨ 22	˥ 55
	Harkin	˧ 33	˩ 11	˧˩ 31	˥ 55	˧˩ 31	˧ 33

第五章
客家話的語音特點

客家話與其他漢語方言之間有不少的語音差別，這裏從(1)四呼不齊。(2)陽聲韻尾演變。(3)塞音尾不同。三方面做個簡單比對，可以看出客家話的語音特點：

一、四呼不齊：沒有撮口呼 y 。

客家、閩南和官話中的雲南、貴州、方言，它們的韻母都只有 -u, -i 當韻頭，而無 y 韻頭，也就是只有開口和齊齒韻，而無撮口韻。這些撮口韻有的和齊齒合流（如梅縣），有的與合口合流（如廈門），或分別轉為開口呼與合口呼（如潮州），例如：

四呼	開口	齊齒	合口	撮口
例字 / 方言點	半	前	村	雨
北京	pan꜄	꜁tɕian	꜀ts'uən	꜂y
西安	pæ̃꜄	꜁tɕ'iæ̃	꜀ts'uẽ	꜂y
無錫	po꜄	꜁zi	꜀ts'ən	꜂y
長沙	põ꜄	꜁tɕiẽ	꜀ts'ən	꜂y
南昌	pon꜄	꜁tɕ'iɛn	꜀ts'un	꜂y
福州	pu̯aŋ꜄	꜁ts'ieŋ	꜀ts'ouŋ	꜂y
昆明	pã꜄	꜀tɕ'iɛ	꜀ts'uə̃	꜂i
梅縣	pan꜄	꜁ts'iɛn	꜀ts'un	꜂i
廈門	puan꜄	꜁ts'ian	꜀ts'un	꜂u
潮州	puã꜄	꜁tsõĩ	꜀ts'uŋ	꜂hou

說明：從表中可以知道，客家話無撮口呼，統統變成齊齒呼，如（雨）字不唸 ꜂y 而唸 ꜂i。其他，（遇）唸 ȵi꜄，（去）唸 hi꜄，（居）唸 ki꜄，（趣）唸 ts'i꜄，都是。

●大埔街頭以修皮鞋爲業的客家婦女（陳文和／攝影）。

二、陽聲韻尾演變：客家話的 -m, -n, -ŋ 韻尾，都保持完整：

例字 / 方言	參	甘	林	京	程
北　京	꜀ts'an	꜀kan	꜁lin	꜀tɕiŋ	꜁tʂ'eŋ
西　安	꜀ts'æ̃	꜀kæ̃	꜁liẽ	꜀tɕiŋ	꜁tʂ'əŋ
蘭　州	꜀ts'ɐ	꜀ka ɐ̃	꜁lĩn	꜀tɕin	꜁tʂ'ən
漢　口	꜀ts'an	꜀kan	꜁nin	꜀tɕin	꜁ts'ən
揚　州	꜀ts'ɛ̃	꜀kɛ̃	꜁lĩ	꜀tɕin	꜁ts'ən
蘇　州	꜀ts'ø	꜀kø	꜁lin	꜀tɕin	꜁zən
長　沙	꜀ts'an	꜀kan	꜁nin	꜀tɕin	꜁tsən
南　昌	꜀ts'an	꜀kon	lin꜄	꜀tɕin	꜁ts'ən
梅　縣	꜀ts'am	꜀kam	꜁lim	꜀kin	꜁ts'ən
廣　州	꜀tʃa:m	꜀ka:m	꜁lɐm	꜀kəŋ	꜁tʃ'əŋ
厦　門	꜀ts'am	꜀kam	꜁dim	꜀kiŋ	꜁tiŋ
福　州	꜀ts'aŋ	꜀kaŋ	꜁liŋ	꜀kiŋ	꜁tiaŋ
建　甌	꜀ts'aŋ	꜀kaŋ	leiŋ꜄	꜀keiŋ	꜁tiaŋ

說明：客家話 -m 韻尾保持很完整，但從北京到南昌都變成 -n 或鼻化～，梅縣、廣州、厦門保存 -m，福州建甌收 -ŋ 尾。如（參）（甘）（林）梅縣都唸 ꜀ts'am, ꜀kam, ꜁lim，北京唸 ꜀ts'an, ꜀kan, ꜁lin 而福州唸 ꜀ts'aŋ, ꜀kaŋ, ꜁liŋ。

三、**塞音尾**：客家話 -p, -t, -k 韻尾保持完整。

方言＼例字	鴿	割	托
北　京	꜀kɤ	꜀kɤ	꜀tʻuo
西　安	꜀kɤ	꜀kɤ	꜀tuo
太　原	kəʔ꜆	kəʔ꜆	tuəʔ꜆
成　都	꜃ko	꜁ko	꜁tʻo
揚　州	kəʔ꜆	kəʔ꜆	tʻaʔ꜆
蘇　州	kɤʔ꜆	kɤʔ꜆	taʔ꜆
長　沙	ko꜆	ko꜆	tʻo꜆
南　昌	kot꜆	kot꜆	tʻok꜆
梅　縣	kap꜆	kot꜆	tʻok꜆
廣　州	kap꜆	kɔt꜆	tʻok꜆
厦　門	kap꜆	kat꜆	tʻoʔ꜆
潮　州	kap꜆	kuaʔ꜆	tʻoʔ꜆
福　州	kaʔ꜆	kaʔ꜆	tʻɔʔ꜆
建　甌	kɔ꜆	ko꜆	tʻɔ꜆

說明：梅縣的 -p, -t, -k，在北方官話不是塞音尾消失，就變成喉塞音 -ʔ，厦門音 -p, -t 完整，但舌根塞音變 -ʔ。如（鴿）字，北京唸 ꜀kɤ，沒有塞音尾，梅縣唸 kap꜆，保有-p尾，厦門唸 kap꜆ 也保有 -p 尾。（割）字，北京唸 ꜀kɤ，沒有塞音尾梅縣唸 kot꜆，收 -t 尾，厦門唸 kat꜆ 也保有 -t 尾。（托）字，北京唸 ꜀tʻuo，也沒有塞音尾，梅縣唸 tʻok꜆，保有 -k

尾，〈厦門〉唸 t‘o?꜀，收 -? 尾。

綜合以上四呼不齊、陽聲韻尾、塞音韻尾三種差異可以看出國語（北京話）、閩南語（厦門）、客家話（梅縣）的差別如下：

條件＼方言	北京（國語）	梅縣（客語）	厦門（閩語）
四	i	i	i
	u	u	u
呼	y	i	u
陽	-n	-m	-m
聲	-n	-n	-n
尾	-ŋ	-n(ŋ)	-ŋ
入	-ø	-p	-p
聲	-ø	-t	-t
尾	-ø	-k	-?

除了上面所舉語音特點，客家方言比較特殊的語音現象可以歸納如下：

⑴古濁聲母不分平仄一律變爲送氣，（例如 並、 定、 羣、 從、澄、崇、船等濁聲母一律變送氣清音）。例如（排）唸 ꜁p‘ai，（部）唸 p‘u꜄，，（道）唸 t‘o?，（白）唸 p‘ak꜆。

⑵ ts-, ts‘-, s- 與 tʂ-, tʂ‘-, ʂ- 大都不分。如梅縣（詩）和（私）都唸꜀sï，（粗）和（初）都唸꜀ts‘u，（組）和（主）都唸꜂tsu。可見客家話不分 tʃ-, ts‘-, s- 或 tʂ-, tʂ‘-, ʂ- 一律唸 ts-, ts‘-, s- 。

⑶中古喉音曉匣兩母與合口呼韻拼合時，h- 都變成 ’f-，卽今北

●蕉嶺中學是客家原鄉重要的教育機構（陳文和／攝影）。

京話 x(u-)，客家方言都唸 f-。例如梅縣的（乎）唸 ꜀fu，（戶）唸 fu꜄，（毀）唸 fi꜄，（花）唸 ꜀fa，（荒）唸 ꜀foŋ，〈胡〉唸 ꜁fu。

⑷部分輕唇字（古非敷奉），在客家方言仍唸重唇（幫滂並），保有「古無輕唇」的現象，例如梅縣的枋、分、符、肥、吠、馮、紡、糞等字不是唸 p- 就唸 p‘-。

⑸古見母字後接洪細音，客家話都保持舌根音 k-, k‘-, h- 而不顎化成 tɕ-, tɕ‘-, ɕ-。例如（間）唸 ꜀kien，（鉗）唸 ꜁k‘iam，（嫌）唸 ꜁hiam。

⑹古微母及影母云母合口字，客家都唸成 v-，例如（碗）唸 ꜂von，（王）唸 ꜁voŋ，（烏）唸 ꜀vu。

⑺鼻音聲母，除 m-, n-, ŋ- 之外，又有 ȵ- 的舌面鼻音，例

如，梅縣的（綿）唸꜁mien,（年）唸꜁ȵien，（牛）唸꜁ȵiu。

⑻客家話聲調一般都是六個調爲多。平聲分陰陽，上聲、去聲都不分陰陽，入聲分陰陽。梅縣是道地的六個聲調 。如（孫）꜀sun,（純）꜁sun,（筍）꜂sun,（順）sun꜄,（率）sut꜆,（術）sut꜇。

⑼部分中古上聲次濁字唸陰平調，例如（馬）唸꜀ma,（美）꜀mi,（禮）꜀li,（理）꜀li,（鹵）꜀lu,（買）꜀mai,（尾每）꜀mi,（某）꜀meu,（卯）꜀mau,（滿）꜀man。

⑽聲調大部分陰平、陽平、上聲、去聲、陰入、陽入六個調。

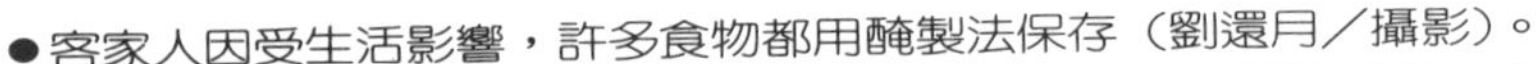

●客家人因受生活影響，許多食物都用醃製法保存（劉還月／攝影）。

第六章
台灣客家話的次方言現象

臺灣客家話，前面說明過有四縣、海陸、饒平、紹安等次方言，這裏只把四縣（長治、萬巒、內埔、竹田、美濃、新埤、苗栗）、海陸（竹東、楊梅）、饒平（東勢）三種次方言做個比較，一方面可以從南北四縣話（如六堆與苗栗）看出它們的差異，另方面可以從比較中，看出四縣、海陸和饒平的不同。以下資料是筆者一九八五年調查十個方言點後，所得的一些心得。

●粢粑是客家人重要的點心（劉還月／攝影）。

第一節　聲母現象

客語次方言間的差異，都是比較細微比較局部的，明顯的不同只有舌尖音 t-, n-, l- 在美濃、新埤常有混淆不清的現象，海陸的舌葉音有兩套：一個是 ts-, ts′-, s-, 一套是 tʃ-, tʃ′-, ʃ- 其他文白的分歧、同化、異化、省略，也都是次方言間的個別差異。當然，共同的特色，部份輕唇音仍唸重唇，濁塞音一律唸送氣清音，是各次方言都很一致的。為了更清楚瞭解它們的差異，這裏把各次方言的特例字音，依唇音、舌尖音、舌面音、舌根音四個部份加以分析。

一、唇音

長治	萬巒	內埔	竹田	美濃	新埤	楊梅	東勢	苗栗	竹東	特例字								
p	p	p	p	p	p	p	p	p	p	分	發					放		
p′	p′	p′	p′	p′	p′	p′	p′	p′	p′						飯		縫	
m	m	m	m	m	m	m	m	m	m				蚊					
f	f	f	f	f	f	f	f	f	f	分	發			話	飯	放	縫	壞
v	v	v	v	v	v	v	v	v	v				文	話				壞

1.〔p〕與〔f〕：非母字在白話中仍保持重唇唸 p-，如分東西的（分）唸 pun$_{24}$，發財的（發）唸 pot$_{\underline{5}}$，說人家有錢叫 toŋ$_{24}$ pot$_{\underline{2}}$（當發），放下來的（放）唸 pioŋ$_{55}$，都是白話音，但後起詞

如分數、出發、放送的（放）（發）（分）等都唸文言音〔$foŋ_{55}$〕〔$fɑt_3$〕〔fun_{24}〕。

2.〔m〕與〔v〕：中古微母字在白話仍唸 m-，如蚊子讀爲 mun_{24}，而文言則讀 v-，如文章的（文）讀爲 vun_{13}。

3.〔f〕與〔v〕：f-爲淸音，v- 爲濁音。同一個《話》字，在客語次方言大都唸 fa_{55}，唯獨竹東唸 voi_{42}，同一個《壞》字，在客語次方言大都唸 fai，唯獨東勢唸 vai_{44}。

4.〔p′〕與〔f〕：由於濁塞音在客語都變送氣淸塞音，所以奉母字（飯、縫）等，在白話中都唸 p′-，而文言中都唸 f-，如食飯的（飯），在海陸地區唸白話的 $p'on_{13}$，四縣區唸文言的 $fɑn_{55}$，而把門縫的（縫）讀成 $p'uŋ_{55}$，裁縫的（縫）讀成 $fuŋ_{11}$。

5.〔v〕與〔l〕：萬巒在說屋裏時，（屋）字不唸 v-，反而讀成l-，把 vuk_2 $k'ɑ_{13}$ 說成 luk_2 $k'ɑ_{13}$，這是萬巒在這個特殊詞的特殊用法。

二、舌尖音

長治	萬巒	內埔	竹田	美濃	新埤	楊梅	東勢	苗栗	竹東	特例字					
t	t	t	t	t	t	t	t	t	t				等	鳥	（個）
t′	t′	t′	t′	t′	t′	t′	t′	t′	t′			等			
n	n	n	n	n	n	n	n	n	n	卵	哪				
l	l	l	l	l	l	l	l	l	l	卵	哪			（個）	屋

1.〔n〕與〔l〕：同爲舌尖音，容易由鼻音同化成邊音，或邊音讀成鼻音，這在中國方言是很普遍的現象（n- l- 不分），但在客語次方言中大都 n- l- 分別很清楚，唯有美濃和楊梅有部份字把 n- 唸

●屏東六堆一帶的客家人受鄰近閩南人影響大。(劉還月／攝影)。

l-，例如哪裏的疑問字首唸 lai_{55}，其他方言都唸 nai_{55}，又如鷄卵的（卵）字，在美濃說成 non_{31}。

2.〔t〕與〔n〕：兩聲母同爲舌尖音，一爲塞音，一爲鼻音，在使用時常有混淆的現象，如客語的他們一詞，都說成他等（註一），其中（等）字，在長治、美濃、新埤都唸 nen_{13}，而萬巒、內埔、竹田、楊梅、苗栗、竹東則讀成 ten_{13} 或 teu_{13}。另外站著一詞，美濃說成 $k'i_{13}$ nun_{42}（企著），也是 t- 唸 n- 的現象。上表中的（鳥）字，雖然國語現在唸 n-，但它本爲端母字，所以客語一律唸 t- 是合乎古音的。

3.〔t〕與〔l〕：在新埤，日子說 $ȵit_{2}$ li_{42}，其他客語都說 $ȵit_{2}$ te_{11}，另外，在客語說一個的（個）說成 te_{55}，但新埤卻說成 le_{55}，這兩例都是 t- 唸 l- 的現象，可見 te 雖然容易受前面入聲字（日、一）字尾輔音 -t 的同化，但新埤偏用 l-，完全不受 -t 尾的影響，當然也可由此了解，同化的穩定性在某些地方的語言習慣裏並不很強。另外萬巒的屋裏的（屋）唸 luk_{2}（見唇音部份說明），也是 v- 唸 l- 的特殊現象。

三、舌面音

長治	萬巒	內埔	竹田	美濃	新埤	楊梅		東勢		苗栗	竹東		例字			
ts	ts	ts	ts	ts	ts	tʃ	ts	ts	tʃ	ts	ts	tʃ	圳	朝	紙	走
ts′	ts′	ts′	ts′	ts′	ts′	ts′	tʃ′	ts′	tʃ′	ts′	ts′	tʃ′	錢	唱	長	坐
s	s	s	s	s	s	s	ʃ	s	ʃ	s	s	ʃ	字	石	神	死
ȵ	ȵ	ȵ	ȵ	ȵ	ȵ	ȵ		ȵ		ȵ	ȵ		二	月	你	年

1.〔ts〕與〔tʃ〕：舌尖塞擦音與舌尖面塞擦音在客語次方言間分配得很清楚，四縣系統的長治、萬巒、內埔、竹田、美濃、新埤、苗栗都唸 ts- 系的舌尖塞擦音。海陸系統的楊梅、東勢、竹東唸 ts- 與

tʃ- 兩套，ts- 系列的音是中古精系及照二系的字，tʃ- 系列的音是照三系的字。所以（圳）（走）等字，所有客語次方言都唸 ts-，而（朝）（紙）等字，在楊梅、東五勢、竹東就讀成 tʃ-。

2.〔ts′〕與〔tʃ′〕：與〔ts〕〔tʃ〕相同，凡四縣系的唸 ts′-，海陸系的讀 tʃ′-。例如（坐）（錢）等字都唸 ts′-，而（唱）（長）在楊梅、東勢、竹東讀成 tʃ′。

3.〔s〕與〔ʃ〕：四縣系不論精系照系，一律唸成舌尖擦音 s-，海陸系統的有 s- 也有 ʃ-，例如（石）（神）等字在楊梅、竹東、東勢唸ʃ-，在其他各次方言都唸 s-。

4.〔ȵ〕：中古泥日兩母字，在客語次方言都唸成 ȵ-，如泥母字（年）唸 ȵ-，日每字（二）也唸 ȵ-，疑母字後接細音時也都顎化成 ȵ，如（月）唸成ȵiet$_5$。（你）字屬泥母，在客語次方言間有數種唸法，如長治、萬巒、美濃、苗栗唸成音節性的 n̩，內埔、竹田、新埤唸成音節 ŋ̩，楊梅、竹東唸舌面音 ȵi，最特殊的是東勢讀成 hŋ̩$_{13}$，在成音節前面加送氣擦音。

四、舌根音

長治	萬巒	內埔	竹田	美濃	新埤	楊梅	東勢	苗栗	竹東	特例字			
k	k	k	k	k	k	h	k	k	k	鷄	腳	果	其
k′	k′	k′	k′	k′	k′	k′	k′	k′	k′	近	輕	苦	肯
ŋ	ŋ	ŋ	ŋ	ŋ	ŋ	ŋ	ŋ	ŋ	ŋ	牙	五	牛	迎
h	h	h	h	h	h	h	h	h	h	河	溪	歇	肯
ϕ	ϕ	ϕ	ϕ	ϕ	ϕ	ϕ	ϕ	ϕ	ϕ	仁	一	鹽	雨

1.〔k〕：客語次方言中，見母字不管幾等（不管洪細）統統保持舌根音k-，不顎化成舌面音 tɕ-，如（鷄）（腳）（果）等字都唸 k- 聲母，但部分次方言有 k- 消失成無聲母的情形，如（他）在一般客語次方言裏唸 ki_{11}（其），但在美濃、新埤兩地卻唸成 i_{11}，他的也唸成 i_{11} ie_{55} 或 i_{11} $i\alpha_{55}$，前面的聲母 k- 完全消失，變成無聲母了。他們一詞更特殊，一般次方言唸 ki_{11} ten_{13} 或 ki_{11} nen_{13}，但新埤、美濃唸成 ien_{33} 或 i_{11} nen_{35}，東勢更唸成 $kien_{13}$，完全是 $ki_{11}+nen_{13}$ 經過結合簡省以後所產生的合音。反而使第二個字的聲母 n-省略了。$ki_{11} \rightarrow i_{11}$ 的聲母 k- 消失，在語音演變上是難以用同化、異化或簡省來解釋，唯一的可能只有美濃、新埤話從閩南語借音而來的，因爲閩語（他）（他的）唸成 i_{55}（伊）及 in_{55}（伊的），美濃、新埤鄰近住民都是說閩南語的，所以容易說成 i_{11} 及 ien_{33} 了。（註二）

2.〔k′〕：送氣舌根塞音 k′-，在客語次方言間並無特例，只有部分k′-聲母後面加了介音 -u-，讀成圓唇的 k′u-，例如竹田家裏，一詞，說成 vuk_{2} $k'u\alpha_{13}$（屋裏）。另外（苦）常有兩讀：當名詞時唸k′-，如 sin_{13} $k'u_{31}$（辛苦），當形容詞時唸成 f-，如 $to\eta_{13}$ fu_{31}（很苦），前者是辛苦，後者是味苦。

3.〔ŋ〕：舌根鼻音 ŋ-，如果後面接洪音時都讀 ŋ-，如（牙）（五）唸 $\eta\alpha_{11}$、η_{11}，如果後面接細音時都顎化成舌面音 ȵ-，如（牛）（迎）都唸 ȵi-。

4.〔h〕：喉擦音 h-，客語次方言間非常一致，只有部分地方因文白不同而把 h- 唸成 k′-，如（肯）字在美濃有兩讀，一唸 hen_{31}，一唸 $k'en_{31}$，前者爲白話，後者爲文言。另外（歇）字也有兩讀，一爲$hiet_{2}$，一爲 het_{5}，唸 het_{5} 代表長住，$hiet_{2}$ 代表住一小段日子。

5.〔ϕ〕：無聲母字在客語有從日母字來的，也有從影母喻母來的，例如（仁）字是日母，（一）字是影母，（雨）字是喻三，（鹽）字是喻四。這些無聲母字，凡是韻頭是 i- 的，在海陸系方言都變 ʒ-，如楊梅、東勢、竹東的（仁、一、雨、鹽）唸成〔ʒin、ʒit、ʒi、ʒam〕。其他各次方言仍以高元音 -爲韻頭，唸成〔in、it、i、iam〕

第二節　韻母現象

客方言的韻母，如果以介音、元音、韻尾三部分來說明，我們可以很清楚的提出客語只有〔i〕〔u〕兩個介音，而沒有撮口呼〔y〕。元音有〔i，e，ɑ，ə，o，u〕六個（極少部分次方言出現æ）。韻尾則一致擁有完整的鼻音韻尾 -m -n -ŋ 及塞音韻尾 -p -t -k。以下就先說成音節m̩ n̩ ŋ̍，其次元音〔i〕〔e〕〔ɑ〕〔ə〕〔o〕〔u〕，然後韻尾 -m -n -ŋ -p -t -k，並加以比對各次方言間的差異。

一、成音節

長治	萬巒	內埔	竹田	美濃	新埤	楊梅	東勢	苗栗	竹東	特例字	
m̩	m̩	m̩	m̩	m̩	m̩	m̩	m̩	m̩	m̩	唔	
n̩	n̩	ŋ̍	ŋ̍	n̩	ŋ̍	(ȵi)	hŋ̍	n̩	(ȵi)	你	
ŋ̍	ŋ̍	ŋ̍	ŋ̍	ŋ̍	ŋ̍	ŋ̍	ŋ̍	ŋ̍	ŋ̍	五	魚

客語成音節的字音只有表否定用 m̩ 的（唔），第二人稱的 n̩（你）及 ŋ̍（五魚）共四個詞。其臺表否定的雙唇鼻音 m̩ 及《五》《魚》〔ŋ̍〕兩字，各次方言非常一致，唯有第二人稱的部分有四種類型：長治、萬巒、美濃、苗栗唸舌尖鼻音 n̩；內埔、竹田、新埤唸舌根鼻音 ŋ̍；楊梅、竹東不用成音節，而以舌面音配高元音 i，唸成 ȵi；東勢則在舌根鼻音 ŋ̍ 之前加喉擦音唸成hŋ̍。

二、元音

客語元音及其結合韻，在臺省各次方言間有異讀現象的計有〔i，

j，ʒ〕〔ï，i〕〔i，u〕〔u，iu〕〔i，ə，ui〕〔i，e〕〔ïe，ɑi〕〔ie，iɑ，iæ〕〔ɑ，oi〕〔ɑ，ɑi〕等九個相對音，分三組說明如下：

1. 〔i，j，ʒ〕〔ï，i〕〔i，u〕〔u，iu〕〔i，əi，ui〕:

長治	萬巒	內埔	竹田	美濃	新埤	楊梅	東勢	苗栗	竹東	例			字
i	j	j	j	i	i	ʒ	ʒ	i	ʒ	油	鹽	遠	仁
ï	ï	ï	ï	ï	i	i	i	ï	i	紙	齒	身	晨
u	u	u	u	u	i	u	i	u	u	哺			
u	u	u	u	u	u	iu	iu	u	iu	珠	晝	手	樹
i	i	i	i	i	i	əi	ui	i	ui	位	飛	杯	

〔i, j, ʒ〕：韻頭 i- 的字，如（油，鹽，遠，仁）等字，在長治、竹田、美濃、新埤、苗栗等地唸 i-，在萬巒、新埔唸半元音 j-，在楊梅、東勢、竹東唸舌面濁擦音 ʒ-。

〔ï, i〕：四縣話 ts-, ts′-, s- 在之後是舌尖元音 ï，海陸則在 tʃ-, tʃ′-, ʃ- 之後用 -i，如長治、萬巒、內埔、竹田、美濃、苗栗唸 -ï，新埤、楊梅、東勢、竹東唸 -i。

〔u, i〕：這個實例很少，只有新埤、東勢有這種變化，如今天一詞，其他次方言都說 kin_{11} pun_{13} $ȵit_{2}$，唯有新埤、東勢說成 kin_{11} pin_{13} ȵit ˧。

〔u, iu〕：凡在 tʃ-, tʃ′-, ʃ- 後面的 -u，都唸成 -iu，這是 -u 受 tʃ-, tʃ′-, ʃ- 舌面化的結果，ts-, ts′-, s- 是舌尖音自然不必加 -i- 使其舌面化，所以仍讀 -u。客語次方言中，海陸系統的東勢、竹東唸《珠、晝、手、樹》等詞時就是舌面化唸法，讀成〔tʃiu〕〔tʃ′iu〕

●原鄉客家婦女的傳統裝扮（陳文和／攝影）。

〔ʃiu〕〔ʃiu〕。

2. 〔i, e, ə〕〔ie, ɑi〕〔ie, iɑ, iæ〕

長治	萬巒	內埔	竹田	美濃	新埤	楊梅	東勢	苗栗	竹東	例		字
e	e	e	e	e	i	e	e	e	ə	(子)		
ie	ie	ie	ie	ie	ie	ɑi	ɑi	ie	ɑi	鷄	街	
ie	iɑ	iæ	ie	ie	iæ	iɑ	ie	ie	iæ	血	月	年

〔i, e, ə〕：在（蟲、葉、星、日、圳）諸字之後，客語各次方言，凡語尾加-e（子）來變成複音詞時，都要加輔音聲母，構成語尾附加詞。他們附加的成素不一致。例如（蟲）字，在新埤唸ts'uŋ$_{11}$ ȵi$_{31}$，竹東唸 ts'uŋ$_{55}$ ŋə$_{55}$，其他地方說 ts'uŋ$_{11}$ ŋe$_{31}$，再如葉子，新埤唸iɑp$_{5}$ pi$_{31}$，竹東唸 ʒɑp$_{2}$ pə$_{5}$，其他地方唸 iɑp$_{5}$ pe$_{31}$。

〔ie, ɑi〕：蟹攝字（鷄、街）等，四縣話唸，-ie 海陸唸 -ɑi，所以 kie（鷄）是四縣一致的音，而 kɑi《鷄》則是海陸一致的唸法。

〔ie, iɑ, iæ〕：這裏事實上可以用 -ie, iɑ 兩類來包涵它，但萬巒和楊梅的 -ɑ 發音特低，與內埔、新埤、竹東的 -æ 有別，所以又分出 -ɑ 與 -iæ 兩類。這類字大都在元音前後有舌尖輔音的詞中出現，如《年》字，在長治、竹田、東勢、苗栗唸 ȵien$_{11}$，在萬巒、楊梅唸 ȵiɑn$_{11}$，內埔、新埤、竹東唸 ȵiæn 。這些差異除了發音人的特質外，可能很難有合理的解釋。

3. 〔ɑ, oi〕〔ɑ, ɑi〕

長治	萬巒	內埔	竹田	美濃	新埤	楊梅	東勢	苗栗	竹東	特字
ɑ	ɑ	ɑ	ɑ	ɑ	ɑ	ɑ	ɑ	ɑ	oi	話
ɑi	ɑi	ɑi	ɑi	ɑi	ɑi	ɑi	ɑi	ɑ	ɑi	我

〔ɑ, oi〕：（話）字，在竹東唸 voi$_{31}$，其他次方言都唸 fɑ$_{55}$。

〔ɑ, ɑi〕：新埤和苗栗，第一人稱（我）讀 ŋɑi$_{11}$，但在說（我的）時，苗栗說成 ŋɑ$_{11}$ ke$_{55}$，新埤說（我們）時用 ŋɑ$_{11}$ nen$_{13}$，都省略了韻尾 -i。

三、韻尾

韻尾部分各次方言間有變化的只有陽聲韻二組、入聲韻三組，現在分述如下：

〔ɑm, ɑŋ〕〔en, ɑŋ〕〔i, it〕〔-t, -n〕〔iɑ, it〕。

長治	萬巒	內埔	竹田	美濃	新埤	楊梅	東勢	苗栗	竹東	特例字		
am	am	am	am	am	am	aŋ	am	am	am	男	鹽	三
en	en	en	en	en	en	aŋ	en	en	en	星	天	
it	i	it	i	i	i	it	i	i	i	（日）		
n	n	n	n	n	n	n	t	n	n	（誰）		
a	a	a	a	a	a	a	t	a	a	（這）		

〔am, aŋ〕：這個特例是楊梅特有的現象，如（男、鹽、三）一般客語都是收雙唇鼻音，讀爲〔nam〕〔iam〕〔sam〕，但楊梅卻收舌根鼻音讀成〔naŋ〕〔iaŋ〕〔saŋ〕。

〔en, aŋ〕；「星，天」兩字在客語收舌尖鼻音 -n，但在楊梅卻收舌根音 -ŋ，如（星）唸成 siaŋ$_{13}$，（天）讀成 t'iaŋ$_{11}$。

〔i, it〕：「白天」，在客語說成日時頭，按本音應讀成 ȵit$_{2}$ sï$_{11}$ t'eu$_{11}$，但快讀都說成 ȵi$_{31}$ sï$_{11}$ t'eu$_{11}$，如長治、內埔、楊梅，都依（日）原讀音，讀 ȵit$_{2}$，其他各次方言區則由於連音關係而省略了塞音尾 -t，把（日）唸成 ȵi$_{31}$。

〔-t, -n〕：這也是連音變化的一種特例，客語（誰）一詞，各次方言都說 man$_{31}$ ȵin$_{11}$，唯東勢說成met$_{2}$ ȵin$_{11}$ 而 met$_{2}$ ȵin$_{11}$ 在有些次方言區（如苗栗）是捉弄人的意思。亦由 an→et 的過程，無從找到解釋。

〔ia, it〕：客語「這裏」有說成 ie$_{31}$ vi$_{55}$（長治），ia$_{31}$ vi$_{55}$（萬巒、苗栗、竹田），ia$_{31}$ ve$_{13}$（內埔）ia$_{31}$ ji$_{13}$，（新埤），lia$_{31}$ vəi$_{55}$（楊梅），lit$_{2}$ vi$_{31}$（東勢），lia$_{55}$ vi$_{55}$（竹東）。這些唸法中，以東勢最特殊，由陰聲韻 ia 變成入聲韻 it，是很難理解的變化。

第三節　聲調現象

臺灣客語聲調在四縣都為陰平、陽平、上聲、去聲、陰入、陽入六個調，在海陸則去聲分陰陽合為七個調，而不管四縣或海陸，上聲次濁部分字都有唸陰平調的情形。各次方言的聲調大都是一升一降、一高一低、高短低短等六個相對調型，非常整齊。而海陸與四縣也常是升降高低完全相反調型，這個有趣的對比，可能在其他方言中不易找到。下面列出各次方言調值做一比對說明：

	長治	萬巒	內埔	竹田	美濃	新埤	楊梅	東勢	苗栗	竹東	例字			
陰平	˨˦ 24	˨˦ 24	˨˦ 24	˨˦ 24	˧ 33	˨˦ 24	˨˦ 24	˦ 44	˨˦ 24	˥˧ 53	煙	刀	花	(鳥馬毛)
陽平	˩ 11	˩ 11	˩ 11	˩ 11	˩ 11	˩ 11	˩ 11	˩ 112	˩ 11	˥ 55	皮	鹽	頭	
上聲	˧˩ 31	˧˩ 31	˧˩ 31	˧˩ 31	˧˩ 31	˧˩ 3	˧˩ 31	˧˩ 31	˧˩ 31	˩˧ 13	手	酒	草	
陰去	˥ 55	˥ 55	˥ 55	˥ 55	˥ 55	˥ 55	˥ 55	˥˧ 53	˥ 55	˧ 33	線	叫	去	
陽去										˩ 11	路	趙	隊	
陰入	˨˩ $\underline{21}$	˨˩ $\underline{21}$	˨˩ $\underline{21}$	˨˩ $\underline{21}$	˨˩ $\underline{21}$	˨˩ $\underline{21}$	˨˩ $\underline{21}$	˨˩ $\underline{21}$	˨˩ $\underline{21}$	˥ $\underline{55}$	骨	腳	肉	
陽入	˥ $\underline{55}$	˥ $\underline{55}$	˥ $\underline{55}$	˥ $\underline{55}$	˥ $\underline{55}$	˥ $\underline{55}$	˥ $\underline{55}$	˥ $\underline{55}$	˥ $\underline{55}$	˨˩ $\underline{21}$	葉	石	月	

一、調型相反

客語方言六個聲調的次方言，大都調類分成高低升降兩兩相對的三組調型：如陰平˨˦$_{24}$ 與上聲˧˩$_{31}$（一升一降）；陽平˩$_{11}$ 與去聲˥$_{55}$（一高一低）；陰入˨˩$_{\underline{21}}$ 與陽入˥$_{\underline{55}}$（一高短一低短）。這三組調型，都各自相反，在發音時容易辨別。更有趣的是竹東（海陸）與苗栗（四縣）正好也一高一低一升一降。如陰平：苗栗˨˦$_{24}$ 竹東˥˧$_{53}$（一升一降）；陽平：苗栗˩$_{11}$竹東˥$_{55}$（一高一低）；上聲：苗栗˧˩$_{31}$ 竹東˩˧$_{13}$（一降一升）；去聲：苗栗˥$_{55}$竹東˩$_{11}$ 或˧$_{33}$（一高一低）；陰入：苗栗˨˩$_{\underline{21}}$ 竹東˥$_{\underline{55}}$（一低短一高短）；陽入：苗栗˥$_{\underline{55}}$ 竹東˨˩$_{\underline{21}}$（一高短一低短），六個調都完全相反，這種調值最合於語言運用上的實利。而四縣與海陸的整齊化現象，更可看出客語次方言間，是既有趣而又功利的語言現象。

二、內部屈折

客語各次方言中有許多字詞的聲韻完全相同，靠聲調內部的變化而分辨出不同的意義，純屬於內部的屈折變化，也是值得探討的問題，現舉例如下：

分（給）：pun$_{13}$（給人）→pun$_{31}$（給你）——苗栗
一（很）：it$_{2}$ t'ɑi$_{55}$（多大）→it$_{5}$ t'ɑi$_{55}$（很大）——東勢
ie（個）：lɑi$_{55}$ ie$_{13}$（哪裏）→lɑi$_{55}$ ie$_{55}$（哪個）——美濃
他（的）：iɑ$_{55}$（他的） →i$_{33}$ iɑ$_{33}$（他的）——新埤
食（了）：sïit$_{5}$ te$_{11}$（吃了嗎）→sïit$_{5}$ te$_{13}$（吃了）→sïit$_{55}$ te$_{55}$（吃的）——苗栗

以上數則都是聲調內部屈折的現象，是次方言間各自擁有的細微特徵，但是，對非說那種方言的而言，是很難分辨出來的。

三、詞性不同

詞性不同聲調不同，這在官話是很普遍的破音字，雖然客語這類字不多，但每一個次方言都有此種現象，如（種）當動詞唸去聲（四縣˥$_{55}$ 海陸˩$_{11}$），當名詞讀上聲（四縣˧˩$_{31}$ 海陸˩$_{11}$）。（近）字當名詞讀去聲（四縣˥$_{55}$ 海陸˩$_{11}$），當動詞讀陰平（四縣˨˦$_{24}$，海陸˥˧$_{53}$）。

第四節　綜合現象

一、連音變化

客語的連音變化非常多，但變化的方式不外乎同化、異化、省略，而且這些變化在客語次方言並沒有一定遵守的必要，有的地方同化，別的地方卻不見得如此，有的地方異化，但另個地方不必，省略的情況也相同，沒有很嚴的規律可循。語言是約定俗成的，在尚未俗成之前，它的可變性是其他人莫可奈何的事。現在把幾則較突出的連音變化分析如下：

1.〔同化〕：客語的名詞常加 -e 詞尾構成複音詞，這些詞尾 -e 的聲母常被前面的韻尾所同化，而有 ve, me, ne, ŋe, pe, te, ke 等尾詞。

/e/→				
	ve	u	鳥、樹、九個	tiau ve（鳥）
	me	m	三個、男人	sam me（三個）
	ne	n	星星、山	sen ne（星星）
	ŋe	ŋ	蟲、魚、五個	ts'uŋ ŋe（蟲）
	pe	p	葉子、十個	iap pe（葉子）
	te	t	日子、一個	ȵit te（日子）
	ke	k	石子、六個	sak ke（石子）

u→un/—＋n	kim pu ȵit→kim pun ȵit	（今晡日）
ŋ→n/—＋n	t'ien koŋ ȵit→t'ien kon ȵit	（天光日）
n→ŋ/—＋ŋ	t'ian koŋ ȵit→t'iaŋ koŋ ȵit	（天光日）
ŋ→n/—＋n	t'ien koŋ ȵit→t'iaŋ kon ȵit	（天光日）

以上規律並不嚴格遵守，當韻尾後接連的聲母不跟着前面輔音尾而改變時，我們也難肯定誰對誰錯，譬如「兩個」一詞，有 $lio\eta_{31}$ ηe_{55} 與 $lio\eta_{31}$ ke_{55} 兩種唸法，而「七個」也有 $ts'it_{2}$ te_{55} 與 $ts'it_{2}$ ke_{55} 兩種唸法。

2.〔省略又合音〕：

ki+ia→kia（他的）——省略一個 i 合爲 kia——苗栗

n+ia→ȵia（你的）—— n 同化成ȵ合爲 ȵia——長治

ki+nen→kien（他們）——省略 e 合爲 kien——東勢

二、所有格變化

主格		所有格		複數	
(我)	ŋai	ŋai	(e) (ke) (ie) (kai)	ŋai	(nen) (ten) (teu)
(你)	n̩ (ŋ̩)	n̩ (ŋ̩)	(e) (ŋe) (ke) (ne)	n̩ (ŋ̩)	(nen) (ten) (teu)
(他)	ki (i)	ki (i)	(e)(ke)(ia)(ie)(kai)	ki (i)	(nen) (ten) (teu)

人稱及數的變化，在客語次方言間有很大的差異，光以主格而言，一人稱 ŋai，二人稱有 n̩，ŋ̩，hŋ̩ 三種，第三人稱有 ki, i 兩種。所有格變化更可在主格後加〔e〕〔ke〕〔ie〕〔ŋe〕〔ne〕〔ia〕〔kai〕來完成其所屬，而複數也可加〔nen〕〔ten〕〔teu〕三種尾詞來表示。

三、進行式附加詞素

	原式	進行式
(坐)	ts'o	ts'o (ten) (to) (nun) (kin) (len)
(企)	k'i	k'i (ten) (to) (nun) (kin) (len)

表進行式的附加成素，客語各次方言間有很大的不同，長治、楊梅、苗栗用〔ten〕，萬巒、內埔、竹田用〔to〕，美濃用〔nun〕，東勢用〔kin〕，竹東用〔len〕。（註三）

第五節　結語

從前臺灣客語各次方言間的差異看來，有的差別條理分明，有源頭有衍流，有些無規律可循，莫明其所以然。這些不易解釋的現象往往是因為吸收了鄰近語方言的音而產生的變化，我們必須找出差異後，再尋線索去別的語言上找答案。

當然有些差異是語言自己本身的變化，我們也可以借這種分析比較求得合理解釋。綜合本文資料顯示，各次方言間產生差異的原因有下列九種：

⑴文白分化：如第一節唇音。（飯）有 p′-, f-兩種聲母，（放）有 p-, f- 兩種聲母。

⑵同化相對：如第四節一連音變化。名詞尾附加 e 形成複音詞時，都受前面字的語尾輔音同化而有 ve, me, ne, ŋe, pe, te, ke 等帶聲母詞。又如第三節一調型相反。四縣與海陸聲調，幾乎是一高一低、一升一降的兩兩相對形式，是十足的相對現象。

⑶省略增加：如第四節〔省略又合音〕，把 ki 和 iɑ 的 i 省略變成 kiɑ。又如第二節一格變化，東勢第二人稱在 ŋ̩ 前面加喉清擦音變成 hŋ̩。

⑷古今音變：如第一節三、舌面音裏，海陸系統中古精系及照二系字都唸 ts-，而照三系的字唸 tʃ-。

⑸連音合音：如第四節一、東勢的「他們」一詞是由 ki＋nen 連音合音而唸成 $kien_{13}$。

⑹顎化：如第一節三、四舍面音及舌根音。照三系的字在四縣唸 ts-, ts′-, s-，但在海陸受介音 -i- 的影響顎化成 tʃ-, tʃ′-, ʃ-。其他如疑母字後細音都由 ŋ-顎化成 ȵi。

⑺屈折變化：第三節如二、內部屈折。苗栗的（食）一詞，唸

sït$_5$ te$_{11}$ 表示「吃了嗎」，sït$_5$ te$_{13}$ 表示「吃了」sït$_5$ te$_{55}$，表示「吃的」，〔te$_{11}$〕〔te˩˧〕〔te˥〕三種調型都意義不同。

⑻附加成素：如第四節三、客語進行式後面都附加〔ten〕〔to〕〔nun〕〔kin〕〔len〕等不同的成素，表示進行時態。

⑼借音：如第四節二、所有格變化。美濃、新埤的第三人稱唸〔i〕，應該是從閩（伊）借音而來。

這九種方言間的差異現象，雖然都是本文資料所雖示的結果，相信別的方言的次方言之間的差異，也有這些演變條件存在。

一個活生生的語言，應該不斷吸收，不斷丟棄，才能使自己成長，客語次方言就是在上列數種原則的影響下，不斷演化而成的，在平面上看，各次方言的差別是些微的，但從長遠歷史上看，這些微的改變就是將來大弧度改變的開始。

●原鄉虔誠禮佛的客家婦女（陳文和／攝影）。

註釋：

註　一：家語次方言中「他們」一詞〔nen〕〔ten〕〔teu〕三種附加詞素，其語音與（等）字相合，古漢語有「我等」之說，與客語近似，故〔nen〕〔ten〕〔teu〕當指同一（等）字。

註　二：只借閩語的音，不借它的結構方式，如：

	閩語		客語	
	主格	所有格	主格	所有格
我	guɑ	gun	ŋɑi	ŋa　ke
你	li	lin	ŋ̩	ŋ̩　ŋe
他	i	in	i	i　i̯e

閩語以主格後加 -n，形成所有格，新埤、美濃以加 -e 形成所有格。

註　三：《站著》一詞，客語用「企等」，其中（等）表進行式，各次方言說法有差異，如萬巒、內埔、竹田、新埤 $k'i_{24}$ to_{31}（企到），長治、楊梅、苗栗說 $k'i_{24}$ ten_{31}（企等）、美濃 k'_{24} nun_{31}（企口）、東勢 $k'i_{24}$ kin_{31}（企緊）、竹東說 $k'i_{24}$ len_{31}（企等）。

第七章
台灣客語基礎詞彙

(一)台灣客語詞彙 — 1

	長治	萬巒	內埔
頭	t'eu$_{11}$ nɑ$_{11}$	t'eu$_{11}$ nɑ$_{33}$	t'eu$_{11}$ nɑ$_{11}$
眼（目珠）	muk$_{2}$ tsu$_{13}$	muk$_{2}$ tsu$_{24}$	muk$_{2}$ tsu$_{24}$
耳（公）	ȵi$_{31}$ kuŋ$_{33}$	ȵi$_{31}$ kuŋ$_{24}$	ȵi$_{31}$ kuŋ$_{24}$
鼻（公）	p'i$_{55}$ kuŋ$_{33}$	p'i$_{55}$ kuŋ$_{24}$	p'i$_{55}$ kuŋ$_{24}$
嘴	tsoi$_{55}$	tsoi$_{55}$	tsoi$_{55}$
齒	ŋɑ$_{11}$ ts'ï$_{31}$	ŋa$_{11}$ ts'ï$_{31}$	ŋa$_{11}$ ts'ï$_{31}$
手	su$_{31}$	su$_{31}$	su$_{31}$
手指	su$_{31}$ tsï$_{31}$	su$_{31}$ tsï$_{31}$	su$_{31}$ tsï$_{31}$
腳	kiok$_{2}$	kiok$_{2}$	kiok$_{2}$
皮膚	p'i$_{11}$ fu$_{24}$	p'i$_{55}$ fu$_{24}$	p'i$_{11}$ fu$_{24}$
皮	p'i$_{11}$	p'i$_{11}$	p'i$_{11}$
毛	mo$_{24}$	mo$_{24}$	mo$_{24}$
血	hiet$_{2}$	hiɑt$_{2}$	hiet$_{2}$
骨（頭）	kut$_{2}$ t'eu$_{11}$	kut$_{2}$ t'eu$_{11}$	kut$_{2}$ t'eu$_{11}$
肉	ȵiuk$_{2}$	ȵiuk$_{2}$	ȵiuk$_{2}$
身（體）	sïn$_{24}$ t'i$_{31}$	sïn$_{24}$ t'i$_{31}$	sïn$_{24}$ t'i$_{31}$
病	pian$_{55}$	p'iaŋ$_{55}$	p'iaŋ$_{55}$
藥	iok$_{5}$	iok$_{5}$	iok$_{5}$ ke$_{31}$
鹽	iam$_{11}$	iam$_{11}$	iam$_{11}$
油	iu$_{11}$	iu$_{11}$	iu$_{11}$
酒	tsiu$_{31}$	tsiu$_{31}$	tsiu$_{31}$
煙	iɑn$_{24}$	iɑn$_{24}$	iæn$_{24}$
食物	sït$_{5}$ vut	sït$_{5}$ vut$_{5}$	sït$_{5}$ vut$_{5}$
鷄卵	kie$_{24}$ lon$_{31}$	kie$_{24}$ lon$_{31}$	kie$_{11}$ tsun$_{24}$
鳥	tiau$_{24}$	tiau$_{24}$ ve$_{31}$	tiau$_{24}$ e$_{31}$
線	sien$_{55}$	sien$_{55}$	sien$_{55}$

竹　田	美　濃
'eu$_{11}$ nɑ$_{11}$	t'eu$_{11}$
ıuk$_{2}$ tsu$_{24}$	muk$_{11}$ tsu$_{24}$
ȵi$_{31}$ kuŋ$_{24}$	ȵi$_{31}$ kuŋ$_{33}$
'i$_{55}$ kaŋ$_{24}$	p'i$_{55}$ kuŋ$_{33}$
soi$_{55}$	tsoi$_{55}$
a$_{11}$ ts'ï$_{31}$	ŋa$_{11}$ ts'ï$_{31}$
u$_{31}$	su$_{31}$
u$_{31}$ tsï$_{31}$	su$_{31}$ tsï$_{31}$
iok$_{2}$	kiok$_{2}$
'i$_{11}$ fu$_{24}$	p'i$_{11}$
'i$_{11}$	p'i$_{11}$
ıo$_{24}$	mo$_{33}$
iet$_{2}$	hiæt$_{2}$
ut$_{2}$ t'eu$_{11}$	kut$_{2}$ t'eu$_{11}$
ȵiuk$_{2}$	ȵiuk$_{2}$
ïn$_{24}$ t'i$_{31}$	iæn$_{11}$ sïn$_{24}$
'iɑŋ$_{55}$	p'iaŋ$_{55}$
ɔk$_{5}$ ke$_{31}$	iok$_{5}$ ke$_{31}$
am$_{11}$	iam$_{31}$
u$_{11}$	iu$_{11}$
siu$_{31}$	tsiu$_{31}$
ɛn$_{24}$	iæn$_{33}$
it$_{5}$ vut$_{5}$	sit$_{5}$ vut$_{5}$
ie$_{24}$ lon$_{31}$	kie$_{24}$ ts'un$_{33}$
	kie$_{24}$ non$_{31}$
iau$_{24}$ ve$_{31}$	tiau$_{24}$ ve$_{31}$
ien$_{55}$	sien$_{55}$

(一)台灣客語詞彙 — 2

	新埤	楊梅	東勢
頭	t'eu$_{11}$ nɑ$_{11}$	t'eu$_{11}$ nɑ$_{11}$	t'eu$_{55}$ nɑ$_{11}$
眼(目珠)	muk$_{2}$ tsu$_{24}$	muk$_{2}$ tʃiu$_{24}$	mut$_{5}$ tsiu$_{55}$
耳(公)	ȵi$_{31}$ kuŋ$_{24}$	ȵi$_{31}$ kuŋ$_{24}$	ȵi$_{31}$ kuŋ$_{24}$
鼻(公)	p'i$_{55}$ kuŋ$_{24}$	p'i$_{55}$ kuŋ$_{24}$	p'i$_{31}$ kuŋ$_{24}$
嘴	tsoi$_{55}$	tsoi$_{55}$	tʃoi$_{53}$
	ŋa$_{11}$ ts'i$_{31}$	ŋa$_{11}$ ts'i$_{31}$	ŋa$_{11}$ ts'i$_{53}$
手	su$_{31}$	ʃiu$_{31}$	ʃiu$_{31}$
手指	su$_{31}$ tsi$_{31}$	ʃu$_{31}$ tʃi$_{31}$	ʃiu$_{31}$ tʃi$_{31}$
腳	kiok$_{2}$	kiok$_{2}$	kiok$_{2}$
皮膚	p'i$_{11}$	p'i$_{11}$	p'i$_{11}$ fu
皮	p'i$_{11}$	p'i$_{11}$	p'i$_{24}$
毛	mo$_{24}$	mo$_{24}$	mo$_{55}$
血	hiæt$_{2}$	hiɑt$_{2}$	hiet$_{2}$
骨(頭)	kut$_{2}$ t'eu$_{11}$	kut$_{2}$ t'eu$_{11}$	kut$_{2}$ t'eu$_{11}$
肉	ȵiuk$_{2}$	ȵiuk$_{2}$	ȵiuk$_{2}$
身(體)	sin$_{24}$ t'i$_{31}$	ʃin$_{24}$ t'i$_{31}$	ien$_{11}$ ʃin$_{55}$
病	p'iɑŋ$_{55}$	p'iɑŋ$_{55}$	p'iɑŋ$_{53}$
藥	iok$_{5}$ ke$_{33}$	ʒok$_{5}$	ʒok$_{5}$
鹽	iɑm$_{55}$	ʒɑŋ$_{11}$	ʒɑm$_{24}$
油	iu$_{11}$	ʒu$_{11}$	ʒu$_{24}$
酒	tsiu$_{31}$	tsiu$_{31}$	tsiu$_{31}$
煙	iæn$_{24}$	ʒen$_{24}$	ʒen$_{33}$
食物	sit$_{5}$ vut$_{5}$	ʃit$_{5}$ vut$_{5}$	ʃit$_{5}$ vut$_{5}$
鷄卵	kie$_{24}$ lon$_{31}$	kɑi$_{24}$ lon$_{31}$	kɑi$_{24}$ lon$_{31}$
鳥	tiau$_{24}$ ve$_{31}$	tiau$_{24}$ ve$_{31}$	tiau$_{55}$
線	sien$_{55}$	sien$_{55}$	sien$_{31}$

苗栗	竹東
t'eu$_{11}$ nɑ$_{11}$	t'eu$_{55}$ nɑ$_{55}$
muk$_{11}$ tsu$_{24}$	muk$_{2}$ tsu$_{53}$
ȵi$_{31}$ kuŋ$_{24}$	ȵi$_{11}$ kuŋ$_{53}$
p'i$_{55}$ kuŋ$_{24}$	p'i$_{11}$ kuŋ$_{53}$
tsoi$_{55}$	tʃoi$_{11}$
ŋa$_{11}$ ts'ï$_{31}$	ŋa$_{55}$ tʃ'i$_{24}$
su$_{31}$	ʃiu$_{24}$
su$_{31}$ tsï$_{31}$	ʃiu$_{11}$ tʃi$_{24}$
kiok$_{2}$	kiok$_{5}$
p'i$_{11}$ fu$_{24}$	p'i$_{55}$ fu$_{31}$
p'i$_{11}$	p'i$_{55}$
mo$_{24}$	mo$_{53}$
hiet$_{2}$	hiet$_{5}$
kut$_{2}$ t'eu$_{11}$	kut$_{2}$ t'eu$_{55}$
ȵiuk$_{2}$	ȵiuk$_{5}$
ien$_{11}$ sïn$_{24}$	ʃin$_{53}$ t'i$_{24}$
p'iɑŋ$_{55}$	p'iɑŋ$_{33}$
iok$_{5}$	ʒok$_{5}$
iɑm$_{11}$	ʒɑm$_{55}$
iu$_{11}$	ʒu$_{55}$
tsiu$_{31}$	tsiu$_{24}$
ien$_{24}$	ʒɑn$_{31}$
sït$_{5}$ vut$_{5}$	ʃit$_{2}$ vət$_{2}$
kie$_{24}$ lon$_{31}$	kɑi$_{53}$ lon$_{24}$
tiau$_{55}$	tiau$_{31}$ ə$_{33}$
sien$_{55}$	ʃien$_{33}$

㈡台灣客語詞彙 — 1

	長治	萬巒	內埔
刀（小）	to$_{24}$ e$_{31}$	to$_{24}$ e$_{31}$	to$_{24}$ e$_{31}$
（大）	to$_{24}$ ma$_{11}$	to$_{24}$ ma$_{11}$	to$_{24}$ ma$_{11}$
衣服（衫褲）	sam$_{11}$ fu$_{55}$	sam$_{11}$ fu$_{55}$	sam$_{11}$ fu$_{55}$
衫	sam$_{24}$	sam$_{24}$	sam$_{24}$
紙	tsï$_{31}$	tsï$_{31}$	tsï$_{31}$
東西	tuŋ$_{11}$ si$_{24}$	tuŋ$_{11}$ si$_{24}$	tuŋ$_{11}$ si$_{24}$
蟲	ts'uŋ$_{11}$ ŋe$_{31}$	ts'uŋ$_{11}$ ŋe$_{31}$	ts'uŋ$_{11}$ ŋe$_{31}$
魚	ŋ$_{11}$ ŋe$_{31}$	ŋ$_{11}$ ŋe$_{31}$	ŋ$_{11}$ ŋ$_{31}$
狗	keu$_{31}$ ve$_{31}$	keu$_{31}$ ve$_{31}$	keu$_{31}$ ve$_{31}$
屋	vuk$_{2}$ e$_{11}$	vuk$_{2}$ ke$_{33}$	vuk$_{2}$ ke$_{11}$
家裏	ka$_{24}$ t'iŋ$_{11}$	luk$_{11}$ k'a$_{24}$	ka$_{24}$ t'in$_{11}$
錢	ts'ien$_{11}$	ts'ien$_{11}$	ts'ien$_{11}$
樹	su$_{55}$ ve$_{31}$	su$_{55}$ ve$_{31}$	su$_{55}$ ve$_{31}$
木材	muk$_{2}$ ts'oi$_{33}$	muk$_{2}$ ts'oi$_{11}$	muk$_{2}$ liau$_{55}$
（枋）	pioŋ$_{24}$ ŋe$_{31}$	poŋ$_{55}$ ŋe$_{31}$	su$_{55}$ pioŋ$_{24}$ ŋe
草	ts'o$_{31}$ e$_{11}$	ts'o$_{31}$	ts'o$_{31}$
葉（子）	iap$_{5}$ pe$_{31}$	jap$_{5}$ pe$_{31}$	jap$_{5}$ pe$_{31}$
花	fa$_{24}$	fa$_{24}$	fa$_{24}$
水果（子）	ko$_{31}$ tsï$_{31}$	sui$_{31}$ ko$_{31}$	ko$_{31}$ tsok$_{2}$
核	fut$_{5}$	fut$_{5}$	fut$_{5}$
仁	in$_{11}$	in$_{11}$	in$_{11}$
種（n）	tsuŋ$_{31}$	tsuŋ$_{31}$	tsuŋ$_{31}$ ŋe$_{11}$
種（v）	tsuŋ$_{55}$	tsuŋ$_{55}$	tsuŋ$_{55}$
田	t'ien$_{11}$	t'ien$_{11}$	t'ien$_{11}$ k'iu$_{24}$
路	lu$_{55}$	lu$_{55}$	lu$_{55}$

竹田	美濃
o$_{24}$ e$_{31}$	to$_{24}$ e$_{31}$
o$_{24}$ ma$_{11}$	to$_{24}$ ma$_{11}$
am$_{11}$ fu$_{55}$	sam$_{11}$ fu$_{55}$
nui$_{55}$ sam$_{24}$	nui$_{55}$ sam$_{33}$
tïs$_{31}$	tsï$_{31}$
tuŋ$_{11}$ si$_{24}$	tuŋ$_{11}$ si$_{24}$
ts'uŋ$_{11}$ ŋe$_{31}$	ts'uŋ$_{11}$ ŋe$_{31}$
ŋ$_{11}$ ŋe$_{31}$	ŋ$_{11}$ ŋe$_{31}$
	|
keu$_{31}$ ve$_{31}$	keu$_{31}$ ve$_{31}$
vuk$_{2}$ ke$_{31}$	vuk$_{2}$ ke$_{31}$
vuk$_{2}$ k'ua$_{24}$	vuk$_{2}$ k'a$_{24}$
ts'ien$_{11}$	ts'ien$_{11}$
su$_{55}$ ve$_{31}$	su$_{55}$ ve$_{31}$
muk$_{2}$ ts'oi$_{11}$	muk$_{2}$ ts'oi$_{11}$
pioŋ$_{24}$ ŋe$_{31}$	su$_{55}$ kiok$_{2}$ e$_{11}$
ts'o$_{31}$	ts'o$_{31}$
iap$_{5}$ pe$_{31}$	su$_{55}$ iap$_{5}$ pe$_{31}$
fa$_{24}$	fa$_{33}$
ko$_{31}$ tsï$_{31}$	ko$_{31}$ tsï$_{31}$
fut$_{5}$	fut$_{5}$
in$_{11}$	in$_{11}$
tsuŋ$_{31}$ ŋe$_{11}$	tsuŋ$_{31}$
tsuŋ$_{55}$	tsuŋ$_{55}$
'ien$_{11}$	t'ien$_{11}$ k'iu$_{33}$
u$_{55}$	lu$_{55}$

(二)台灣客語詞彙 — 2

	新　　埤	楊　　梅	東　　勢
刀（小）	to$_{24}$ e$_{31}$	to$_{24}$ e$_{31}$	to$_{24}$ e$_{31}$
（大）	to$_{24}$ mɑ$_{11}$	to$_{24}$ mɑ$_{11}$	to$_{24}$ mɑ$_{11}$
衣服（衫褲）	sam$_{11}$ fu$_{55}$	sam$_{11}$ fu$_{55}$	sam$_{11}$ k‘u$_{31}$
衫	nui$_{55}$ sɑm$_{24}$	nui$_{55}$ sɑm$_{24}$	sɑm$_{55}$
紙	tsi$_{31}$	tʃi$_{31}$	tʃi$_{31}$
東西	tuŋ$_{11}$ si$_{24}$	tuŋ$_{11}$ si$_{24}$	tuŋ$_{11}$ si$_{24}$
蟲	ts′uŋ$_{11}$ ŋe$_{31}$	ts′uŋ$_{11}$ ŋe$_{31}$	ts′uŋ$_{24}$
魚	ŋ̩$_{11}$ ȵi$_{31}$	ŋ̩$_{11}$	ŋ̩$_{24}$
狗	keu$_{33}$ ve$_{31}$	keu$_{31}$ ve$_{31}$	keu$_{31}$
屋	vuk$_{2}$ ke$_{31}$	vuk$_{2}$ ke$_{11}$	vuk$_{2}$
家裏	vuk$_{2}$ k′ɑ$_{24}$	vuk$_{2}$ k′ɑ$_{24}$	vuk$_{2}$
錢	ts′ien$_{11}$	ts′ien$_{11}$	ts′ien$_{24}$
樹	su$_{55}$ e$_{31}$	ʃu$_{55}$ e$_{31}$	ʃiu$_{55}$
木材	mok$_{2}$ ts′ɑi$_{11}$	muk$_{2}$ ts′oi$_{11}$	muk$_{2}$ liɑu$_{31}$
（枋）	pioŋ$_{24}$ ŋe$_{11}$	pioŋ$_{24}$ ŋe$_{31}$	pioŋ$_{24}$ ŋe$_{31}$
草	ts′o$_{31}$	ts′o$_{31}$ e$_{31}$	ts′o$_{31}$
葉（子）	iap$_{5}$ pi$_{31}$	ʒak$_{5}$ ke$_{31}$	ʒap$_{5}$
花	fa$_{24}$	fa$_{24}$	fa$_{55}$
水果（子）	ko$_{31}$ tsï$_{31}$	ko$_{31}$ tsï$_{31}$	ko$_{31}$ tsï$_{31}$
核	fut$_{5}$	fut$_{5}$	fut$_{5}$
仁	in$_{11}$	ʒn$_{11}$	ʒn$_{24}$
種（n）	tsuŋ$_{31}$ tsi$_{31}$	tʃuŋ$_{31}$	tʃuŋ$_{31}$
種（v）	tsuŋ$_{55}$	tʃuŋ$_{55}$	tʃuŋ$_{31}$
田	t′ien$_{11}$	t′ien$_{11}$	t′ien$_{24}$
路	lu$_{55}$	lu$_{55}$	lu$_{31}$

苗　　　　　　　栗	竹　　　　　　　東
to$_{24}$ e$_{31}$	to$_{53}$ ə$_{33}$
tǫ$_{24}$ mɑ$_{11}$	to$_{53}$ ma$_{55}$
sam$_{11}$ fu$_{55}$	sam$_{53}$ fu$_{11}$
nui$_{55}$ sɑm$_{24}$	nui$_{11}$ sam$_{31}$
tsï$_{31}$	tʃi$_{24}$
tuŋ$_{11}$ si$_{24}$	tuŋ$_{53}$ si$_{53}$
ts′uŋ$_{11}$ ŋe$_{31}$	ts′uŋ$_{55}$ ŋə$_{33}$
ŋ$_{11}$ ŋe$_{31}$	ŋ$_{55}$ ŋe$_{33}$
ı	ı
keu$_{31}$ ve$_{11}$	keu$_{24}$
vuk$_{2}$ ke$_{11}$	vuk$_{5}$
vuk$_{2}$ k′a$_{24}$	vok$_{2}$ k′a$_{24}$
ts′ien$_{11}$	ts′ien$_{55}$
su$_{55}$ e$_{31}$	ʃiu$_{11}$ və$_{33}$
muk$_{2}$ liau$_{55}$	muk$_{2}$ tʃ′ai$_{31}$
su$_{55}$ pioŋ$_{24}$ ŋe$_{31}$	su$_{11}$ pioŋ$_{53}$
ts′o$_{31}$ (e$_{31}$)	ts′o$_{24}$
ʒap$_{5}$ pe$_{31}$	ʒap$_{2}$ pə$_{55}$
fa$_{24}$	fa$_{53}$ ə$_{55}$
ko$_{31}$ tsï$_{31}$	ko$_{11}$ tsï$_{24}$
fut$_{5}$	fut$_{2}$
in$_{11}$	ʒn$_{55}$
tʃuŋ$_{31}$	tʃuŋ$_{33}$
tʃuŋ$_{55}$	tʃuŋ$_{11}$
t′ien$_{11}$	t′ien$_{55}$
lu$_{55}$	lu$_{33}$

㈢台灣客語詞彙—1

	長治	萬巒	內
河（壩）	ho$_{11}$ pɑ$_{55}$	ho$_{11}$ pɑ$_{55}$	ho$_{11}$ pɑ$_{55}$
山	sɑn$_{24}$	sɑn$_{24}$	sɑn$_{24}$
圳（溝）	tsun$_{55}$	tsun$_{55}$ kieu$_{24}$	tsun$_{55}$ kieu$_{24}$
水	sui$_{31}$	sui$_{31}$	sui$_{31}$
石（頭）	sɑk$_{5}$ t'eu$_{11}$	sɑk$_{55}$ ku$_{31}$	sɑk$_{5}$ t'eu$_{11}$
泥	nɑi$_{11}$	nɑi$_{11}$	nɑi$_{11}$
火	fo$_{11}$	fo$_{31}$	fo$_{31}$
風	fuŋ$_{24}$	fuŋ$_{24}$	fuŋ$_{24}$
雲	iun$_{11}$	iun$_{11}$	iun$_{11}$
雨	i$_{31}$	ji$_{31}$	ji$_{31}$
天（頂）	t'ien$_{24}$	t'ien$_{24}$	t'ien$_{24}$ taŋ$_{11}$
日（頭）	ȵit$_{2}$ t'eu$_{11}$	ȵit$_{2}$ t'eu$_{11}$	ȵit$_{2}$ t'eu$_{11}$
月（光）	ȵiet$_{5}$ koŋ$_{24}$	ȵiat$_{5}$ koŋ$_{24}$	ȵiet$_{5}$ koŋ$_{24}$
星	sen$_{24}$ ne$_{31}$	sen$_{24}$ ne$_{31}$	sen$_{24}$ ne$_{31}$
年	ȵien$_{11}$	ȵian$_{11}$	ȵiæn$_{11}$
月子	ȵit$_{2}$ te$_{11}$	ȵit$_{2}$ te$_{11}$	ȵie$_{2}$ te$_{11}$
（朝）晨	tseu$_{24}$ sin$_{11}$ tso$_{31}$	tseu$_{24}$ sin$_{11}$ t'eu$_{11}$	tseu$_{24}$ sïn$_{11}$ t'e
白天（日時頭）	ȵit$_{2}$ sï$_{11}$ t'eu$_{11}$	ȵi$_{31}$ sï$_{31}$ t'eu$_{11}$	ȵit$_{2}$ sï$_{31}$ t'eu$_{1}$
中午（當家）	toŋ$_{11}$ tsu$_{55}$	toŋ$_{11}$ tsu$_{55}$	toŋ$_{11}$ tsu$_{55}$ t'e
下午（下晝）	ha$_{11}$ tsu$_{55}$	hɑ$_{11}$ tsu$_{55}$	ha$_{11}$ tsu$_{55}$ t'eu
晚上（暗時）	ɑm$_{55}$ pu$_{24}$	ɑm$_{55}$ pu$_{24}$ t'eu$_{11}$	ɑm$_{55}$ pu$_{24}$ t'e
傍晚（臨暗頭）	lim$_{11}$ ɑm$_{55}$	lim$_{11}$ ɑm$_{55}$ me$_{31}$	lim$_{11}$ɑm$_{55}$ t'eu

田	美濃
$_{11}$ pa$_{55}$	ho$_{11}$ pa$_{55}$
n$_{24}$	san$_{33}$
ın$_{55}$	tsun$_{55}$ ne$_{31}$
i$_{31}$	sui$_{31}$
k$_{5}$ t'eu$_{11}$	sak$_{5}$ teu$_{11}$
ɑi$_{11}$	nai$_{11}$
$_{31}$	fo$_{31}$
ŋ$_{24}$	fuŋ$_{33}$
ɑ$_{11}$	iun$_{11}$
	i$_{31}$
en$_{24}$	t'ien$_{33}$ (taŋ)$_{33}$
t$_{2}$ t'eu$_{11}$	ȵit$_{2}$ t'eu$_{11}$
et$_{5}$ koŋ$_{24}$	ȵiet$_{5}$ koŋ$_{24}$
n$_{24}$ ne$_{31}$	sen$_{33}$
	sen$_{24}$ ne$_{31}$
en$_{11}$	ȵiæn$_{11}$
t$_{2}$ te$_{11}$	ȵit$_{2}$ te$_{11}$
u$_{11}$ sïn$_{11}$ t'eu$_{11}$	tseu$_{24}$ sïn$_{11}$ t'eu$_{11}$
$_{31}$ sï$_{31}$ t'eu$_{11}$	ȵi$_{31}$ sï$_{31}$ t'eu$_{11}$
ŋ$_{11}$ tsu$_{55}$ t'eu$_{11}$	toŋ$_{11}$ tsu$_{55}$ t'eu$_{11}$
$_{11}$ tsu$_{55}$ t'eu$_{11}$	ha$_{11}$ tsu$_{55}$ t'eu$_{11}$
m$_{55}$ pu$_{24}$ t'eu$_{11}$	am$_{55}$ pu$_{24}$ t'eu$_{11}$
m$_{11}$ am$_{55}$ t'eu$_{11}$	lim$_{11}$ am$_{55}$ t'eu$_{11}$

㈢台灣客語詞彙 — 2

	新埤	楊梅	東勢
河（壩）	ho$_{11}$ pɑ$_{55}$	ho$_{11}$ pɑ$_{55}$	ho$_{11}$ pɑ$_{31}$
山	sɑn$_{24}$	sɑn$_{24}$	sɑn$_{55}$
圳（溝）	tsun$_{55}$ ni$_{31}$	tsun$_{55}$	tsun$_{31}$
水	sui$_{31}$	ʃui$_{31}$	ʃui$_{31}$
石（頭）	sɑk$_{5}$ t′eu$_{11}$	ʃɑk$_{5}$ ku$_{31}$	ʃɑk$_{5}$ t′eu$_{11}$
泥	nɑi$_{11}$	nɑi$_{11}$	nei$_{11}$
火	fo$_{31}$	fo$_{35}$	fo$_{31}$
風	fuŋ$_{24}$	fuŋ$_{24}$	fuŋ$_{55}$
雲	iun$_{11}$	ʒun$_{11}$	ʒun$_{11}$
雨	i$_{31}$	ʒi$_{31}$	ʒi$_{31}$
天（頂）	t′ien$_{24}$ (taŋ$_{31}$)	t′ien$_{24}$	t′ien$_{24}$
日（頭）	ȵit$_{2}$ t′eu$_{11}$	ȵit$_{2}$ t′eu$_{11}$	ȵit$_{2}$ t′eu$_{11}$
月（光）	ȵiæt$_{5}$ koŋ$_{24}$	ȵiat$_{5}$ koŋ$_{24}$	ȵiet$_{5}$ koŋ$_{55}$
星	sen$_{24}$ ni$_{31}$	ʃiaŋ$_{24}$ ŋe$_{31}$	ʃen$_{55}$
年	ȵiæn$_{11}$	ȵien$_{11}$	ȵien$_{55}$
月子	ȵit$_{2}$ li$_{31}$	ȵit$_{2}$ te$_{31}$	ȵit$_{2}$
（朝）晨	tseu$_{24}$ sin$_{11}$	tʃau$_{24}$ sin$_{11}$	tʃeu$_{24}$ sin$_{11}$ t
白天（日時頭）	ȵi$_{31}$ si$_{31}$ t′eu$_{11}$	ȵit$_{2}$ ʃi$_{11}$ t′eu$_{11}$	ȵi$_{31}$ si$_{31}$ t′eu
中午（當家）	toŋ$_{11}$ tsu$_{55}$ t′eu$_{11}$	toŋ$_{11}$ tsu$_{55}$ t′eu$_{11}$	toŋ$_{11}$ tsu$_{31}$
下午（下晝）	hɑ$_{11}$ tsu$_{55}$ t′eu$_{11}$	hɑ$_{11}$ tsu$_{55}$ t′eu$_{11}$	hɑ$_{11}$ tsiu$_{31}$
晚上（暗時）	ɑm$_{55}$ pu$_{24}$ t′eu$_{11}$	ɑm$_{55}$ pu$_{24}$ t′eu$_{11}$	ɑm$_{55}$ iɑ$_{31}$
傍晚（臨暗頭）	lim$_{11}$ ɑm$_{55}$ t′eu$_{11}$	lim$_{11}$ ɑm$_{55}$ t′eu$_{11}$	lim$_{11}$ ɑm$_{31}$ p

…栗	竹東
ɔ$_{11}$ pɑ$_{55}$	ho$_{55}$
ɑn$_{24}$ ne$_{31}$	sɑn$_{53}$
un$_{55}$ kieu$_{24}$	tsun$_{11}$ kieu$_{53}$
i$_{31}$	sui$_{24}$
ɑk$_{5}$ t'eu$_{11}$	ʃɑk$_{2}$ ke$_{24}$
ɑi$_{11}$	nɑi$_{55}$ ə$_{33}$
ɔ$_{31}$	fo$_{24}$
ɑŋ$_{24}$	fuŋ$_{53}$
n$_{11}$	ʒun$_{55}$
[illegible]	ʒï$_{11}$
ien$_{24}$	t'ien$_{31}$
it$_{2}$ t'eu$_{11}$	ȵit$_{2}$ t'eu$_{55}$
iet$_{5}$ koŋ$_{24}$	ȵiæt$_{2}$ koŋ$_{53}$
n$_{24}$ ne$_{31}$	ʃiaŋ$_{53}$ ŋə$_{33}$
ien$_{11}$	ȵien$_{55}$
it$_{2}$ te$_{11}$	ȵit$_{2}$ ə$_{33}$
eu$_{24}$ sin$_{11}$ t'eu$_{11}$	tʃau$_{31}$ ʃin$_{55}$
i$_{31}$ sï$_{11}$ t'eu$_{11}$	ȵi$_{11}$ ʃi$_{55}$ t'eu$_{55}$
ŋ$_{11}$ tsu$_{55}$	toŋ$_{53}$ tʃu$_{11}$
ɑ$_{11}$ tsu$_{55}$ t'eu$_{11}$	hɑ$_{53}$ tʃu$_{11}$
n$_{55}$ pu$_{24}$ t'eu$_{11}$	ɑm$_{11}$ pu$_{31}$ ʒɑ$_{11}$
n$_{11}$ ɑm$_{55}$ t'eu$_{11}$	lim$_{24}$ ɑm$_{55}$ mə$_{33}$

(四)台灣客語詞彙——1

	長治	萬巒	內埔
昨天(昨日晡)	ts'o$_{11}$ pu$_{24}$ ȵit$_{2}$	ts'o$_{11}$ pun$_{24}$ ȵit$_{2}$	ts'o$_{11}$ pun$_{24}$ n
昨天(天光日)	t'ien$_{11}$ koŋ$_{24}$ ȵit$_{2}$	tiaŋ$_{55}$ koŋ$_{24}$ ȵit$_{5}$	t'iaŋ$_{11}$ kon$_{24}$
今天(今日晡)	kim$_{11}$ pun$_{24}$ ȵit$_{2}$	kim$_{11}$ pun$_{24}$ ȵit$_{2}$	kim$_{11}$ pun$_{24}$ n
現在(這下)(今)	iɑ$_{31}$ hɑ$_{55}$ iɑ$_{31}$ mɑn$_{24}$	iɑ$_{31}$ hɑ$_{55}$ iɑ$_{31}$ mɑn$_{24}$ kin$_{24}$	iɑ$_{31}$ man$_{24}$ iɑ$_{31}$ hɑ$_{55}$
何時(那久)	nɑi$_{55}$ kiu$_{31}$	nɑi$_{55}$ kiu$_{31}$	nɑi$_{55}$ kiu$_{31}$
時間	sï$_{11}$ kian$_{24}$	sï$_{11}$ kian$_{24}$	sï$_{11}$ kiæn$_{24}$
一(個)	it$_{2}$ (ke$_{55}$)	jit$_{2}$ (ke$_{55}$)	jit$_{2}$ (ke$_{55}$)
二	ȵi$_{55}$	ȵi$_{55}$ (ke$_{55}$)	ȵi$_{55}$
兩(個)	lioŋ$_{31}$ (ke$_{55}$)	lioŋ$_{31}$ (ke$_{55}$)	lioŋ$_{31}$ (ke$_{55}$)
三(個)	sɑm$_{24}$ sɑm$_{11}$ me$_{55}$	sɑm$_{24}$ sɑm$_{11}$ (me$_{55}$)	sɑm$_{24}$ sɑm$_{11}$ me$_{55}$ (k
四(個)	si$_{55}$	si$_{55}$ (e$_{55}$)	si$_{55}$ (e$_{55}$)
五(個)	ŋ$_{31}$ (ŋe$_{55}$) 丨	ŋ$_{31}$ (ŋe$_{55}$) 丨	ŋ$_{31}$ (ŋe$_{55}$) 丨
六(個)	liuk$_{2}$ (ke$_{55}$)	liuk$_{2}$ (ke$_{55}$)	liuk$_{2}$ (ke$_{55}$)
七(個)	ts'it$_{2}$ (ke$_{55}$)	ts'it$_{2}$ (ke$_{55}$)	ts'it$_{2}$ (ke$_{55}$)
八(個)	pɑt$_{2}$ (ke$_{55}$)	pɑt$_{2}$ (ke$_{55}$)	pɑt$_{2}$ (ke$_{55}$)
九(個)	kiu$_{31}$ (ve$_{55}$)	kiu$_{31}$ (ve$_{55}$)	kiu$_{31}$ (ve$_{55}$)
十(個)	sip$_{5}$ (pe$_{55}$)	sip$_{5}$ (pe$_{55}$)	sip$_{5}$ (pe$_{55}$)
多少	jit$_{2}$ to$_{24}$	jit$_{2}$ to$_{24}$	jit$_{2}$ to$_{24}$ ve$_{11}$
一共(全部)	tsuŋ$_{31}$ k'iuŋ$_{55}$ ts'on$_{11}$ p'u$_{55}$	it$_{2}$ k'iuŋ$_{55}$ ts'on$_{11}$ pu$_{55}$	it$_{2}$ k'iuŋ$_{55}$ ts'on$_{11}$ p'u$_{55}$

田	美濃
'o$_{11}$ pun$_{24}$ ȵit$_{2}$	ts'o$_{11}$ pun$_{24}$ ȵit$_{2}$
iaŋ$_{11}$ koŋ$_{24}$ ȵit$_{2}$	t'iaŋ$_{11}$ kon$_{24}$ ȵit$_{2}$
m$_{11}$ pun$_{24}$ ȵit$_{2}$	kim$_{11}$ pun$_{24}$ ȵit$_{2}$
n$_{24}$ $_{31}$ man$_{24}$	{kin$_{33}$ {iɑ$_{31}$ hɑ$_{55}$
ɑi$_{55}$ kiu$_{31}$	{lɑi$_{55}$ kiu$_{31}$ {lɑi$_{55}$ hɑ$_{55}$ ve$_{31}$
$_{1}$ kiæn$_{24}$	sï$_{11}$ kiæn$_{24}$
(ke$_{55}$)	it$_{2}$ (ke$_{55}$)
$_{55}$	ȵi$_{55}$
ɔŋ$_{31}$ (ke$_{55}$)	lioŋ$_{31}$ (ŋe$_{55}$)
m$_{24}$ m$_{11}$ (me$_{55}$)	{sɑm$_{24}$ {sɑm$_{11}$ (me$_{55}$)
$_{5}$ (ke$_{55}$)	si$_{55}$ (ie$_{55}$)
$_{1}$ (ke$_{55}$)	ŋ$_{31}$ (ŋe$_{55}$)
ık$_{2}$ (ke$_{55}$)	liuk$_{2}$ (ke$_{55}$)
'it$_{2}$ (ke$_{55}$)	ts'it$_{2}$ (te$_{55}$)
ɑt$_{2}$ (ke$_{55}$)	pɑt$_{2}$ (te$_{55}$)
u$_{31}$ (ke$_{55}$)	kiu$_{31}$ (ve$_{55}$)
p$_{5}$ (pe$_{55}$)	sip$_{5}$ (pe$_{55}$)
to$_{24}$	it$_{2}$ to$_{33}$
uŋ$_{31}$ k'iuŋ$_{55}$	ts'on$_{11}$ p'u$_{55}$
'on$_{11}$ p'u$_{55}$	nɑm$_{31}$ tsɑŋ$_{55}$

㈣台灣客語詞彙 — 2

	新埤	楊梅	東
昨天 (昨日晡)	ts'o$_{11}$ pin$_{24}$ ȵit$_{2}$	ts'o$_{11}$ pu$_{24}$ ȵit$_{2}$ ts'o$_{11}$ min$_{31}$	ts'ɑ$_{11}$ pi$_{24}$ (ȵ
昨天 (天光日)	t'ien$_{11}$ koŋ$_{24}$ ȵit$_{2}$	t'ien$_{11}$ koŋ$_{24}$ ȵit$_{2}$ sɑu$_{11}$ tso$_{31}$ sɑu$_{11}$ tsɑu$_{24}$ sin$_{11}$	t'ien$_{11}$ koŋ$_{24}$
今天 (今日晡)	kim$_{11}$ pun$_{24}$ ȵit$_{2}$	kim$_{11}$ mi$_{31}$ kim$_{11}$ pu$_{24}$ ȵit$_{2}$	kim$_{11}$ mi$_{24}$
現在 (這下) (今)	kin$_{24}$ iɑ$_{31}$ hɑ$_{55}$	liɑ$_{53}$ hɑ$_{55}$	lim$_{11}$ man$_{24}$ liɑ$_{24}$
何時 (那久)	nɑi$_{55}$ kiu$_{31}$	nɑi$_{55}$ si$_{11}$	ȵi$_{31}$ si$_{11}$ ȵi$_{31}$ kiu$_{31}$ si$_{11}$
時間	si$_{11}$ kiæn$_{24}$	ʃi$_{11}$ kien$_{24}$	ʃi$_{11}$ kien$_{55}$
一(個)	it$_{2}$ (le$_{55}$)	ʒit$_{2}$ (ke$_{55}$)	ʒit$_{2}$ (kɑi$_{53}$)
二	ȵi$_{55}$	ȵi$_{55}$	ȵi$_{55}$ e$_{55}$
兩(個)	lioŋ$_{31}$ (ŋe$_{55}$)	lioŋ$_{31}$ (tsɑk$_{2}$)	lioŋ$_{31}$ (kɑi$_{11}$)
三(個)	sɑm$_{24}$ sɑm$_{11}$ (me$_{55}$)	sɑŋ$_{24}$ (tsɑk$_{5}$)	sɑm$_{24}$ (kɑi$_{11}$)
四(個)	si$_{55}$ (ie$_{55}$)	si$_{55}$ (e$_{55}$)	si$_{55}$ (kɑi$_{11}$)
五(個)	ŋ̍$_{31}$ (ŋe$_{55}$)	ŋ̍$_{31}$ (ŋe$_{55}$)	ŋ̍$_{31}$ (kɑi$_{11}$)
六(個)	liuk$_{2}$ (ke$_{55}$)	liuk$_{2}$ (ke$_{55}$)	liuk$_{2}$ (kɑi$_{55}$)
七(個)	ts'it$_{2}$ (le$_{55}$)	ts'it$_{2}$ (ke$_{55}$)	ts'it$_{2}$ (kɑi$_{11}$)
八(個)	pɑt$_{2}$ (le$_{55}$)	pɑt$_{2}$ (ke$_{55}$)	pɑt$_{2}$ (kɑi$_{11}$)
九(個)	kiu$_{31}$ (ve$_{55}$)	kiu$_{31}$ (ve$_{55}$)	kiu$_{31}$ (kɑi$_{11}$)
十(個)	sïp$_{5}$ (pe$_{55}$)	ʃïp$_{5}$ (pe$_{55}$)	ʃip$_{5}$ (kɑi$_{11}$)
多少	it$_{2}$ to$_{24}$	kit$_{2}$ to$_{24}$	kit$_{2}$ to$_{55}$
一共 (全部)	it$_{2}$ k'iuŋ$_{55}$ ts'on$_{11}$ p'u$_{55}$	it$_{2}$ k'iuŋ$_{55}$ ts'on$_{11}$ pu$_{55}$	tsuŋ$_{11}$ hɑ$_{31}$ tsuŋ$_{11}$ k'iuŋ$_{31}$

栗	竹　　東
'o$_{11}$ pu$_{24}$ ȵit$_{2}$	tʃo$_{55}$ pu$_{31}$ ȵit$_{5}$
aŋ$_{11}$ koŋ$_{24}$ ȵit$_{2}$	t'ien$_{53}$ koŋ$_{53}$
m$_{11}$ pun$_{24}$ ȵit$_{2}$	kim$_{53}$ pu$_{53}$ ȵit$_{2}$
$_{31}$ hɑ$_{55}$ n$_{24}$	li$_{55}$ hɑ$_{11}$
ɑi$_{55}$ kiu$_{31}$	ki$_{11}$ ʃi$_{55}$
$_{11}$ kien$_{24}$	ʃi$_{55}$ kien$_{53}$
$_{2}$ (ke$_{55}$)	ʒit$_{5}$
i$_{55}$	ȵi$_{33}$
oŋ$_{31}$ (ŋe$_{55}$)	lioŋ$_{24}$ (ka$_{11}$)
ɑm$_{24}$	{sɑm$_{53}$
ɑm$_{11}$ (me$_{55}$)	sɑm$_{53}$ me$_{11}$
$_{55}$ (ie$_{55}$)	si$_{11}$
$_{31}$ (ŋe$_{55}$)	ŋ$_{24}$ (ŋe$_{33}$)
uk$_{2}$ (ke$_{55}$)	liuk$_{5}$ (kɑi$_{11}$)
'it$_{2}$ (ke$_{55}$)	ts'it$_{5}$ (kɑi$_{11}$)
ɑt$_{2}$ (ke$_{11}$)	pɑt$_{5}$ (kɑi$_{11}$)
iu$_{31}$ (ke$_{55}$)	kiu$_{24}$ (ke$_{11}$)
p$_{5}$ (ke$_{55}$)	ʒep$_{5}$ (ke$_{11}$)
$_{2}$ to$_{24}$	kit$_{2}$ to$_{53}$
uŋ$_{31}$ ha$_{55}$	tsuŋ$_{11}$ k'iuŋ$_{55}$
$_{2}$ k'iuŋ$_{55}$	

㈤台灣客語詞彙 — 1

	長治	萬巒	內埔
年齡 (紀)	ȵien$_{11}$ ki$_{31}$	ȵian$_{11}$ lin$_{11}$	ȵiæn$_{11}$ ki$_{31}$
(年庚)	ȵien$_{11}$ kaŋ$_{24}$	ȵian$_{11}$ ki$_{31}$	
歲	se$_{55}$	se$_{55}$	se$_{55}$
丈夫 (老公)	lo$_{31}$ kuŋ$_{24}$	lo$_{31}$ kuŋ$_{24}$	lo$_{31}$ kuŋ$_{24}$
太太	tsiɑ$_{31}$ e$_{31}$	tsiɑ$_{31}$ ve$_{31}$	tsiɑ$_{31}$ ve$_{31}$
爸爸	a$_{11}$ pɑ$_{24}$	ɑ$_{11}$ pɑ$_{24}$	ɑ$_{11}$ pɑ$_{24}$
媽媽 (阿姨)	ɑ$_{11}$ me$_{24}$ ɑ$_{11}$ iɑ$_{24}$	ɑ$_{11}$ me$_{24}$ ɑ ie	ɑ$_{11}$ me$_{24}$
兒子	lɑi$_{55}$ e$_{24}$	lɑi$_{55}$ e$_{31}$	lɑi$_{55}$ e$_{31}$
女兒	moi$_{55}$ e$_{31}$	moi$_{55}$ e$_{31}$	moi$_{55}$ e$_{31}$
哥哥	ɑ$_{11}$ ko$_{24}$	ɑ$_{11}$ ko$_{24}$	ɑ$_{11}$ ko$_{24}$
姊姊	ɑ$_{11}$ tse$_{55}$ ɑ$_{24}$ tsi$_{31}$	ɑ$_{11}$ tse$_{55}$	ɑ$_{11}$ tse$_{55}$
妹妹	lo$_{31}$ moi$_{55}$	lo$_{31}$ moi$_{55}$	lo$_{31}$ moi$_{55}$
朋友	p'en$_{11}$ iu$_{24}$	p'en$_{11}$ iu$_{24}$	p'en$_{11}$ iu$_{24}$
弟弟	lo$_{31}$ t'ɑi$_{24}$	lo$_{31}$ t'ɑi$_{24}$	lo$_{31}$ t'ɑi$_{24}$
男人	nɑm$_{4}$ me$_{31}$ ȵin$_{11}$ se$_{55}$ lɑi$_{55}$ ȵin$_{11}$	se$_{55}$ lɑi$_{55}$ e$_{31}$	nɑm$_{11}$ me$_{31}$ n
女人	se$_{55}$moi$_{55}$ ȵin$_{11}$	se$_{55}$ moi$_{55}$ e$_{31}$	se$_{55}$ moi$_{55}$ ȵi
我	ŋɑi$_{11}$	ŋɑi$_{33}$	ŋɑi$_{11}$
我的	ŋɑi$_{11}$ e$_{55}$	ŋɑi$_{33}$ ke$_{55}$	ŋɑi$_{11}$ ke$_{55}$
我們	ŋɑi$_{11}$ nen$_{24}$ ŋɑi$_{11}$ iɑ$_{31}$ ten$_{24}$	ŋɑi$_{11}$ ten$_{24}$ iɑn$_{11}$ ten$_{24}$	ŋɑi$_{11}$ ten$_{24}$

田	美　　　濃
ien$_{11}$ lin$_{11}$	ȵien$_{11}$ ki$_{31}$
$_{55}$	se$_{55}$
$_{31}$ kuŋ$_{24}$	lo$_{31}$ kuŋ$_{24}$
$_{31}$ p'o$_{11}$	tsiɑ$_{31}$ ve$_{31}$
$_{1}$ pɑ$_{24}$	ɑ$_{11}$ pɑ$_{24}$
$_{1}$ me$_{24}$	{ɑ$_{11}$ me$_{24}$ m ma
i$_{55}$ e$_{31}$	lɑi$_{55}$ ie$_{31}$
oi$_{55}$ e$_{31}$	moi$_{55}$ ie$_{31}$
$_{1}$ ko$_{24}$	ɑ$_{11}$ ko$_{24}$
$_{1}$ tse$_{55}$	ɑ$_{11}$ tse$_{55}$
$_{31}$ moi$_{55}$	lo$_{31}$ moi$_{55}$
en$_{11}$ iu$_{24}$	p'en$_{11}$ iu$_{24}$
$_{31}$ t'ɑi$_{24}$	lo$_{31}$ t'ɑi$_{24}$
ɑm$_{11}$ me$_{31}$ ȵin$_{11}$	{nɑm$_{11}$ me$_{31}$ ȵin$_{11}$
$_{55}$ lɑi$_{55}$ e$_{31}$	se$_{55}$ lɑi$_{55}$ ie$_{31}$
$_{55}$ moi$_{55}$ e$_{31}$	se$_{11}$ moi$_{55}$ ie$_{31}$
ɑi$_{11}$	ŋɑi$_{11}$
ɑi$_{11}$ e$_{55}$	ŋɑi$_{11}$ ie$_{55}$
ɑi$_{11}$ nen$_{24}$	ŋɑn$_{33}$ nen$_{33}$

㈤台灣客語詞彙 — 2

	新埤	楊梅	東勢
年齡(紀)(年庚)	ȵiæn$_{11}$ ki$_{31}$	ȵiɑn$_{11}$ ki$_{31}$	ȵien$_{31}$ ki$_{31}$
歲	se$_{55}$	soi$_{55}$	se$_{31}$
丈夫(老公)	lo$_{31}$ kuŋ$_{24}$	lo$_{31}$ kuŋ$_{24}$	lo$_{31}$ kuŋ$_{24}$
太太	tsiɑ$_{31}$ i$_{31}$	tsiɑ$_{31}$ ve$_{11}$	pu$_{24}$ ȵioŋ$_{11}$
爸爸	ɑ$_{11}$ pɑ$_{24}$	ɑ$_{11}$ pɑ$_{55}$	ɑ$_{11}$ pɑ$_{55}$
媽媽(阿姨)	ɑ$_{11}$ me$_{24}$	ɑ$_{11}$ me$_{24}$	ɑ$_{24}$ iɑ$_{31}$ / ɑ iɑ
兒子	lɑi$_{55}$ i$_{11}$	lɑi$_{55}$ e$_{31}$	lɑi$_{31}$
女兒	moi$_{55}$ i$_{11}$	moi$_{55}$ e$_{31}$	moi$_{31}$
哥哥	ɑ$_{11}$ ko$_{24}$	ɑ$_{11}$ ko$_{24}$	ɑ$_{11}$ ko$_{31}$
姊姊	ɑ$_{11}$ tse$_{55}$	ɑ$_{24}$ tse$_{11}$	ɑ$_{11}$ tse$_{31}$
妹妹	lo$_{31}$ moi$_{55}$	lo$_{31}$ moi$_{55}$	lo$_{31}$ moi$_{31}$
朋友	p'en$_{11}$ iu$_{24}$	p'en$_{11}$ iu$_{24}$	p'en$_{11}$ iu$_{55}$
弟弟	lo$_{31}$ t'ɑi$_{24}$	lo$_{31}$ t'ɑi$_{24}$	lo$_{31}$ te$_{55}$
男人	nɑm$_{11}$ me$_{31}$ nein$_{11}$ / se$_{55}$ lɑi$_{55}$ i$_{31}$	naŋ$_{11}$ ȵin$_{11}$	se$_{55}$ lɑi$_{31}$
女人	se$_{55}$ moi$_{55}$ i$_{31}$	pu$_{24}$ ȵioŋ$_{11}$ ȵin$_{11}$	se$_{55}$ moi$_{31}$
我	ŋɑi$_{11}$	ŋɑi$_{11}$	ŋɑi$_{24}$
我的	ŋɑ$_{11}$ ie$_{55}$	ŋɑi$_{11}$ ke$_{55}$	ŋɑi$_{11}$ kɑi$_{11}$
我們	ŋɑ$_{11}$ nen$_{24}$	in$_{24}$ li$_{31}$ / en$_{24}$ li$_{31}$	en$_{24}$

苗栗	竹東
ȵien$_{11}$ ki$_{31}$	ȵiæn$_{55}$ ki$_{11}$
se$_{55}$	soi$_{11}$
lo$_{31}$ kuŋ$_{24}$	lo$_{11}$ kuŋ$_{53}$
pu$_{24}$ ȵioŋ$_{11}$	pu$_{31}$ ȵioŋ$_{55}$
ɑ$_{11}$ pɑ$_{24}$	ɑ$_{11}$ pɑ$_{53}$
{ɑ$_{11}$ me$_{24}$ {ɑ$_{24}$ iɑ$_{31}$	{ɑ$_{11}$ me$_{24}$ {ɑ$_{11}$ tsim$_{55}$
lɑi$_{55}$ ie$_{31}$	lɑi ə$_{33}$
moi$_{55}$ ie$_{31}$	moi$_{11}$ ə$_{33}$
ɑ$_{11}$ ko$_{24}$	ɑ$_{55}$ ko$_{53}$
ɑ$_{24}$ tsi$_{31}$	ɑ$_{11}$ tse$_{55}$
lo$_{11}$ moi$_{55}$	lo$_{11}$ moi$_{11}$
p'en$_{11}$ iu$_{24}$	p'en$_{55}$ ʒu$_{53}$
lo$_{31}$ t'ɑi$_{24}$	lo$_{24}$ t'ɑi$_{53}$
{nɑm$_{11}$ me$_{31}$ ȵin$_{11}$ {se$_{55}$ lɑi$_{55}$ ie$_{31}$	{nɑm$_{55}$ me$_{53}$ ȵin$_{55}$ {se$_{11}$ lɑi$_{11}$ ə$_{33}$
se moi$_{55}$ ie$_{31}$	{se$_{11}$ moi$_{11}$ ə$_{33}$ {pu$_{53}$ ȵioŋ$_{55}$ ȵin$_{55}$
ŋɑi$_{11}$	ŋɑi$_{55}$ (ŋoi$_{31}$)
{ŋɑi$_{11}$ ke$_{55}$ {ŋɑ$_{11}$ ke$_{55}$	ŋɑi$_{55}$ kɑi$_{11}$
{en$_{11}$ teu$_{24}$ {en$_{24}$ iɑ$_{31}$ teu$_{24}$	{ŋɑi$_{55}$ teu$_{53}$ {en$_{53}$ li$_{55}$

㈥台灣客語詞彙 — 1

	長治	萬巒	內
我們的	ŋai$_{11}$ nen$_{11}$ ke$_{55}$	jan$_{11}$ ten$_{11}$ ke$_{55}$	ŋai$_{11}$ ten$_{11}$ ke$_{5}$
你	n̩$_{11}$	n̩$_{11}$	ŋ̍$_{11}$
你的	n̩$_{11}$ ne$_{55}$ ȵia$_{24}$	n̩$_{33}$ ne$_{55}$ ȵia$_{24}$	ŋ̍$_{11}$ ŋe$_{55}$ ŋ̍$_{11}$ ke$_{55}$
你們	n̩$_{11}$ nen$_{24}$	n̩$_{11}$ ten$_{24}$	ŋ̍$_{11}$ ten$_{11}$
你們的	n̩$_{11}$ nen$_{11}$ ne$_{55}$	n̩$_{11}$ ten$_{24}$ ke$_{55}$	ŋ̍$_{11}$ ten$_{11}$ ke$_{55}$
他	ki$_{11}$	ki$_{11}$	ki$_{11}$
他的	ki$_{11}$ e$_{55}$ kia$_{11}$	ki$_{11}$ e$_{55}$ kia$_{11}$ e$_{55}$	ki$_{11}$ ke$_{55}$ ji$_{11}$ ke$_{55}$
他們	ki$_{11}$ nen$_{24}$	ki$_{11}$ ten$_{11}$	ki$_{11}$ ten$_{24}$
他們的	ki$_{11}$ nen$_{11}$ ne$_{55}$	ki$_{11}$ ten$_{11}$ ne$_{55}$	ki$_{11}$ ten$_{24}$ ke$_{5}$ ji$_{11}$ ten$_{11}$ ne$_{55}$
誰(的)	man$_{31}$ ȵin$_{11}$ (ke$_{55}$) ma$_{31}$ sa$_{11}$ (ke$_{55}$)	man$_{31}$ ȵin$_{11}$ (ke$_{11}$)	man$_{31}$ ȵin$_{11}$ (
名	miaŋ$_{11}$ ŋe$_{31}$	miaŋ$_{11}$ ŋe$_{31}$	miaŋ$_{11}$ ŋe$_{31}$
字	sï$_{55}$	sï$_{55}$	sï$_{55}$
聲	saŋ$_{24}$	saŋ$_{24}$	saŋ$_{24}$
話	fa$_{55}$	fa$_{55}$	fa$_{55}$
心	sim$_{24}$	sim$_{24}$	sim$_{24}$
理 明	sin$_{11}$ min$_{11}$	sin$_{11}$ min$_{11}$	sin$_{11}$ min$_{11}$ ne
這 個	ia$_{31}$ ke$_{55}$ ie$_{31}$ ke$_{55}$	ia$_{31}$ ke$_{55}$	ia$_{31}$ ke$_{55}$
這 些	ia$_{31}$ teu$_{24}$	ia$_{31}$ teu$_{24}$	ia$_{31}$ teu$_{24}$
那 裏	ke$_{55}$ e$_{55}$	ke$_{55}$ ke$_{55}$	kie$_{55}$ kie$_{11}$
那 些	ke$_{55}$ teu$_{24}$	ke$_{55}$ teu$_{24}$	kie$_{55}$ teu$_{24}$

田	美　　濃
i$_{11}$ nen$_{11}$ ke$_{55}$	ŋɑ$_{11}$ nen$_{33}$ ne$_{55}$
n$_{11}$ ten$_{24}$	
1	n̩$_{31}$
ɑ$_{11}$ ke$_{55}$	{ŋ̍$_{55}$ ȵiɑ$_{55}$ ȵiɑ$_{33}$
1 ten$_{24}$	n̩$_{11}$ nen$_{33}$
1 ten$_{11}$ ke$_{55}$	n̩$_{11}$ nen$_{11}$ ne$_{55}$
11	i$_{11}$
ɑ$_{11}$ ke$_{55}$	{i$_{33}$ iɑ$_{33}$ iɑ$_{33}$
11 ten$_{24}$	ien$_{33}$
11 ten$_{11}$ ke$_{55}$	{i$_{11}$ ien$_{11}$ ne$_{55}$ ien$_{55}$ ne$_{55}$
ɑn$_{31}$ ȵin$_{11}$ (ke$_{55}$)	mɑn$_{31}$ ȵin$_{11}$ (ne$_{55}$)
iaŋ$_{11}$ ŋe$_{11}$	miɑŋ$_{11}$ ŋe$_{31}$
55	sï$_{55}$
ɑŋ$_{24}$	sɑŋ$_{33}$
ɑ$_{55}$	fɑ$_{55}$
m$_{24}$	sim$_{33}$
n$_{11}$ min$_{11}$	sin$_{11}$ (min$_{11}$ ne$_{31}$)
ɑ$_{31}$ ke$_{55}$	iɑ$_{31}$ ke$_{55}$
ɑ$_{31}$ teu$_{24}$	iɑ$_{31}$ teu$_{33}$
e$_{55}$ ke$_{55}$	ke$_{31}$ (ke$_{55}$ ke$_{55}$)
e$_{55}$ teu$_{24}$	ke$_{55}$ teu$_{33}$

㈥台灣客語詞彙 — 2

	新埤	楊梅	東勢
我們的	ŋa$_{11}$ nen$_{11}$ ne$_{55}$	en$_{24}$ ʃi$_{31}$ ke$_{55}$	en$_{24}$ e$_{24}$
你	ŋ̩$_{11}$	ȵi$_{11}$	hŋ̩$_{24}$
你的	ȵia$_{24}$ ȵia$_{11}$ e$_{55}$ ŋ̩$_{11}$ e$_{55}$	ȵia$_{33}$	ȵia$_{33}$
你們	ŋ̩$_{11}$ nen$_{24}$	ȵien$_{24}$	ȵi$_{11}$ teu$_{24}$
你們的	ŋ̩$_{11}$ nen$_{11}$ ne$_{55}$	ȵi$_{11}$ ten$_{11}$ e$_{55}$	ȵien$_{24}$ ne$_{11}$
他	i$_{11}$	ki$_{11}$	ki$_{24}$
他的	i$_{11}$ ie$_{55}$	ki$_{11}$ ke$_{55}$	kia$_{55}$ ke$_{55}$
他們	i$_{11}$ nen$_{24}$	ki$_{11}$ teu$_{24}$	kien$_{24}$
他們的	i$_{11}$ nen$_{11}$ ne$_{55}$	ki$_{11}$ teu$_{24}$ ke$_{55}$	kien$_{24}$ ne$_{24}$
誰（的）	man$_{31}$ ȵin$_{11}$ (ne$_{55}$)	man$_{31}$ ȵin$_{11}$ (ke$_{55}$)	met$_{2}$ ȵin$_{11}$ (ne
名	main$ŋ_{11}$ ŋe$_{31}$	mianŋ$_{11}$ ŋe$_{31}$	mianŋ$_{24}$
字	sï$_{55}$	sï$_{55}$	sï$_{31}$
聲	saŋ$_{11}$	ʃaŋ$_{24}$	ʃaŋ$_{55}$
話	fa$_{55}$	fa$_{55}$	fa$_{55}$
心	sim$_{24}$	sin$_{24}$	sim$_{55}$
理明	sin$_{11}$ min$_{11}$	ʃin$_{11}$ min$_{11}$	ʃim$_{55}$ min$_{24}$
這個	ia$_{31}$ ke$_{55}$	lia$_{31}$ ke$_{55}$	liet$_{55}$ kai$_{24}$
這些	ia$_{31}$ teu$_{24}$	lia$_{31}$ teu$_{24}$	liet$_{5}$ teu$_{24}$
那裏	ie$_{55}$ (ie$_{55}$ ke$_{55}$)	kai$_{55}$ kai$_{55}$	ke$_{55}$ kai$_{11}$
那些	ie$_{55}$ teu$_{24}$	kai$_{55}$ teu$_{24}$	ke$_{55}$ teu$_{24}$

栗	竹東
$_{11}$ ke$_{55}$ (ne$_{55}$)	ŋai$_{55}$ teu$_{53}$ kai$_{11}$ ŋai$_{55}$ li$_{53}$ kai$_{11}$
(ŋ$_{11}$)	ȵi$_{55}$
a$_{11}$ ke$_{55}$ a$_{24}$	ȵi$_{55}$ kai$_{11}$ ȵia$_{53}$
teu$_{24}$	ȵi$_{55}$ teu$_{53}$
ia$_{31}$ teu$_{24}$	
ia$_{31}$ teu$_{11}$ ve$_{55}$	ȵi$_{55}$ teu$_{53}$ kai$_{11}$
$_{1}$	ki$_{55}$
a$_{11}$ ke$_{55}$	ki$_{55}$ kai$_{11}$
$_{1}$ (ia$_{24}$) teu$_{24}$	ki$_{55}$ teu$_{53}$
$_{1}$ ia$_{31}$ teu$_{11}$ ve$_{55}$	ai$_{55}$ teu$_{53}$ kai$_{11}$
a$_{11}$ teu$_{11}$ ve$_{55}$	
an$_{31}$ ȵin$_{11}$ (ne$_{55}$)	ma$_{11}$ sa$_{55}$
aŋ$_{11}$ ŋe$_{31}$	miaŋ$_{55}$ ŋə$_{33}$
$_{5}$	sï$_{33}$
ŋ$_{24}$	ʃaŋ$_{53}$
$_{55}$	voi$_{53}$
n$_{24}$	sim$_{53}$
$_{11}$ min$_{11}$	ʃin$_{55}$ min$_{55}$
$_{31}$ ke$_{55}$	lia$_{55}$ tʃiak$_{55}$
$_{31}$ teu$_{24}$	lia$_{55}$ kai$_{11}$
$_{55}$ ke$_{55}$	kai$_{55}$ tʃiak$_{11}$
$_{55}$ teu$_{24}$	kai$_{55}$ kai$_{33}$

(七)台灣客語詞彙 — 1

	長治	萬巒	內埔
那裏	nai$_{55}$ ie$_{55}$	nai$_{55}$ ke$_{55}$	nai$_{55}$ ke$_{55}$
那些	nai$_{55}$ teu$_{24}$	nai$_{55}$ teu$_{24}$	nai$_{55}$teu$_{24}$
什麼	mak ke$_{55}$	mak$_{11}$ ke$_{55}$	mak$_{11}$ ke$_{55}$
爲何（怎樣）	ȵioŋ$_{31}$ ŋe$_{24}$ ȵioŋ$_{31}$ ŋe$_{11}$	ȵioŋ$_{31}$ ŋe$_{24}$	ȵion$_{31}$ ne$_{24}$ tso$_{55}$ mak$_{2}$ ke
這裏	ie$_{31}$ tsiap$_{11}$ vi$_{55}$ ie$_{31}$ tsiak$_{33}$ vi$_{31}$	ia$_{31}$ vi$_{24}$ ia$_{31}$ tsiak$_{11}$ vi$_{55}$	ia$_{31}$ ve$_{24}$ ia$_{31}$ tsiak$_{11}$ vi
那裏	ke$_{55}$ tsiak$_{2}$ vi$_{31}$ ke$_{55}$ tsiap$_{2}$ vi$_{31}$	ke$_{55}$ e$_{24}$ kie$_{55}$ tsiak$_{11}$ vi$_{55}$	ia$_{31}$ ve$_{24}$ ja$_{31}$ tsiak$_{11}$ vi
那裏	nai$_{55}$ vi$_{55}$	nai$_{55}$ ie$_{24}$ nai$_{55}$ tsiak$_{11}$ vi$_{55}$	nai$_{55}$ ie$_{24}$ nai$_{55}$ tsiak$_{2}$ v
左	tso$_{31}$ p'ien$_{31}$	tso$_{31}$ p'ien$_{31}$	tso$_{31}$ p'ien$_{31}$
右	iu$_{55}$ p'ien$_{31}$	jiu$_{55}$ p'ien$_{31}$	jiu$_{55}$ p'ien$_{31}$
前	t'eu$_{11}$ ts'ien$_{11}$ mien$_{55}$ ts'ien$_{11}$	t'eu$_{11}$ ts'ien$_{11}$ mien$_{55}$ ts'ien$_{11}$	t'eu$_{11}$ ts'ien$_{11}$ mien$_{55}$ ts'ien$_{1}$
後	heu$_{55}$ poi$_{55}$	sï$_{55}$ poi$_{55}$ mi$_{24}$	lat$_{2}$ mi$_{24}$
裏	ti$_{11}$ poi$_{55}$ tu$_{31}$ hoŋ$_{55}$	ti$_{11}$ poi$_{55}$ tu$_{31}$ hoŋ$_{55}$	ti$_{11}$ poi$_{55}$ nui$_{55}$ tu$_{31}$ e$_{11}$
外	ŋoi$_{55}$ hoŋ$_{55}$ no$_{55}$ poi$_{55}$ ŋo$_{55}$ poi$_{55}$	lo$_{55}$ poi$_{55}$	lo$_{55}$ poi$_{55}$

竹田	美濃
nai$_{55}$ ke$_{55}$	lai$_{55}$ (lai$_{55}$ ie$_{55}$)
nai$_{55}$ teu$_{24}$	lai$_{55}$ teu$_{33}$
mak$_{11}$ ke$_{55}$	mak$_{11}$ ke$_{55}$
ȵioŋ$_{31}$ ŋe$_{11}$	{ȵioŋ$_{31}$ ŋe$_{11}$
tso$_{55}$ mak$_{11}$ ke$_{55}$	{tso$_{55}$ mak$_{2}$ ke$_{55}$
a$_{31}$ tsiak$_{2}$ vi$_{55}$	ia$_{31}$ ve$_{11}$
ke$_{55}$ tsiak$_{2}$ vi$_{55}$	kie$_{55}$ e$_{24}$
ai$_{55}$ tsiak$_{2}$ vi$_{55}$	lai$_{55}$ ie$_{24}$
ai$_{31}$ ie$_{31}$	
so$_{31}$ p'ien$_{31}$	tso$_{31}$ p'ien$_{31}$
u$_{55}$ p'ien$_{31}$	iu$_{55}$ p'ien$_{31}$
'eu$_{11}$ ts'ien$_{11}$	{t'eu$_{11}$ ts'ien$_{11}$
nien$_{55}$ ts'ien$_{11}$	{mien$_{55}$ ts'ien$_{11}$
eu$_{55}$ poi$_{55}$	heu$_{55}$ poi$_{55}$
iap$_{24}$ mi$_{24}$	
i$_{11}$ poi$_{55}$	ti$_{11}$ poi$_{55}$
ui$_{55}$ tu$_{31}$ ve$_{24}$	
oi$_{55}$ poi$_{55}$	lo$_{55}$ poi$_{55}$
o$_{55}$ poi$_{55}$	

㈦台灣客語詞彙 — 2

	新埤	楊梅	東勢
那裏	nai$_{55}$ ie$_{55}$	lai$_{31}$ kai$_{55}$	nei$_{31}$ kai$_{11}$
那些	nai$_{55}$ ie$_{55}$	lai$_{31}$ teu$_{24}$	nei$_{31}$ teu$_{24}$
什麼	mak$_{11}$ ke$_{55}$	mak$_{11}$ kai$_{55}$	mak$_{11}$ kai$_{55}$
爲何（怎樣）	ȵioŋ$_{31}$ ȵi$_{24}$ tso$_{55}$ mak$_{11}$ ke$_{55}$	ȵioŋ$_{31}$ ȵioŋ$_{11}$	hat$_{11}$ tsa$_{31}$
這裏	ia$_{31}$ tsiak$_{11}$ vi$_{24}$ ia$_{31}$ ji$_{24}$	lia$_{31}$ vəi$_{55}$	lit$_{11}$ vi$_{31}$ lui$_{24}$ (lioŋ$_{24}$)
那裏	ie$_{55}$ tsiak$_{11}$ ji$_{24}$	kai$_{55}$ vəi$_{55}$	kæ$_{55}$ vi$_{31}$ koŋ$_{24}$
那裏	nai$_{31}$ i$_{31}$ nai$_{11}$ tsiak$_{11}$ ji$_{24}$	lai$_{55}$ vəi$_{55}$	ne$_{55}$ vi$_{31}$
左	tso$_{31}$ p'ien$_{31}$	tso$_{31}$ p'ien$_{31}$	tso$_{31}$ p'ien$_{31}$
右	iu$_{55}$ p'ien$_{31}$	ʒu$_{31}$ p'ien$_{31}$	tsiu$_{55}$ p'ien$_{31}$
前	t'eu$_{11}$ ts'ien$_{11}$ mien$_{31}$ ts'ien$_{11}$	t'eu$_{11}$ ts'ien$_{11}$ mien$_{55}$ ts'ien$_{11}$	t'eu$_{11}$ ts'ien$_{11}$ mien$_{55}$ ts'ien$_{1}$
後	heu$_{55}$ poi$_{55}$ heu$_{55}$ poi$_{55}$ mi$_{24}$ si$_{55}$ poi$_{55}$ mi$_{24}$	heu$_{55}$ poi$_{55}$	heu$_{31}$ poi$_{31}$
裏	ti$_{11}$ poi$_{55}$	ti$_{11}$ pui$_{55}$ tu$_{31}$	ti$_{24}$ tu$_{31}$ ti$_{24}$ poi$_{31}$
外	no$_{55}$ poi$_{55}$	no$_{55}$ poi$_{55}$	ŋuoi$_{55}$ poi$_{31}$

苗栗	竹東
nai$_{55}$ ke$_{55}$	nai$_{11}$ tʃiak$_{11}$
nai$_{55}$ teu$_{24}$	nai$_{11}$ kai$_{11}$
mak$_{2}$ ke$_{55}$	mak$_{11}$ kai$_{11}$
ȵioŋ$_{31}$ ŋe$_{11}$	ȵioŋ$_{11}$ pan$_{53}$
tso$_{55}$ mak$_{2}$ ke$_{55}$	
ia$_{31}$ tsiak$_{11}$ vi$_{55}$	lia$_{55}$ vi$_{33}$
ia$_{31}$ tsiak$_{55}$ ke$_{31}$	
ia$_{31}$ tsiak$_{55}$ pe$_{31}$	
ke$_{55}$ tsiak$_{2}$ vi$_{55}$	kai$_{55}$ vi$_{33}$
ke$_{55}$ vi$_{55}$	
ke$_{55}$ tsiak$_{2}$ ve$_{31}$	
ke$_{55}$ teu$_{24}$ ve$_{31}$	
nai$_{55}$ vi$_{55}$	nai$_{11}$ vi$_{33}$
nai$_{55}$ tsap$_{5}$ pe$_{31}$	
nai$_{55}$ tsiak$_{5}$ ke$_{31}$	
tso$_{31}$ p'ien$_{31}$	tso$_{33}$
iu$_{55}$ p'ien$_{31}$	ʒu$_{11}$ p'ien$_{24}$
t'eu$_{11}$ ts'ien$_{11}$	
mien$_{55}$ ts'ien$_{11}$	mien$_{11}$ ts'ien$_{11}$
heu$_{55}$ poi$_{55}$	heu$_{11}$ poi$_{11}$
sï$_{55}$ poi$_{55}$ mi$_{24}$	
ti$_{11}$ poi$_{55}$	{ ti$_{31}$ poi$_{11}$
ti$_{24}$ tu$_{31}$	{ ti$_{31}$ tu$_{24}$
no$_{55}$ poi$_{55}$	ŋoi$_{33}$ poi$_{11}$

(八)台灣客語詞彙 — 1

	長治	萬巒	內埔
上	taŋ$_{31}$ hoŋ$_{55}$ taŋ$_{31}$ ko$_{24}$	taŋ$_{31}$ hoŋ$_{55}$	taŋ$_{31}$ hoŋ$_{55}$
下	ha$_{11}$ poi$_{55}$ ha$_{24}$ t'eu$_{11}$	kiok$_{11}$ ha$_{24}$ tai$_{31}$ ha$_{24}$	kiok$_{11}$ ha$_{24}$ tai$_{31}$ ha$_{24}$
看	k'on$_{55}$	k'on$_{55}$	k'on$_{55}$
聽	t'aŋ$_{24}$	t'aŋ$_{24}$	t'aŋ$_{24}$
說	koŋ$_{31}$	koŋ$_{31}$	koŋ$_{31}$
唱	ts'oŋ$_{55}$	ts'oŋ$_{55}$	ts'oŋ$_{55}$
笑	seu$_{55}$ nak$_{2}$	nak$_{11}$	nak$_{11}$
哭	kieu$_{55}$ tsï$_{24}$	kieu$_{55}$	kieu$_{55}$ tsï$_{24}$
生氣	k'ien$_{31}$	k'ien$_{31}$	k'iæn$_{31}$
怕	kiaŋ$_{24}$	kiaŋ$_{24}$	kiaŋ$_{24}$
推	suŋ$_{31}$	suŋ$_{31}$	suŋ$_{31}$
拿	na$_{24}$	na$_{24}$	na$_{24}$
行	haŋ$_{11}$	haŋ$_{11}$	haŋ$_{11}$
走	tseu$_{31}$	tsen$_{31}$	tseu$_{31}$
企(著)	k'i$_{24}$ (ten$_{31}$)	k'i$_{24}$ (to$_{31}$)	k'i$_{24}$ (to$_{31}$)
坐(著)	ts'o$_{24}$ (ten$_{31}$)	ts'o$_{24}$ (to$_{31}$)	ts'o$_{24}$ (to$_{31}$)
睡(覺)	soi$_{55}$ (muk$_{2}$)	soi$_{55}$ (muk$_{2}$)	soi$_{55}$ (muk$_{5}$)
躺(著)	min$_{11}$ (ten$_{31}$)	min$_{11}$ (to$_{31}$)	min$_{11}$ (to$_{31}$)
食	sït$_{55}$	sït$_{55}$	sït$_{5}$
飲	lim$_{24}$	lim$_{24}$	lim$_{24}$
飛	pi$_{24}$	pi$_{24}$	pi$_{24}$
烤	seu$_{24}$ haŋ$_{24}$	seu$_{24}$ haŋ$_{24}$	haŋ$_{24}$

竹　　　　田	美　　　　濃
taŋ$_{31}$ hoŋ$_{55}$ taŋ$_{31}$ ko$_{24}$ soŋ$_{55}$ poi$_{55}$	taŋ$_{31}$ hoŋ$_{55}$ taŋ$_{31}$ koŋ$_{24}$
ha$_{11}$ poi$_{55}$ tai$_{31}$ ha$_{24}$	ha$_{11}$ poi$_{55}$ tai$_{31}$ ha$_{24}$
k'on$_{55}$	k'on$_{55}$
t'aŋ$_{24}$	t'aŋ$_{33}$
koŋ$_{31}$	koŋ$_{31}$
ts'oŋ$_{55}$	ts'oŋ$_{55}$
nak$_{11}$	nak$_{2}$
kieu$_{55}$ tsï$_{24}$	kieu$_{55}$ tsï$_{24}$
k'ien$_{31}$	k'ien$_{31}$
kiaŋ$_{24}$	hak$_{11}$
suŋ$_{31}$	suŋ$_{31}$ ts'ot$_{2}$ (一下)
na$_{24}$	na$_{33}$
haŋ$_{11}$	haŋ$_{11}$
tseu$_{31}$	tseu$_{31}$
k'i$_{24}$ (to$_{31}$)	k'i$_{11}$ (nun$_{31}$)
ts'o$_{24}$ to$_{31}$)	ts'o$_{11}$ (nun$_{31}$)
soi$_{55}$ (muk$_{2}$)	soi$_{55}$ (muk$_{2}$)
min$_{11}$ (to$_{31}$)	min$_{11}$ (nun$_{31}$)
sït$_{55}$	sït$_{55}$
lim$_{24}$	lim$_{24}$
pi$_{24}$	pi$_{55}$
seu$_{24}$ haŋ$_{24}$	seu$_{33}$ haŋ$_{33}$

㈧台灣客語詞彙 — 2

	新埤	楊梅	東勢
上	taŋ$_{31}$ hoŋ$_{55}$ taŋ$_{31}$ koŋ$_{55}$	soŋ$_{55}$ poi$_{55}$ soŋ$_{55}$ t′eu$_{11}$	ʃioŋ$_{55}$ poi$_{55}$
下	kiok$_{11}$ hɑ$_{24}$ tai$_{31}$ hɑ$_{24}$	hɑ$_{24}$ t′eu$_{11}$ hɑ$_{11}$ poi$_{55}$	hɑ$_{11}$ poi$_{31}$
看	k′on$_{31}$	k′on$_{55}$	k′on$_{31}$
聽	t′ɑŋ$_{24}$	t′ɑŋ$_{24}$	teŋ$_{55}$
說	koŋ$_{31}$	koŋ$_{31}$	koŋ$_{31}$
唱	ts′oŋ$_{11}$	tʃ′oŋ$_{55}$	tʃ′oŋ$_{31}$
笑	nɑk$_{2}$	siɑu$_{55}$	siɑu$_{31}$
哭	kieu$_{55}$ tsï$_{24}$	kieu$_{55}$ tsï$_{24}$	kiu$_{31}$
生氣	k′ien$_{31}$	k′ien$_{31}$	k′ien$_{31}$
怕	kiɑŋ$_{24}$ (hak$_{2}$)	kiɑŋ$_{24}$	kiɑŋ$_{55}$
推	suŋ$_{31}$ ts′ot$_{11}$ (一下)	suŋ$_{31}$	suŋ$_{31}$
拿	nɑ$_{24}$	nɑ$_{24}$	nɑ$_{55}$
行	hɑŋ$_{11}$	hɑŋ$_{11}$	hɑŋ$_{11}$
走	tseu$_{31}$	tseu$_{31}$	tseu$_{31}$
企(著)	k′i$_{24}$ (to$_{31}$)	k′i$_{24}$ (ten$_{31}$)	k′i$_{24}$ (kin$_{31}$)
坐(著)	ts′o$_{24}$ (ten$_{31}$)	ts′o$_{24}$ (ten$_{31}$)	ts′o$_{24}$ (kin$_{31}$)
睡(覺)	soi$_{55}$ (muk$_{11}$)	ʃoi$_{55}$ (muk$_{11}$)	ʃoi$_{31}$ (muk$_{11}$)
躺(著)	min$_{11}$(ten$_{31}$)	t′e$_{11}$ (ten$_{31}$)	te$_{55}$ (kin$_{31}$)
食	sit$_{55}$	ʃit$_{55}$	ʃit$_{55}$
飲	lim$_{24}$	lim$_{24}$	lim$_{55}$
飛	pi$_{24}$	pui$_{24}$	pui$_{55}$
烤	hɑŋ$_{24}$ tsɑk$_{11}$	liap$_{11}$ p′oi$_{55}$	hɑŋ$_{33}$ k′ɑu$_{24}$

苗栗	竹東
taŋ$_{31}$ hoŋ$_{55}$ taŋ$_{31}$ ko$_{24}$	toŋ$_{24}$ poi$_{11}$
ha$_{11}$ poi$_{55}$ tai$_{31}$ ha$_{24}$	kiok$_{55}$ ha$_{55}$
k'on$_{55}$	k'on$_{55}$ (to$_{24}$)
t'aŋ$_{24}$	t'aŋ$_{55}$
koŋ$_{31}$	koŋ$_{24}$
ts'oŋ$_{55}$	tʃ'oŋ$_{11}$
seu$_{55}$	siau$_{11}$
kieu$_{55}$ tsï$_{24}$	kiau$_{11}$
k'ien$_{31}$	at$_{5}$ to$_{24}$
kiaŋ$_{24}$	kiaŋ$_{31}$
suŋ$_{31}$	suŋ$_{24}$
na$_{24}$	na$_{31}$
haŋ$_{11}$	haŋ$_{55}$
tseu$_{31}$	tseu$_{24}$
k'i$_{24}$ (ten$_{31}$)	k'i$_{53}$ (len$_{31}$)
ts'o$_{24}$ (ten$_{31}$)	ts'o$_{53}$ (len$_{24}$)
soi$_{55}$ (muk$_{2}$)	soi$_{11}$ (muk$_{4}$)
soi$_{55}$ (ten$_{31}$)	soi$_{11}$ (len$_{24}$)
sït$_{55}$	ʃit$_{11}$
lim$_{24}$	lim$_{53}$
pi$_{24}$	pui$_{53}$
p'oi$_{55}$	p'oi$_{33}$

㈨台灣客語詞彙 — 1

	長治	萬巒	內埔
殺（剮）	ts'ï$_{55}$（動物） sat$_{11}$（人）	ts'ï$_{11}$（動物） sat$_{11}$（人）	ts'i$_{11}$ sat$_{2}$
穿（著）	tsok$_{11}$	tsok$_{2}$	tsok$_{2}$
讀	t'uk$_{55}$	t'uk$_{5}$	t'uk$_{5}$
切	ts'iet$_{2}$	ts'iet$_{2}$	ts'iet$_{2}$
做（事）	tso$_{55}$（se$_{55}$）	tso$_{55}$（se$_{55}$）	tso$_{55}$（se˥）
開	k'oi$_{24}$	k'oi$_{24}$	k'oi$_{24}$
關	kuan$_{24}$	kuan$_{24}$	kuan$_{24}$
住	het$_{55}$（長） hiet$_{2}$（短）	het$_{5}$（長） hiet$_{2}$（短）	het$_{5}$（長） hiet$_{2}$（短）
算	son$_{55}$	son$_{55}$	son$_{55}$
生（穹）	kiuŋ$_{55}$（人）	kiuŋ$_{55}$（人動）	kiuŋ$_{55}$（人）
（養）	ioŋ$_{24}$（動物）	ioŋ$_{24}$（動）	ioŋ$_{24}$（動物）
（生）	saŋ$_{24}$（卵）	saŋ$_{24}$（卵）	saŋ$_{24}$（卵）
出生	ts'ut$_{11}$ se$_{55}$	ts'ut$_{2}$ se$_{55}$	ts'ut$_{2}$ se$_{55}$
死	si$_{31}$ si$_{31}$ t'et$_{5}$ te$_{31}$	si$_{31}$ si$_{31}$ het$_{2}$ te$_{24}$	si$_{31}$ si$_{31}$ het$_{2}$ te$_{24}$
遇到	kien$_{55}$ to$_{31}$	tu$_{11}$ to$_{31}$ ken$_{55}$ to$_{31}$	tu$_{11}$ to$_{31}$
放	pioŋ$_{55}$ k'oŋ$_{55}$	pioŋ$_{55}$ k'oŋ$_{55}$	pioŋ$_{55}$ k'oŋ$_{55}$
出去	ts'ut$_{11}$ hi$_{55}$	ts'ut$_{55}$ hi$_{55}$	ts'ut$_{11}$ hi$_{55}$
進入	ȵip$_{5}$ loi$_{11}$ ȵip$_{5}$ hi$_{55}$	ȵip$_{55}$ loi$_{11}$ ȵip$_{55}$ hi$_{55}$	ȵip$_{5}$ loi$_{11}$ ȵip$_{5}$ hi$_{55}$
動	t'uŋ$_{24}$	t'uŋ$_{24}$	t'uŋ$_{24}$
給	pun$_{24}$ pun$_{31}$	pun$_{24}$ pun$_{31}$	pun$_{24}$ pun$_{31}$
做	tso$_{55}$	tso$_{55}$	tso$_{55}$

竹田	美濃
ts'ï$_{11}$ (動物) sat$_{2}$ (人)	ts'ï$_{55}$ (動) sat$_{2}$ (人)
tsok$_{2}$	tsok$_{2}$
t'uk$_{5}$	t'uk$_{5}$
ts'iet$_{2}$	ts'iet$_{2}$
tso$_{55}$ (se$_{55}$)	tso$_{55}$ (sï$_{55}$)
k'oi$_{24}$	k'oi$_{33}$
kuan$_{24}$	kuan$_{33}$
het$_{5}$ (長) hiet$_{2}$ (短)	het$_{5}$ (長) hiet$_{5}$ (短)
son$_{55}$	son$_{55}$
kiuŋ$_{55}$ (人)	kiuŋ$_{55}$ (人)
ioŋ$_{24}$ (動)	ioŋ$_{33}$ (動)
saŋ$_{24}$ (卵)	saŋ$_{33}$ (卵)
ts'ut$_{24}$ se$_{55}$	ts'ut$_{11}$ se$_{55}$
si$_{31}$	si$_{31}$
si$_{31}$ t'et$_{2}$ te$_{24}$	si$_{31}$ t'et$_{2}$ te$_{24}$
tu$_{11}$ to$_{31}$	tu$_{11}$ to$_{31}$
kien$_{55}$ to$_{31}$	
pioŋ$_{55}$ k'oŋ$_{55}$	pioŋ$_{55}$ k'oŋ$_{55}$
ts'ut$_{11}$ hi$_{55}$	ts'ut$_{2}$ hi$_{55}$
ȵip$_{55}$ loi$_{55}$	ȵip$_{5}$ loi$_{11}$
ȵip$_{55}$ hi$_{55}$	ȵip$_{5}$ hi$_{55}$
t'uŋ$_{24}$	t'uŋ$_{33}$
pun$_{24}$	pun$_{33}$
tso$_{55}$	tso$_{55}$

㈨台灣客語詞彙 — 2

	新埔	楊梅	東勢
殺（剮）	{ts'ï$_{11}$ {sat$_{2}$	{ts'ï$_{11}$ {sat$_{11}$	ts'ï$_{24}$
穿（著）	tsok$_{2}$	tsok$_{5}$	tʃiok$_{2}$
讀	t'uk$_{5}$	t'uk$_{5}$	t'uk$_{5}$
切	ts'iet$_{2}$	ts'iet$_{2}$	ts'iet$_{5}$
做（事）	tso$_{55}$ (si$_{55}$)	tso$_{55}$ (ʃie$_{55}$)	tso$_{55}$ (ʃie$_{31}$)
開	k'oi$_{24}$	k'oi$_{24}$	k'oi$_{55}$
關	kuɑn$_{24}$	kuɑn$_{24}$	kuɑn$_{55}$
住	{het$_{5}$（長） {hiet$_{2}$（短）	{tɑi$_{55}$（長） {hiet$_{2}$（短）	tɑi$_{31}$
算	son$_{55}$	son$_{55}$	son$_{31}$
生（穹）	kiuŋ$_{55}$（人）	kiuŋ$_{55}$（人動）	kiuŋ$_{55}$（人動
（養）	ioŋ$_{24}$（動）	saŋ$_{24}$（卵）	saŋ$_{24}$（卵）
（生）	saŋ$_{24}$（卵）		
出生	ts'ut$_{2}$ se$_{55}$	tʃ'ut$_{2}$ se$_{55}$	tʃ'ut$_{2}$ se$_{55}$
死	si$_{31}$	si$_{31}$	si$_{31}$
	si$_{31}$ t'et$_{2}$ te$_{24}$	si$_{31}$ t'et$_{2}$	si$_{31}$ p'et$_{2}$ te$_{2}$
遇到	tu$_{11}$ to$_{31}$	tu$_{11}$ to$_{31}$	tu$_{11}$ to$_{31}$
放	{pioŋ$_{55}$ {k'oŋ$_{55}$	pioŋ$_{55}$ k'oŋ$_{55}$	pioŋ$_{55}$
出去	ts'ut$_{2}$ hi$_{55}$	tʃ'ut$_{2}$ hi$_{55}$	tʃ'ut$_{2}$ hi$_{31}$
進入	ȵip$_{55}$ loi$_{11}$	lok$_{5}$ loi$_{11}$	ȵip$_{55}$ loi$_{11}$
	ȵip$_{55}$ hi$_{55}$	lok$_{5}$ hi$_{55}$	ȵip$_{55}$ hi$_{55}$
動	t'uŋ$_{24}$	t'uŋ$_{24}$	t'in$_{55}$ t'uŋ$_{55}$
給	pun$_{24}$	pun$_{24}$	pun$_{24}$
做	tso$_{55}$	tso$_{55}$	tso$_{31}$

苗栗	竹東
ts'ï$_{11}$ / sat$_{2}$	ts'i$_{55}$
tsok$_{2}$	tʃok$_{5}$
t'uk$_{5}$	t'uk$_{2}$
ts'iet$_{2}$	tʃ'iet$_{5}$
tso$_{55}$ (se$_{55}$)	tso$_{11}$
k'oi$_{33}$	k'oi$_{31}$
kuɑn$_{24}$	kuɑn$_{24}$
het$_{5}$ / hiet$_{2}$	tɑi$_{11}$ / hiet$_{2}$
son$_{55}$	son$_{2}$
kiuŋ$_{55}$（人動）	kiuŋ$_{11}$（人）
saŋ$_{24}$（卵）	saŋ$_{31}$（卵）
ts'ut$_{2}$ se$_{55}$	tʃ'ut$_{11}$ sen$_{31}$
si$_{31}$	si$_{24}$
si$_{31}$ t'et$_{2}$ te$_{24}$	si$_{24}$ t'et$_{5}$
tu$_{11}$ to$_{31}$	tu$_{55}$ to$_{24}$
pioŋ$_{55}$	pioŋ$_{11}$
k'oŋ$_{55}$	
ts'ut$_{2}$ hi$_{55}$	tʃ'ut$_{55}$ hi$_{11}$
ȵip$_{55}$ loi$_{11}$	lok loi$_{55}$
lok$_{5}$ hi$_{55}$	
t'in$_{11}$ t'uŋ$_{24}$	t'uŋ$_{53}$
pun$_{24}$	pun$_{53}$
pun$_{31}$	
tso$_{55}$	tso$_{11}$

(十)台灣客語詞彙 — 1

	長治	萬巒	內埔
想	sioŋ$_{31}$	sioŋ$_{31}$ men$_{31}$	sioŋ$_{31}$ men$_{31}$
知	ti$_{24}$	ti$_{24}$	ti$_{24}$
能（會）	voi$_{55}$	voi$_{55}$	voi$_{55}$
在	ts'oi$_{24}$ to$_{55}$	ts'ai$_{55}$ to$_{55}$	ts'oi$_{24}$ to$_{55}$
沒	mo$_{24}$	mo$_{11}$	mo$_{11}$
大	t'ai$_{55}$	t'ai$_{55}$	t'ai$_{55}$
小（細）	se$_{55}$	se$_{55}$	se$_{55}$
強	k'ioŋ$_{11}$	k'ioŋ$_{11}$	k'ioŋ$_{11}$ tsap$_{2}$ (k'iaŋ$_{55}$
弱	ȵiok$_{55}$	ȵiok$_{55}$	ȵiok$_{5}$
長	ts'oŋ$_{11}$	ts'oŋ$_{11}$	ts'oŋ$_{11}$
短	ton$_{31}$	ton$_{31}$	ton$_{31}$
遠	ien$_{31}$	jɑn$_{31}$	jæn$_{31}$
近	k'iun$_{24}$	k'iun$_{24}$	k'iun$_{24}$
熱	ȵiet$_{55}$	ȵiɑt$_{55}$	ȵiæt$_{5}$
寒	hon$_{11}$	hon$_{11}$	hon$_{11}$
新	sin$_{24}$	sin$_{24}$	sin$_{24}$
舊	k'iu$_{55}$	k'iu$_{55}$	k'iu$_{55}$
多	to$_{24}$	to$_{24}$	to$_{24}$
少	seu$_{31}$	seu$_{31}$	seu$_{31}$
光	koŋ$_{24}$	koŋ$_{24}$	koŋ$_{24}$
白	p'ak$_{5}$	p'ak$_{5}$	p'ak$_{5}$
黑	vu$_{24}$	vu$_{24}$	vu$_{24}$
紅	fuŋ$_{11}$	fuŋ$_{55}$	fuŋ$_{55}$
色	set$_{1}$	set$_{2}$	set$_{2}$
好	ho$_{31}$	ho$_{31}$	ho$_{31}$

竹田	美濃
{men$_{31}$ {sioŋ$_{31}$	sioŋ$_{31}$
ti$_{24}$	ti$_{33}$
voi$_{55}$	voi$_{55}$
{ts'æi$_{24}$ {to$_{55}$	{ts'oi$_{24}$ {to$_{55}$
mo$_{11}$	mo$_{11}$
t'ai$_{55}$	t'ai$_{55}$
se$_{55}$	se$_{55}$
k'ioŋ$_{11}$	k'ioŋ$_{11}$
	tsoŋ$_{55}$ voŋ$_{55}$
ȵiok$_{5}$	ȵiok$_{5}$
ts'oŋ$_{11}$	ts'oŋ$_{11}$
ton$_{31}$	ton$_{31}$
iæn$_{31}$	iæn$_{31}$
k'iun$_{24}$	k'iun$_{33}$
ȵiet$_{5}$	ȵiæt$_{2}$
hon$_{11}$	hon$_{11}$
sin$_{24}$	sin$_{33}$
k'iu$_{55}$	k'iu$_{55}$
to$_{24}$	to$_{24}$
seu$_{31}$	seu$_{31}$
koŋ$_{24}$	koŋ$_{33}$
p'ak$_{5}$	p'ak$_{5}$
vu$_{24}$	vu$_{33}$
fuŋ$_{11}$	fuŋ$_{11}$
set$_{11}$	set$_{2}$
ho$_{31}$	ho$_{24}$

㈩台灣客語詞彙 — 2

	新　埤	楊　梅	東　勢
想	sioŋ$_{31}$ / men$_{31}$	sioŋ$_{31}$	sioŋ$_{31}$
知	ti$_{24}$	ti$_{24}$	ti$_{55}$
能（會）	voi$_{55}$	voi$_{55}$	voi$_{55}$
在	ts′oi$_{24}$ / to$_{55}$	ts′oi$_{24}$ / to$_{55}$	ts′oi$_{24}$ / to$_{55}$
沒	mo$_{11}$	mo$_{11}$	mo$_{24}$
大	t′ai$_{55}$	t′ai$_{55}$	t′ai$_{31}$
小（細）	se$_{5}$	se$_{55}$	se$_{31}$
強	k′ioŋ$_{55}$ / tsap$_{2}$	k′ioŋ$_{11}$	k′ioŋ$_{11}$
弱	ȵiok$_{5}$	ȵiok$_{5}$	ȵiok$_{11}$
長	ts′on$_{11}$	tʃ′on$_{11}$	tʃ′oŋ$_{24}$
短	ton$_{31}$	ton$_{31}$	ton$_{31}$
遠	iæn$_{31}$	ʒien$_{31}$	ien$_{31}$
近	k′iun$_{24}$	k′iun$_{24}$	k′iun$_{55}$
熱	ȵiæt$_{55}$	ȵiet$_{5}$	ȵiet$_{1}$
寒	hon$_{11}$	hon$_{1}$	hon$_{11}$
新	sin$_{24}$	sin$_{24}$	sin$_{55}$
舊	k′iu$_{55}$	k′iu$_{55}$	k′iu$_{31}$
多	to$_{24}$	to$_{24}$	to$_{55}$
少	seu$_{31}$	ʃau$_{31}$	ʃieu$_{31}$
光	koŋ$_{24}$	koŋ$_{24}$	koŋ$_{55}$
白	p′ak$_{5}$	p′ak$_{5}$	p′ak$_{5}$
黑	vu$_{24}$	vu$_{24}$	vu$_{55}$
紅	fuŋ$_{11}$	fuŋ$_{11}$	fuŋ$_{11}$
色	set$_{5}$	set$_{11}$	set$_{11}$
好	ho$_{31}$	ho$_{31}$	ho$_{31}$

苗栗	竹東
{sioŋ$_{31}$	sioŋ$_{24}$
men$_{31}$}	
ti$_{24}$	ti$_{53}$
voi$_{55}$	voi$_{11}$
{ts′oi$_{24}$	ts′oi$_{53}$
to$_{55}$}	
mo$_{11}$	mo$_{55}$
t′ai$_{55}$	t′ai$_{11}$
se$_{55}$	se$_{11}$
k′ioŋ$_{11}$	k′ioŋ$_{55}$
ȵiok$_{5}$	ȵiok$_{11}$
ts′oŋ$_{11}$	tʃ′oŋ$_{55}$
ton$_{31}$	ton$_{24}$
ien$_{31}$	ʒan$_{24}$
k′iun$_{24}$	k′iun$_{31}$
ȵiet$_{5}$	ȵiet$_{2}$
hon$_{11}$	hon$_{55}$
sin$_{24}$	sin$_{31}$
k′iu$_{55}$	k′iu$_{33}$
to$_{24}$	to$_{31}$
seu$_{31}$	seu$_{24}$
koŋ$_{24}$	koŋ$_{31}$
p′ak$_{5}$	p′ak$_{2}$
vu$_{24}$	vu$_{31}$
fuŋ$_{11}$	fuŋ$_{55}$
set$_{2}$	set$_{5}$
ho$_{31}$	ho$_{24}$

㈩台灣客語詞彙 — 1

	長治	萬巒	內埔
壞	fai$_{55}$ (fai$_{31}$)	fai$_{55}$	fai$_{55}$
相同	k'iuŋ$_{55}$ ioŋ$_{55}$	k'iuŋ$_{55}$ ioŋ$_{55}$	k'iuŋ$_{55}$ ioŋ$_{55}$
是	he$_{55}$	he$_{55}$	he$_{55}$
不是	m̩$_{55}$ he$_{55}$	m̩$_{11}$ he$_{55}$	m̩$_{11}$ he$_{55}$

竹田	美濃
fai_{55}	fai_{31}
$k'iuŋ_{55}$ $ioŋ_{55}$	$k'iuŋ_{55}$ $ioŋ_{55}$
he_{55}	he_{55}
$\d{m}_{11}$ me_{55}	$\d{m}_{11}$ me_{55}

㈩台灣客語詞彙 — 2

	新埤	楊梅	東勢
壞	$\mathrm{f\alpha i_{31}}$	$\mathrm{f\alpha i_{55}}$	$\mathrm{v\alpha i_{55}}$
相同	$\mathrm{k'io\eta_{55}\ io\eta_{55}}$	$\mathrm{k'iu\eta_{55}\ \text{ʒ}o\eta_{55}}$	$\mathrm{k'iu\eta_{55}\ k'u\alpha n}$
是	$\mathrm{he_{55}}$	$\mathrm{he_{55}}$	$\mathrm{he_{31}}$
不是	m̩$_{11}$ $\mathrm{me_{55}}$	m̩$_{11}$ $\mathrm{he_{55}}$	m̩$_{11}$ $\mathrm{me_{31}}$

苗　　　　栗	竹　　　　東
fai_{55} (fai_{11}) $k'iuŋ_{55}$ $ioŋ_{55}$ he_{55} m_{11} he_{55}	fai_{31} $k'iuŋ_{11}$ $ʒoŋ_{24}$ he_{11} m_{55} he_{11}

第八章
四縣話與海陸話

第一節　聲母系統

四縣話與海陸話的聲母大致相同，唯一有不同的是海陸有兩套舌葉音：一個是 ts-, ts‘-, s- 一個是 tʃ- tʃ‘- ʃ-，下面依唇音、舌尖音、舌葉音、舌根音四個部分，舉例字加以說明。(註一)

一、唇音

四縣	海陸	例	字
p	p	放：pioŋ⊃	比：⊂pi
p‘	p‘	鼻：p‘i⊃	爬：⊆p‘a
m	m	網：⊂mioŋ	馬：⊂ma
f	f	苦：⊂fu	風：⊂fuŋ
v	v	烏：⊂vu	黃：⊆voŋ

p- p‘- 是清塞音，前者不送氣，後者送氣，m- 是雙唇鼻音，四縣話m-的摩擦成份很輕，海陸帶有較重的塞音成份，發音近乎m⊃-。f- v- 都是唇齒音，前清後濁，上齒咬下唇的成分很輕，近乎雙唇擦音 Φ 和 β，這兩音在客語使用範圍很廣，因此，客家人說北平話凡有hu- 音時，都誤唸成 f-，如「婚」唸成 fun，「悔」唸成 ⊂fei，與北平話 ⊂hun 和 ⊂huei 有很大出入(註二)。而且客家人容易把英語 w-與北平話的 u- 都唸成 v-，如英語 who唸成〔vu〕，北平話「完」唸成 van。這種現象，從歷史上看是梅縣的 f- 包括了北平話的 f- 和

hu- 兩類。以上 p- p'- m- f- v- 五個唇音，在四縣和海陸話中，與韻母配合的情形很一致，唯有四縣不與 -ui 韻母配合，而海陸則可以配。如「飛」字，四縣唸 pi 或 fi，海陸唸 pui 或 fui。

二、舌尖音

四　縣	海　陸	例	字
t	t	膽：꜂tam	冬：꜀tuŋ
t'	t'	添：꜀t'iam	胎：꜁t'oi
n	n	納：nap꜇	內：nui꜄
l	l	論：lun꜄	露：lu꜄

從發音上看，舌尖音在客語中並無特出的地方。n- l- 在四縣話或海陸話都分辨得很清楚，倒是四縣因爲沒有捲舌音，所以把北平話的 ʐ- 都唸成 l-，變成 ʐ- l- 不分了。例如「熱」字，北平話讀 ʐɤ，說四縣話的人都唸成 lə，結果「樂熱」分不清楚。

三、舌葉音

四　縣	海　陸	例	字
ts	ts	租：꜀tsu	嘴：꜂tsoi
	tʃ	中：꜀tsuŋ ꜀tʃuŋ	豬：꜀tsu ꜀tʃu
tʃ'	ts'	茶：꜁ts'a	窗：꜀ts'uŋ
	tʃ'	除：꜁ts'u ꜁tʃ'u	蟲：꜁ts'uŋ ꜁tʃ'uŋ
s	s	三：꜀sam	悉：sït꜆
	ʃ	書：꜀su ꜀ʃu	蟬：꜁sam ꜁ʃam

ts- ts‘- 是舌尖，清塞擦音，前者不送氣，後者送氣，s- 是舌尖清擦音。四縣話亦有 ts- ts‘- s- 三個舌葉音。但海陸話則多出另一套 tʃ- tʃ‘- ʃ- 的舌尖面混合清塞擦音及擦音，這些字是中古知系及照三系的字，原屬精系及照二系的字仍讀 ts- ts‘- s-。不過四縣的 ts- ts‘- s- 在齊齒韻（後接 -i）之前有向後移，唸成接近 tʃ- tʃ‘- ʃ- 的傾向。海陸話的 tʃ- tʃ‘- ʃ- 則介於捲舌的 tʂ- tʂ‘- ʂ- 及舌面的 tɕ- tɕ‘- ɕ- 之間，發音時比較偏向於捲舌。

四、舌根音及喉音

四　縣	海　陸	例	字
k	k	監：꜀kam	家：꜀ka
k‘	k‘	掘：꜁k‘ut	輕：꜀k‘iaŋ
ŋ	ŋ	咬：꜀ŋau	牙：꜁ŋa
h	h	河：꜁ho	看：꜀hioŋ
ϕ	ϕ	辱：iuk꜇	笑：꜀on

k- k‘- 在四縣和海陸話都可以和齊齒韻母 -i 拼音，這是客語舌根音沒有顎化的現象，而這些沒有顎化的k- k‘-受齊齒韻母的影響，發音部位也有稍向前移的情形，所以發出的聲音近似舌面的 c- c‘-。中古「見」母今北平話都顎化了，但客家話仍與洪音一樣唸k-，如「街」唸 ꜀kie，「舅」唸 ꜁k‘iu。中古「溪」「羣」母字，北平話顎化成 tɕ‘-，但客語仍唸 k‘-，如「期」字唸 ꜁k‘i，「羣」字唸 ꜁k‘iun。唯有疑母字 ŋ-，凡在齊齒呼之前時都唸成舌面音 ȵ-，如「牛」唸 ꜁ȵiu，在開口呼前仍唸 ŋ-，如「牙」唸 ꜁ŋa，「鵝」唸 ꜁ŋo，但ȵ-

●政府若不想辦法挽救，原住民的語言將會成爲歷史名詞(劉還月／攝影)。

的來源除了古疑母在今讀細音韻母前唸 ȵ- 外，部份來自泥母及日母字，如「日」唸 ȵit꜇，「熱」唸 ȵiet꜇，「入」唸 ȵip꜇。又四縣與海陸話的 ŋi 與 ȵi 並不是對立的，反而 ni 與 ȵi 對立，如「尼」唸 ni，「疑」唸 ȵi。喉擦音 h- 可以和洪音配合，也可以和細音配合，如「希」唸 ꜀hi，「河」唸 ꜁ho。至於無聲母 ϕ，其來源不離中古的日母、疑母、影母、喻母等字，這些無聲母是經濁音清化以後聲母消失所造成的。如「仁」字，中古日母，現在客家話唸無聲母 ꜁in，「鴨」字中古影母，現在客語唸 ap꜇，「五」字中古疑母，現在客語唸 ꜂ŋ̍，「羊」字中古喻母，本來中古就是無聲母，現在客語唸 ꜁ioŋ，仍然是無聲母。

第二節　韻母系統

韻母可分主要元音、介音、韻尾三個部份，客語有ï i u e o a 六個主要之音，其中 ï 有時用 ə 取代，介音只有 i u 兩個，沒有撮口呼 y，韻母部分有開尾韻廿一個，鼻音韻尾（-m -n -ŋ）廿二個，塞音韻尾（-p -t -k）廿一個，外加成音節m̩ n̩ ŋ̩共六十六個韻，舉例如下：

一、主要之音：

前	中	後
i	ï	u
e		o
	a	

例字：

i：死 ᶜsi，徐 ꜁ts‘i，息 sit꜆。
ï：駛 ᶜsï，剷 ꜁ts‘ï，識 sït꜆。
e：洗 ᶜse，齊 ꜁ts‘e，塞 set꜆。
a：扯 ᶜts‘a，茶 ꜁ts‘a，殺 sat꜆。
o：鎖 ᶜso，掃 so꜄，說 sot꜆。
u：手 ᶜsu，除 ꜁ts‘u，術 sut꜇。

二、韻母：

		ï	i	e	ie	ue	a	ia	ua	o	io	u	iu
-i							ai		uai	oi	(ioi)	ui	
-u				eu	ieu		au	iau					
-m	m̩	ïm	im	em			am	iam					
-n	n̩	ïn	in	en	ien	uen	an		uan	on	ion	un	iun
-ŋ	ŋ̩						aŋ	iaŋ		oŋ	ioŋ	uŋ	iuŋ
-p		ïp	ip	ep			ap	iap					
-t		ït	it	et	iet	uet	at		uat	ot	iot	ut	iut
-k							ak	iak		ok	iok	uk	iuk

(一)開尾韻：

四縣	海陸	例	字
i		李：ᶜli	企：ᶜk‘i
i	ui	飛：꜀pi　꜀pui	位：viᵓ　vuiᵓ
ï	i	齒：ᶜts′ï　ᶜts′i	身：꜀sïn　꜀sin

1. i 元音在四縣話比較單純，不管聲母是哪一個發音部位都唸 i，但在海陸話就分兩種，凡聲母是唇音時，i 就唸成 ui（少部分地方如竹東唸 əi），其他聲母時仍唸 i，如「飛」唸 ꜀pui，「位」唸 vuiᵓ，但「李」仍唸 ᶜli，「企」仍唸 ᶜk‘i。

2.四縣的 ï 海陸卻唸 i，如「齒」字四縣唸 ᶜts‘ï，海陸唸 ᶜts‘i，「晨」四縣唸 ꜁sïn，海陸唸 ꜁sin。

四縣	海陸	例	字
e		舐：꜀se	細：seᵓ
ie	ai	鷄；꜀kie ꜀kai	解：ᶜkie ᶜkai

1. e 之音在客語單獨使用的時候不多，也沒有單獨唸 e 的音，只有少數的字如「姆」꜀me，「細」seᵓ，「舐」꜀se，「洗」ᶜse 等字。

2.部分「蟹」攝字在「四縣」唸 ie，「海陸」唸 ai，如「界」「芥」「戒」「解」「鷄」……等。另外「蟻公」（螞蟻）的「蟻」字，客語也都唸 ȵieᵓ。

四縣	海陸	例	字
a		花：꜀fa	罵：ma꜄
ia		寫：꜂sia	借：tsia꜄
ua		掛：kua꜄	瓦：꜂ŋua

1. a 元音字在四縣和海陸都很一致，如「蛇」「扯」「假」「茶」「家」……等，都唸 a 。

2. ia韻母也很一致，如「惹」「寫」「謝」「斜」「且」「借」等字都唸 ia，唯「姐」字有唸 ꜂tsia、꜂tsi、tse꜄ 三種，可能「姐」的本音應讀 ꜂tsia，讀 ꜂tsi 的應該是「姊」字。

3. ua韻母帶 u 介音，在客語中這類字很少，常用的只有「瓜」「誇」「寡」「剮」「掛」等字，「瓦」字在海陸唸꜂ŋua，但四縣沒有介音 u ，唸成 ꜂ŋa。

四縣	海陸	例	字
o		河：꜁ho	火：꜂fo
io		靴：꜀hio	瘸：꜁k'io

1. o 元音是主要之音，同音很多，如 ꜁to 一音，就有「舵砣鉈陀駝妥桃逃萄」等字， ꜁lo 一音也有「羅蘿籮鑼騾螺勞癆」等字。但四縣和海陸都有一致的唸法。

2. io 元音是漢語中較少用的複元音，客語中能找到的也只有三個字，那就是「靴」「茄」「瘸」三字，其中「靴」唸 ꜀hio 指皮做的鞋子，「茄痂」都唸 ꜁k'io 。「茄子」在四縣叫做「吊菜」，不用「茄」字。

四縣	海陸	例	字
u	u	主：ᶜtsu	租：꜀tsu
	iu	樹：ʃiuᵓ	手：ᶜʃiu
iu		酒：ᶜtsiu	牛：꜁ȵiu

1. u 和 iu 在四縣分別很清楚，中古遇攝字，都唸 u，但部分從流攝變來的也唸 u，如「周」「手」「晝」都唸 u 。但海陸則部分中古遇攝字現在變成唸 iu，如「珠」「樹」也唸 iu（註三）。

㈡尾韻：

四縣	海陸	例	字
ai	ai	壞：faiᵓ	大：t'aiᵓ
oi	oi	開：꜀loi	來：꜁loi
uai	uai	乖：꜀k'uai	怪：kuaiᵓ
ie	iai	街：꜀kiai	解：ᶜkiai
ui	ui	鬼：ᶜkui	水：ᶜsui
(ioi)		(瘃)：k'ioiᵓ	

1.四縣、海陸都有〔ai〕〔uai〕的韻母，前者是開口音（例如「在大耐買歪壞」），後者是合音（如乖拐怪筷）。這類字都是中古蟹攝字。

2.〔oi〕也是四縣海陸都有的聲母，以蟹攝一等字爲主，常用的有「煨臺來稅改……」非常多，是客語中用得很普遍的音，但北平話卻唸成〔ei〕或〔ai〕，兩者走向不同。

3.〔iai〕〔ie〕兩韻母，四縣唸〔ie〕海陸唸〔iai〕，例如「街解戒界芥」等字，另外四縣有「蟻」字也是唸〔ie〕。

4.〔ui〕也是客語用得很普遍的韻，蟹止兩攝的（追腿對醉鬼最雷瑞貴……」等字都是。

5.〔ioi〕是漢語很特殊的韻，只有四縣有這個音，而且只有一個「㾓」字，表示很累的樣子（註四）。

㈢ -u 尾韻：

四縣	海陸	例	字
eu	iau	笑：seuᵓ siauᵓ	
	eu	瘦：ts‘euᵓ	走：ᶜtseu
ieu	iau	橋：꜁k′ieu ꜁k‘iau	
au	au	飽：ᶜpau	炒：ᶜts‘au
iau	iau	釣：tiauᵓ	跳：t‘iauᵓ

1.四縣的〔eu〕在海陸有唸〔eu〕也有唸〔iau〕，例如「貓笑票表消小」等字，四縣都唸〔eu〕，但海陸卻唸〔iau〕，而「鬪豆愁漏扭

頭」等字，則不管四縣海陸都唸〔eu〕。

2.部分效攝字，在四縣唸〔ieu〕而海陸唸〔iau〕，例如「扣箍橋叫轎嬌繳」等字，在四縣唸〔ieu〕在海陸唸〔iau〕。

3.〔au〕和〔iau〕是四縣海陸唸法相同的效攝字，例如「茅鬧糕拗」等字都唸〔au〕，「曉尿料條撩」等字唸〔iau〕。

㈣ -m 尾韻：

四縣	海陸	例	字
im	im	錦：ᶜkim	林：꜀lim
əm	im	深：꜀ts'əm ꜀ts'im	
em	em	蔘：꜀sem	森：꜀sem
am	am	蠶：꜀ts'am	淡：t'amᵓ
iam	iam	甜：꜀t'iam	劍：kiamᵓ

1.〔im〕是深攝字，四縣海陸都唸〔im〕，如「禁任音心今」等字。但在四縣部分的深攝字唸〔əm〕，海陸都唸〔im〕，例如「深枕針沈」等字。

2.〔em〕這個韻，客家話用得較少，但四縣海陸都一致唸〔em〕，例如「森蔘」兩字。

3.〔am〕〔iam〕兩韻，都是咸攝字，四縣海陸唸法都相同，如「膽衫籃三甘含」唸〔am〕，「甜尖點染漸欠」唸〔iam〕。

㈤ 尾韻：

四縣	海陸	例	字
en	en	丁：꜀ten	肯：ᶜhen
in	in	人：꜀ȵin	令：linᵓ
ən	in	陳：꜀ts'ən ꜀ts'in	神：꜀sən ꜀sin

1. 〔en〕韻大都是曾臻兩攝的一等字，四縣海陸都唸〔en〕，例如「崩痕丁等肯鄧」等字。

2. 四縣唸〔in〕或〔ən〕在海陸都唸〔in〕，例如在四縣「正鎮陳神身珍」唸〔ən〕，「民平庭定進緊形」唸〔in〕，但海陸都唸〔in〕。

四縣	海陸	例	字
ien	ian	天：꜀tʻien	年：꜁ȵien
uen	uen	耿：꜂kuen	
an	an	閒：꜁han	山：꜀san
uan	uan	慣：kuan꜄	關：꜀kuan

1. 四縣的〔ien〕包含了〔ian〕和〔ien〕兩個韻，因爲在四縣沒有〔ian〕韻，通通受高元音 i 及輔音韻尾 -n 的影響，而使 a 變成 e 了，這和國語的ㄧㄢ一樣，只唸〔ien〕不唸〔ian〕，唯有海陸保存了唸〔ian〕，如「煙」唸〔ian〕。

2. 〔uen〕韻的字很少，常用的只有「耿亙」兩字，是梗攝字。

3. 〔an〕韻都是中古山攝，客語中用得很普遍，合口的部分唸〔uan〕，部分唸〔on〕，開口的大都〔an〕，三四等唸〔ien〕。例如合口的「慣關款」唸〔uan〕、「換官罐賺傳」都唸〔on〕看不出合口的痕跡了。開口的「單班山蘭」唸〔an〕，但「肝寒汗安」卻唸〔on〕。開口三四等的「田千邊」等字，都唸成〔ien〕。

四縣	海陸	例	字
on		短：꜂ton	汗：hon꜄

ion	全：꜀tʃ'ion	攣：꜀lion（縫）
un	文：꜀vun	筍：꜂sun
iun	忍：꜀ȵiun	羣：꜀k'iun

1. 山攝合口字大都唸〔on〕不唸〔uan〕，如「團短卵段暖管」，也有部分開口字唸〔on〕，如「旱寒看安」。

2. 〔ion〕韻字很少，常用的只有「全痊」而已，另外有音無字也有〔lion〕〔ts'ion〕兩音。

3. 〔un〕是臻攝合口字，四縣海陸都唸〔un〕，例如「寸筍村坤順」等。

4. 〔iun〕韻，客話沒有撮口音 y，所以四縣海陸都唸〔iun〕，都用在舌根音 k k ŋ h 之後，如「棍羣忍訓運」，其中舌根鼻音 ŋ 都顎化成 ȵ，如「銀」唸〔ȵiun〕。

(六) -ŋ尾韻：

四縣	海陸	例	字
aŋ		頂：꜂taŋ	零：꜀laŋ
iaŋ		病：p'iaŋ꜄	頸：꜂kiaŋ
oŋ		黃：꜀voŋ	江：꜀koŋ
ioŋ		網：꜂mioŋ	羊：꜀ioŋ
uŋ		同：꜀t'uŋ	中：꜀tsuŋ
iuŋ		龍：꜀liuŋ	雄：꜀hiuŋ

1. 梗攝字在客語裏有唸 -ŋ 尾也有唸 -n 尾，如「彭冷耕行」唸〔aŋ〕，但「生正成兵莫」等字唸〔ən〕〔en〕〔in〕都有，只是有的字（如「生正成」）也可以唸〔aŋ〕，達成文白之別罷了。

2.〔iaŋ〕韻在四縣海陸唸法都一樣，如「丙領迎井病頸」都是唸〔iaŋ〕。

3.〔oŋ〕是宕江兩攝字的客家話唸法，四縣海陸都很一致，一、二等字都唸〔oŋ〕，如「江巷糖剛」，三、四等的唸〔ioŋ〕如「涼香搶良娘」。

4.〔uŋ〕和〔iuŋ〕都是通攝字，一般唸〔uŋ〕，如「東公宗風同總」，三等唸〔iuŋ〕，如「龍蟲窗雙弓」。

(七) -p 尾韻：

四縣	海陸	例	字
ïp	ip	汁：tsïp꜆	十：sïp꜇
ip	ip	立：lip꜇	入：ȵip꜇
ep	ep	澀：sep꜆	
ap	ap	甲：kap꜆	合：hap꜇
iap	iap	貼：tiap꜆	挾：kiap꜆

1.〔ï〕與〔ə〕在四縣客家話是相同的音位，所以只用一個〔ï〕來描述即可，海陸則通通唸〔ip〕，如「汁濕十執」四縣唸〔ïp〕海陸唸〔ip〕。

2.〔ep〕韻用字很少，只有一個「澀」字，及少數有音無字的音而已。

3.〔ap〕和〔iap〕都是咸攝入聲字，一等二等大都唸〔ap〕，如「甲鴨納合」，三等四等唸〔iap〕，如「貼獵葉協粒」等。

(八) -t 尾韻：

四縣	海陸	例	字
ït	it	質：tsït⊃	食：sït⊇
it	it	力：lit⊇	吉：kit⊃
et	et	北：pet⊃	則：tset⊃
iet	iat	節：tsiet⊃	跌：tiet⊃
uet	uet	國：kuet⊃	
uat	uat	刮：kuat⊃	
at	at	八：pat⊃	末：mat⊇

1.四縣有〔ït〕韻，海陸一律唸〔it〕，如「直質失食」等字。其他如「刀日七吉必滴」等字海陸四縣都唸〔it〕。

2.〔et〕韻在海陸四縣都唸一樣，如「北或側賊革密」都唸〔et〕。

3.四縣的〔iet〕，海陸唸〔iat〕，如「歇月血乙缺穴」等都是。

4.〔uet〕只有一個「國」字，〔uat〕只有一個「刮」字。

5.〔at〕是山攝入聲字，客語用得很普遍，且海陸四縣都唸〔at〕，常用的字如「八濶達折瞎伐」等等。

四縣	海陸	例	字
ot	ot	捋：lot⊇	渴：hot⊃
iot		□：tsiot⊇（吸）	
ut	ut	骨：kut⊃	沒：mut⊇
iut	iut	屈：k'iut⊇	鬱：iut⊇

1. 四縣海陸的〔ot〕韻唸法頗為一致，如「脫捋奪割拙喝」都唸〔ot〕。

2. 〔iot〕是罕用的韻，只有表示用嘴吮吸的動作叫〔tsiot⊇〕。

3. 臻攝入聲字，除了 -it, -et, -ït 之外，都唸〔ut〕，例如「沒窟忽猝出骨」等字，另外有「屈鬱」兩字唸合口的〔iut〕，是罕字例。

(九) -k 尾韻：

四縣	海陸	例	字
ak		百：pak⊃	石：sak⊇
iak		額：ȵiak⊃	逆：ȵiak⊇
ok		粕：p'ok⊃	著：ts'ok⊇
iok		削：siok⊃	瞨：p'iok⊇
uk		木：muk⊃	族：ts'uk⊇

iuk	六：liuk꜄	局：k'iuk꜅

舌根塞音-k，在四縣海陸的唸法都很一致，保持很完整的 -k，不像閩南話有的保存 -k，有的弱化成 -ʔ。因此〔ak〕〔iak〕，〔ok〕〔iok〕，〔uk〕〔iuk〕六個舌根塞音尾，可以很整齊的分成三組，每一組都是一個介音 -i-，一個沒有，而且這一類的入聲字用得很普遍，如「百白尺石客曆」唸〔ak〕，「劈額錫跡壁」唸〔iak〕；「剝托各岳學落」唸〔ok〕，「略弱削腳」唸〔iok〕；「自屋竹穀毒鹿服」唸〔uk〕，「玉鬮局辱俗曲宿」唸〔iuk〕。

㈩成音節m̩ n̩ ŋ̍：

四縣	海陸	例	字
m̩	m̩	□：꜁m̩（否定）	
n̩		你：꜁n̩	
ŋ̍	ŋ̍	魚：꜁ŋ̍	五：꜂ŋ̍

1. 成音節的輔音，在四縣有m̩ n̩ ŋ̍三個，海陸只有m̩ ŋ̍兩個，而且四縣的n̩（你）有時也可以說成ŋ̍（你），所以嚴格說來只有m̩ ŋ̍兩個而已。

2.〔m̩〕韻是漢語東南方言一律用來代表否定的特有韻母，如客語「꜁m̩著」（不對）、「꜁m̩肯」（不肯）、「꜁m̩多」（不多）……等等，都在被修飾語前加一〔꜁m̩〕韻代表否定。

3.〔꜁ŋ̍〕是疑母字，遇攝一等或三等的部分字，由於韻母 -u 是後高圓唇元音，與聲母舌根鼻音 ŋ-，發音部位很近，所結合成ŋ̍，常用的字有「五午魚女」。

●客家傳統的藍衫，至今仍可見（劉還月／攝影）。

第三節　聲調系統

客家話聲調以分陰平、陽平、上聲、去聲、陰入、陽入六個調爲多，以四縣而言就只這六種調，但海陸話有七個調的（去聲分陰陽），不管六個調或七個調，它們的入聲都分陰陽，也就是分高短調與低短調，下面就以四縣海陸兩系列的聲調，做個比較：

<table>
<tr><th></th><th>四　縣</th><th>海　陸</th><th>例　　字</th></tr>
<tr><td>陰　平</td><td>˨˦ 24</td><td>˥˧ 53</td><td>天高咬買</td></tr>
<tr><td>陽　平</td><td>˩ 11</td><td>˥ 55</td><td>田南城橫</td></tr>
<tr><td>上　聲</td><td>˧˩ 31</td><td>˩˧ 13</td><td>點虎五草</td></tr>
<tr><td>陰　去</td><td rowspan="2">˥ 55</td><td>˧˩ 31</td><td>叫怪吊氣</td></tr>
<tr><td>陽　去</td><td>˩ 11</td><td>漏會鬧謝</td></tr>
<tr><td>陰　入</td><td>˧˨ 32</td><td>˥ 55</td><td>八百答結</td></tr>
<tr><td>陽　入</td><td>˥ 55</td><td>˧˨ 32</td><td>拔末石活</td></tr>
</table>

一、四縣有陰平、陽平、上聲、去聲、陰入、陽入六個調，而且部分次濁上聲唸陰平，如「買咬馬姆美」等字，部分陽平字唸去聲，如「貓鼻蒔孵儲」等字。

二、海陸聲調與四縣聲調調型正好相反。陰平調：四縣低升（˩˦24），海陸則高降（˥˧53）；陽平調：四縣低平（˩11），海陸則高平（˥55）；上聲調；四縣降調（˧˩31），海陸則升調（˩˧13）；去聲調：四縣高平調（˥55）海陸則低平（˩11）；陰入調：四縣低短調（˧˨32），海陸則高短調（˥55）；陽入調：四縣高短調（˥55），海陸則低短調（˧˨32）。

三、海陸去聲分陰陽，所以陰去的中降調（˧˩31）與陰平的高降調（˥˧53），兩個都是降調，分辨較困難，所以有陰去聲已漸漸併入陽去唸低平（˩11）調的趨勢，如此則與四縣成了更完整的高低升降相反的調型了。

註釋：

註　一：參見楊時逢〈臺灣桃園客家〉（1957），〈美濃客家方言〉（1971），丁邦新〈臺灣語言〉（1969）的分析。

註　二：參看十二章客家話單字表，h- 的部分，凡接 u 介音的都變成 fu，如表十一，〈婚混〉本應唸 hun，客語都唸 fun，所以 h- 一行空白。

註　三：參見十三章〈客語、國語、中古音對應〉部份。

註　四：考證見《客家風雲》，第三期，〈客語探源〉，（76年12月25日）。

第九章　變調

客家話的變調，各次方言之間，簡潔不一，饒平最複雜，海陸居次，四縣最少，這裏只說明四縣的變調。

基本上，四縣只有陰平（˨˦$_{24}$）字在陰平、去聲、陽入之前會變成陽平（˩$_{11}$），其他不管那個聲調與其他聲調前後相連音，都不會發生變調的現象(另有形容詞重疊變調，見第十五章)。可以用簡單公式來表示：

$$陰平˨˦_{24} \rightarrow 陽平˩_{11} \,/\, - \begin{bmatrix} 陰平˨˦_{24} \\ 去聲˥_{55} \\ 陽入˥_{55} \end{bmatrix}$$

天光：꜀t'ien＋꜀koŋ→꜁t'ien꜀koŋ（與「田光」꜁t'ien ꜀koŋ 同調）

添飯：꜀t'iam＋fan꜄→꜁t'iam＋fan꜄(與「甜飯」꜁t'iam fan꜄同調)

千席：꜀ts'ien＋sit꜄→꜁ts'ien＋sit꜄（與「前席」(꜁ts'ien sit꜄ 同調）

其次客家話也有一字兩讀的現象，與北平話的破音字相同，常見的有三類：

一、去聲——陰平：

k'iun꜄ ꜁loi（近來）——꜀kiun ꜂ien（近遠）

t'ai꜄ tsioŋ꜄（大將）——꜀tsioŋ ꜁loi（將來）

꜂tsai sioŋ꜄（宰相）——꜀sioŋ ꜂ta（相打）

iun꜄ t'uŋ꜄（運動）——꜁t'in ꜀t'uŋ（停動）

ts'uŋ꜄ ieu꜄（重要）——꜁toŋ ꜀ts'uŋ（當重）

k'uŋ꜄ t'i꜄（空地）——꜀k'uŋ ꜂su（空手）

tsuŋ꜄ i꜄（中意）——꜀tsuŋ kuet꜆（中國）

t'am꜄ ꜂sui（淡水）——꜁ham ꜀t'am（鹹淡）

꜀toŋ ꜂sien（當選）——toŋ꜄ ꜁ts'ien（當錢）

二、去聲——陽平：

lioŋ꜄ t'u꜄（量度）——꜁lioŋ ꜂mi（量米）

kau꜄ iuk꜆（教育）——꜁kau ꜀su（教書）

●會不會說客家語，是認定客家人的唯一外在條件（劉還月／攝影）。

p‘ien꜄ fuk꜇（便服）——꜁p‘ien ꜁ȵi（便宜）
꜁tsai nan꜄（災難）——꜁nan ko꜄（難過）
tiau꜄ t‘uŋ꜄（調動）——꜁t‘iau ꜁fo（調和）

三、去聲——上聲：

hau꜄ au꜄（好拗）——꜂ho ꜀sim（好心）
san꜄ ꜀koi（散開）——vi꜄ ꜂san（胃散）
seu꜄ ꜁ȵien（少年）——kiet꜆ ꜂seu（缺少）
tsuŋ꜄ su꜄（種樹）——tso꜄ ꜂tsuŋ（做種）

●自乾隆年間，客家人即大批移民台灣。

第十章
文白差異

至於客語的文白，不像有些方言（如閩南話，那麼多而明顯，幾乎是兩個不同系統的方言），但少數字，也有文白兩讀的現象。而且文白之間，白話語音保留了比較多的古音現象（如「腹」字，白話音唸〔p‘uk〕，文言音唸〔fuk〕，是保留重唇現象），讀書（文）音是受北平話影響，所以都與北平話較接近，下面分聲母、韻母、聲韻不同，三部分說明文白的差異。

一、聲母不同：

白	文	例字
p(p‘)	f	p‘uk꜆ : fuk꜆ （覆）
		꜁p‘u : ꜁fu （扶）
		puk꜆ : fuk꜆ （腹）
t	n	꜀tiau : ꜀niau （鳥）
f	k	꜂fu : ꜂k‘u （苦）
ts‘	s	ts‘ioŋ꜄ : sioŋ꜄ （像）
v(h)	f	꜁van : ꜁fan （還）
		꜁han : ꜁fan （還）

二、韻母不同：

白	文	例　字
aŋ : en		꜀tsaŋ : ꜀tsen (爭)
		꜀saŋ : ꜀sen (生)
		꜂saŋ : ꜂sen (省)
iaŋ : in		꜁p'iaŋ : ꜁p'in (平)
		꜁miaŋ : ꜁min (名)
		꜀k'iaŋ : ꜀k'in (輕)
iak : it		siak꜆ : sit꜆ (錫)
		siak꜆ : sit꜆ (惜)
eu : ai		꜁ts'eu : ꜁ts'ai (柴)

三、聲韻不同：

pot꜆ : fat꜆ (發)
pioŋ꜄ : foŋ꜄ (放)
ts'iak꜄ : sit꜄ (蓆)
liap꜄ : lit꜄ (粒)

四、特殊文白：

꜀tuŋ : ꜀tsuŋ（中）——「中央」唸 ꜁tuŋ ꜀oŋ

꜁vo : ꜁fo（和）——「和尚」唸 ꜁vo soŋ꜄

第十一章
音韻結構

客話的音韻結構可分聲母、韻母、聲調三大部分，而韻母又分介音、主要元音、韻尾三部分。今以C代表輔音（consonant），v代表元音(vowel)，m代表介音(medial)，E代表韻尾(ending consonant or glide)，T代表聲調（tone)，得一結構形式如下：

V	CV	VC	CVC
MV	CMV	MVC	CMVC
MVE	CMVE		
VE	CVE		

歸納成公式：(C)(M)V(E)/T

例字：V：꜀i（醫）

MV：ᶜia（抓）
MVE：꜁ieu（搖）
VE：oiᵓ（要）
CV：ᶜli（李）
CMV：꜁ȵia（惹）
CMVE：k‘ioiᵓ（𤸁）
CVE：꜁loi（來）
VC：ok꜄（惡）
MVC：꜀van（彎）
CVC：꜁laŋ（零）
CMVC：꜀tien（癲）

客家人敬重文明，古今皆然（劉還月／攝影）。

第十二章
單字表

表一

韻／調／聲	ï(m̩, n̩, ŋ̍)					i					u				
	陰平	陽平	上聲	陰去	陽去	陰平	陽平	上聲	陰去	陽去	陰平	陽平	上聲	陰去	陽去
p						陂		臂			晡	□4	補	布	
p'						被	皮	□2	屁	備	簿	符	脯	部	步
m		唔				尾	□1	米			母	巫	□5	墓	
f						輝					膚	胡	府	褲	傅
v											烏	□6	武	霧	芋
t						知		抵	蒂		都	□7	賭		
t'							題	體	剃	地		圖	土	兎	度
n		你					宜					奴	努		怒
l						里	梨	李		利	鹵	爐	□8	露	路
ȵ						語	你	耳		義					
ts	資		子	痣				姊	祭		租		祖		
ts'	痴	慈	齒	醋	次	妻	徐	取	趣	□3	粗		楚		助
s	私	時	使	事		西		死	序		酥		疏	賜	
tʃ	脂		指	至							豬		煮	晝	
tʃ'		選	齒		治						抽	除	醜	臭	
ʃ	屍	時	屎	世	蒔						書	仇	手		樹
ʒ	醫	如	雨	意							友	油		幼	柚
k						飢	佢	己	寄		姑		鼓	故	
k'						區	奇	啓			枯	跍	苦	庫	
ŋ		魚	五											誤	
h						虛		喜	氣						
o															

1.□꜀mi，抹也。2.□꜂p'i，葉子一片。3.□ts'i꜃，小母豬。4.□꜀pu，用口吹，如꜀pu煙。5.□꜂mu，弄也。6.□꜀vu，無，文言音。7.□꜀tu，遇到。8.□꜂lu，□□鼓鼓，不舒適。

表 二

韻／調／聲	a					ia					ua				
	陰平	陽平	上聲	陰去	陽去	陰平	陽平	上聲	陰去	陽去	陰平	陽平	上聲	陰去	陽去
p	巴	□1	把	霸											
p‘	□2	爬	□3	帕			□9								
m	馬	痲	□4	罵		□10									
f	花	華		化	畫										
v	娃			□5											
t			打			□11									
t‘	他														
n	拿														
l				□6				□12							
ȵ						惹	你								
ts	渣			炸		□13		□14	借						
ts‘	權	茶		岔		□15	斜	且		謝					
s	沙	儕	撒				邪	寫	瀉						
tʃ	遮			蔗											
tʃ‘	車		扯												
ʃ		蛇	捨	射	社										
ʒ	野	爺	□7		夜										
k	加		假	架			□16		□17		瓜		寡	掛	
k‘		卡					擎		□18		誇				
ŋ	□8	牙													
h	下	蝦		夏		□19			□20						
o			啞			野	爺	□21		夜					

1.□꜁pa，背。 2.□꜀p‘a，扒。 3.□ᶜp‘a，樹枝一ᶜp‘a。 4.□ᶜma꜁sa（誰）。5.□，ᶜva靠。 6.□laᵓ，夠。 7.□ᶜʒa，五指爪。 8.□꜀ŋa，我的。 9.□꜁p‘ia，翅膀傾斜。 10.□꜀mia，摸。 11.□꜀tia，走不穩。 12.□ᶜlia，這裏。 13.□꜀tsia，斜。 14.□ᶜtsia，老婆。 15.□꜀ts‘ia姆，親家母。 16.□꜀kia，他的。 17.□kiaᵓ，瘦。 18.□k‘iaᵓ t‘et꜄（除掉）。19.□，꜀hia鳥開翼。 20.□hiaᵓ，灑。 21.□ᶜia，四縣音五指爪。

表 三

韻 / 調 / 聲	o					io					e				
	陰平	陽平	上聲	陰去	陽去	陰平	陽平	上聲	陰去	陽去	陰平	陽平	上聲	陰去	陽去
p	□1		保	報											
p'	泡	婆		破											
m	毛	無		□2	帽						姆				□7
f		和	火	貨									□8		
v	窩	禾									□9				□10
t	刀		島	到										□11	
t'	拖	鉈	討	套	道										
n		挼	腦		糯										
l	□3	羅	老		□4										
ȵ						□6									
ts	糟		早	做								姊	奀	□12	
ts'	坐	曹	草	錯	造						□13	齊	□14	□15	
s	梭	逡	嫂	掃							舐	□16	洗	細	
tʃ															
tʃ'															
ʃ											舐		□17	世	
ʒ															
k	哥	□5	果	告										□18	
k'	科		可	課			痂							□19	
ŋ	我	鵝		臥	餓										
h	耗	河	好		號	靴									係
o	屙	蚵	襖	澳											

1.□꜀po，煮。2.□mo꜄，摩。3.□꜀lo，摻雜。4.□，lo꜄lo꜄e，（疏疏落落）。5.□꜁ko，塗。6.□꜀ȵio，揉。7.□me꜄，羊叫聲。8.□꜂fe，歪。9.□꜀ve，張嘴。10.□ve꜄，撒。11.□te꜄，炫耀。12.□，阿tse꜄（姊姊）。13.□꜀ts'e嫲（瘋女）。14.□，꜀ts'e過來（轉移股份）。15.□，ts'e꜄人（感染人）。16.□，꜁han꜁se（很糟）。17.□，꜂se眼（斜看）。18.□，ke꜄隻（那個）。19.□，ke꜄ t'et꜆（打破）

表　四

韻／調／聲	ie					ai					uai				
	陰平	陽平	上聲	陰去	陽去	陰平	陽平	上聲	陰去	陽去	陰平	陽平	上聲	陰去	陽去
p						□1		擺	拜						
p‘							牌		派	敗					
m						買	埋			賣					
f							懷	壞		壞					
v						歪	□2								
t						低		底	帶						
t‘						弟	蹄	怠	太	泰					
n						乃	泥			耐					
l						□3	犂			賴					
ȵ				蟻											
ts						災			再						
ts‘						猜	裁	采	蔡	在					
s						□4	豺	徙	晒						
tʃ															
tʃ‘															
ʃ															
ʒ															
k		醢		計		雞		解	介		乖		拐	怪	
k‘				契		揩	□5							快	
ŋ							涯			□6		□8			
h							鞋	蟹	□7						
o						挨		矮		隘					

1.□，腳 ꜀pai，瘸腿。2.□꜁vai，命，（歪命）。3.□꜀lai，拉。4.□꜀sai，貪吃。5.□꜁k‘ai，頭（砍頭）。6.□ŋai꜄，命（挨命）。7.□hai꜄ hai꜄ ꜂kun，（嘆不停）。8.□ŋuai ŋuai（不馴伏）。

表　五

韻／調／聲	oi					ioi					ui				
	陰平	陽平	上聲	陰去	陽去	陰平	陽平	上聲	陰去	陽去	陰平	陽平	上聲	陰去	陽去
p	□1		□2	背							飛			貝	
p‘	□3	賠		焙								肥		配	
m	□4	梅	□5	妹							美				
f	灰										非	回		肺	會
v	猥		□6	會							威	維	尉	胃	位
t	堆	□7	□8	碓							追		□14	對	
t‘	梯	臺			代						推		腿		退
n															內
l		來									□15	雷	蕊		累
ȵ															
ts	□9			喙							□16			最	
ts‘	在	才	□10	菜							催				罪
s	衰			歲							雖	隨	水	碎	瑞
tʃ				喙							追				
tʃ‘	吹										吹	槌			隊
ʃ				稅	睡								水		
ʒ															
k	該		改	蓋							歸		鬼	桂	
k‘	開		概						□13		虧	奎	跪		櫃
ŋ		□11			外							危			
h		□12	海	害											
o	哀			愛											

1.□，⊂poi 走（用手撥掉）。 2.□，ᶜpoi開。 3.□，⊂p‘oi（猜想）。 4.□，⊂moi（不要）。5.□，ᶜmoi（沒牙齒用嘴含動而吃食物）。6.□，手 ᶜvoi ᶜvoi（手拿不穩）。7.□，⊆toi人（斥責人）。8.□，ᶜtoi ᶜtoi ⊆e（很多一起）。9.□朘，（男性器）。10.□，ᶜts‘oi好（好運氣）。11.□，⊆ŋoi ⊆ŋoi（傻樣子）。12.□，⊆hoi ⊆hoi tot⊃ tot⊃，（呵斥人）。13.□瘃，（累）。14.□，ᶜtui人（鷄啄人）15.□，⊂lui人（小孩磨姑）。16.□⊂tsui，（滿）。

表六

韻 / 調 / 聲	au					iau (ieu)					eu				
	陰平	陽平	上聲	陰去	陽去	陰平	陽平	上聲	陰去	陽去	陰平	陽平	上聲	陰去	陽去
p	包		飽	豹				表			[illegible]		□13		
p‘	拋	袍		泡		標	飄		票			浮	□14	疱	
m	卯	茅		貌			苗		貓	廟	某	謀	秒		牡
f												浮	否		
v															
t		□1		□2		刁	□7	屌	吊		兜		斗	鬪	
t‘						挑	條		跳	調	偷	頭	□15	透	豆
n	□3				鬧	鳥	□8				□16	□17	扭		
l	[illegible]	撈	老		撈	撩	寮	了	料			樓			漏
ȵ						藕	堯	繞	貓	尿					
ts	燥		蚤	□4		蕉			醮		鄒		走	照	
ts‘	抄	吵	炒	躁		鍫	樵		凑	嚼		柴		瘦	
s	梢	巢		□5		簫	□9	□10	笑		餿	愁	少	笑	
tʃ	招			照											
tʃ‘	超	潮			趙										
ʃ	燒	韶	少	紹											
ʒ	妖	搖	舀	要	鳶										
k	交		校	酵		驕		繳	叫						
k‘	敲		考	靠		箍	橋	巧	藠	轎					
ŋ	咬	熬			傲										
h	浩	肴	效	孝		□11	□12	曉				猴	□	後	
o	凹		拗	□6		邀	搖	舀		要	歐	毆	嘔	漚	

1.□，꜁sau到（黏到）。2.□，tau꜄ tau꜄ ꜂kun（罵人不止）。3.□，꜁toŋ ꜀nau（很討厭）。4.□，tsau꜄ ꜀leu（撈網）。5.□，sau꜄東西（搜乾淨）。6.□，好au꜄（好辯）。7.□꜁tiau 剃（被阻住）。8.□，꜁niau弄。9.□，siau鼻（㮣鼻，罵人語）。10.□，小又讀。11.□，饒人（騙人便宜）。12.□，꜁hieu嫲（妖態女人）。13.□，꜂peu尿（撒尿）。14.□，꜂peu ꜂peu ꜁ve（稍微）。15.□，꜂t‘eu水（摻水）。16.□，꜀neu ȵin（搔人癢）。17.□，濃也。

表 七

韻／調／聲	iu					ïm(im)					am				
	陰平	陽平	上聲	陰去	陽去	陰平	陽平	上聲	陰去	陽去	陰平	陽平	上聲	陰去	陽去
p			□1	□2											
p'					□3										
m															
f											患	凡		范	
v															
t											擔	耽	膽	擔	
t'					□4						貪	談	探	□20	淡
n					□5							南	攬		
l		流	□6	□7		飲	林		□14		□21	藍	攬	濫	
ȵ		牛	扭		□8		壬								
ts			酒	皺		針			浸		詹		斬	□22	
ts'	□9	泅			袖	深	尋				攙	蠶	慘	杉	暫
s	修	□10	□11	秀		心		囟	□15		衫	蟾	糝		
tʃ											粘			占	
tʃ'														□23	
ʃ												禪	閃		
ʒ											閹	鹽		厭	炎
k	捄		九	救		今		錦	禁		甘		敢	監	
k'	舅	球	□12	舊		欽	琴			撳	勘		坎	崁	
ŋ												巖	□24		
h	休			□13		鑫	□16		□17		□25	鹹		喊	
o	有	油		幼		陰		□18	□19		庵		掩	暗	

1.□，ᶜpiu（撒尿）。2.□，piuᵓ（洩出）。3.□，p'iuᵓ（滑走）。4.□，t'iuᵓ（滑）。5.□，niuᵓ（很小）。6.□，ᶜliu（騙）。7.□，liuᵓ（滑動）。8.□，ȵiuᵓ（不聽話）。9.□，꜀ts'iu（完備）。10.□，꜁siu（巡行）。11.□，꜀siu（細竹打）。12.□，ᶜk'iu（用手向下抓）。13.□，hiuᵓ（吹口笛聲）。14.□，limᵓ（遮蔭）。15.□，simᵓ（顫動）。16.□，꜁him（斜眼看）。17.□，himᵓ（密閉悶熟果物）。18.□，ᶜim（飲）。19.□，imᵓ（灌溉）。20.□，t'amᵓ（搭）。21.□，꜀lam（差勁）。22.□，tsamᵓ（很好）。23.□，ts'amᵓ（鑿）。24.□，ᶜŋam（點頭）。25.□，꜀ham（憨）。

●熬製樟腦，爲客家人拓台至今重要的產業（劉還月／攝影）。

表八

韻／調／聲	iam					em					in (in)				
	陰平	陽平	上聲	陰去	陽去	陰平	陽平	上聲	陰去	陽去	陰平	陽平	上聲	陰去	陽去
p											兵		稟	併	
p'											拼	貧	品	聘	評
m												明			命
f											□18	□19		□20	
v															
t			點	店		□6		□7			□21		鼎		
t'	添	甜	□1	□2							汀	亭			定
n						□8	□9								
l		廉	□3	斂		□10	□11				鱗	鄰	□22		令
ȵ	拈	嚴			染							人			認
ts	尖		蘸	□4		砧		□12			精		晉	進	
ts'	籤		鏩		漸						清	情	□23	靜	
s		潛				森			摻		新			信	
tʃ						針		枕							
tʃ'						深	沉								
ʃ								愼							
ʒ						音	淫	孕	任	蔭					
k	兼		檢	劍				□13			斤		緊	敬	
k'	謙	鉗		欠	儉			□14						慶	
ŋ															
h	馦5	嫌	險			□15	□16		□17		興	形			
o	閹	鹽		掞		揞					因	仁	□24	印	

1.□，ᶜt'iam（累）。2.□，t'iamᵓ海（塡海）。3.□，ᶜlam（淺）。4.□，tsiamᵓ（占）。5.馦꜀hiam（味道）。6.□，꜀tem（浸）。7.□，꜀tem一腳（踢一腳）。8.□，꜀nem（滿）。9.□，꜁nem（爛）。10.□，꜀lem（用拳打的動作）。11.□，꜁lem（從洞裏抓）。12.，ᶜtsem（蓋章）。13.□，꜁kem（蓋）。14.□，꜁k'em（蓋）。15.□，꜀hem（喊）。16.□，꜁hem（含）。17.□，hemᵓ（腫脹）。18.□，꜀fin（甩）。19.□，꜁fin（痕）。20.□，finᵓ（甩）。21.□，꜀tin（亂鑽）。22.□ᶜlin（男性生殖器）。23.□，ᶜts'in（低頭）。24.□，ᶜin（答應）。

表 九

韻 調 聲	an					ian(ien)					uan				
	陰平	陽平	上聲	陰去	陽去	陰平	陽平	上聲	陰去	陽去	陰平	陽平	上聲	陰去	陽去
p	班		板	半		辮		扁	變						
p'	潘	盤		襻		偏	□3	片	騙	便					
m	滿	饅	□1		慢	免	棉		面	麪					
f	番	煩	反		飯										
v	彎	完	挽	萬											
t	單			旦		癲		典							
t'	灘	彈	毯	炭	但	天	田			電					
n	懶	難			難										
l	瀾	攔			爛		連	□4		練					
ȵ							年	眼	□5						
ts	□2		盞	贊		煎		剪	薦						
ts'		泉	鏟	燦		千	前	淺		賤					
s	山		產	散		仙	旋	鮮	線						
tʃ	氈		展	戰											
tʃ'		纏		蹍											
ʃ	鱔			善											
ʒ	烟	然	遠	燕											
k	艱		簡			奸		揀	見		關			慣	
k'	刊					牽	權	犬	勸	件	□6	環	款	擐	
ŋ	奀		眼									□7			
h		閑	罕		限	掀	賢	顯		現					
o						烟	園	遠	燕						

1.□，ᶜman 人(誰)。2.□，꜀tsan 到(發育不良)。3.□，꜁p'ien (編)。4.□，ᶜlien (口中吐出)。5.□，ȵien꜄ (癮)。6.□，꜀k'uan (翻身)。7.□，ŋ̍uan (固執) 。

表 十

韻 調 聲	on					ion					en				
	陰平	陽平	上聲	陰去	陽去	陰平	陽平	上聲	陰去	陽去	陰平	陽平	上聲	陰去	陽去
p											冰			□7	
p'	□1			□2							烹	悶			
m												盟	銘		孟
f	歡			煥							□8	宏			
v			碗		換										
t	端		短	鍛							丁		等	凳	
t'	斷	團			段							藤	□9		鄧
n	暖											能		乳	
l	□3		卵		亂		□4								
ȵ						軟									
ts	鑽		轉	鑽							爭			增	
ts'	閂				賺	□5	全		□6		□10	層		襯	
s	酸			蒜							星	□11	省		
tʃ	專		轉								珍		鎮	正	
tʃ'	川	傳		串							稱	陳		秤	陣
ʃ		船									身	神		聖	
ʒ											鶯	鷹	孕	印	
k	肝		趕	灌							跟			更	
k'	寬			看							亨		肯		
ŋ															
h	旱	寒	罕	漢	汗							很	狠	幸	
o	安			案							恩				

1.□，꜀p'on□（吐）。2.□，p'on꜄（飯）。3.□，꜀lon（用竹子打）。4.□，꜁lion（縫）。5.□，꜀ts'ion（吸）。6.□，ts'ion꜄（頭髮紋路）。7.□，pen꜄（靠）。8.□，꜀fen（理睬）。9.□，꜂t'en（挺）。10.□，꜀ts'en（呻吟）。11.□꜁sen（狗咬）。

表十一

韻／調／聲	iun					un					aŋ				
	陰平	陽平	上聲	陰去	陽去	陰平	陽平	上聲	陰去	陽去	陰平	陽平	上聲	陰去	陽去
p						分		本	糞		挪			□[7]	
p'						□[2]	盆		噴		膨	棚		□[8]	
m						蚊	門		問			□[9]	莽	□[10]	
f						婚	暈	粉	混				□[11]		
v						溫	文	穩	□[3]			橫		□[12]	
t						墩		躉	頓		釘		頂	□[13]	
t'						呑	鶉	遯		鈍	聽	埕			
n								□[4]		嫩					□[14]
l							倫	掄		論	冷	零			另
ȵ	忍	銀		韌											
ts						尊		□[5]	俊		爭		整	正	
ts'						村	存		寸			睜		撐	
s						孫	純	筍		損	生		省	覡	
tʃ						□[6]		準	圳				整	正	
tʃ'						春		蠢				程			鄭
ʃ							脣		順		聲	城		覡	
ʒ							雲	永	熅	閏		贏	影		
k	軍		□[1]					滾	棍		更		梗	徑	
k'	近	羣			近	坤		捆	困					□[15]	
ŋ														硬	
h	勳			訓							坑	行			
o		云	永		運						罌			□[16]	

1.□，ᶜkiun（勻量而出）。2.□，꜀p'un（厚）。3.□，vunᵓ（沾）。4.□，ᶜnun（捻）。5.□，ᶜtsun（扭）。6.□，꜀tsun（發抖）。7.□，paŋᵓ（敲擊聲）。8.□，p'aŋ（冇）。9.□，꜁maŋ（尚未）。10.□，maŋᵓ（蠓）。11.□，ᶜfaŋ（翹起）。12.□，vaŋᵓ（倒）。13.□，taŋ（訂）。14.□，naŋᵓ（踏）。15.□，k'aŋ（用手指刮）。16.□，aŋᵓ（鼻塞）。

表十二

聲＼韻／調	iaŋ 陰平	iaŋ 陽平	iaŋ 上聲	iaŋ 陰去	iaŋ 陽去	oŋ 陰平	oŋ 陽平	oŋ 上聲	oŋ 陰去	oŋ 陽去	ioŋ 陰平	ioŋ 陽平	ioŋ 上聲	ioŋ 陰去	ioŋ 陽去
p	□1		丙	柄		幫		榜	□9		枋				放
p‘		平			病	□10	旁		椪				紡		
m	□2	名			命		亡	□11		望			網		
f						芳	防	訪	放						
v						往	黃	枉		旺					
t				□3		當		黨	檔		□14				
t‘						湯	堂	倘		燙			□15	□16	
n						囊									
l	領			□4			郎			浪	兩	良	兩	亮	
ȵ		迎		□5								娘	仰		釀
ts	睛		井	□6		莊			葬		將		蔣	醬	
ts‘	青	晴	請		淨	昌	腸	創		狀	鎗		搶	像	
s	腥	□7	醒	姓		桑	常	爽	尚		箱	詳	想	象	匠
tʃ						章		掌	賬						
tʃ‘							長	杖	唱	丈					
ʃ						商	常	賞		尚					
ʒ						秧	羊		讓	樣					
k	驚		頸	鏡		扛	□12	講	扛		姜		強		
k‘	輕			□8		康	狂	況	礦		腔	強			
ŋ							昂			戇					
h						糠	降		巷		香		響		向
o		營	影			□13					央	羊			樣

1.□，꜀piaŋ（丟）。2.□，꜀miaŋ（掌擊）。3.□，tiaŋ⊃（鈴聲）。4.□，liaŋ⊃（謎）。5.□，ȵiaŋ⊃（偏偏）。6.□，tsiaŋ⊃（倒出）。7.□，꜁siaŋ（誘人）。8.□，k‘iaŋ⊃（能力強）。9.，poŋ⊃（狀聲）。10.□，꜀p‘oŋ（打胸部）。11.□，꜂moŋ（不錯）。12.□，꜁koŋ（橫打）。13.□，꜁oŋ（逛）。14.□，꜀tioŋ（纏）。15.□，꜂t‘ioŋ（很）。16.□，t‘ioŋ⊃（高興）。

表十三

韻／調／聲	iuŋ					uŋ					ip (ïp)		ep	
	陰平	陽平	上聲	陰去	陽去	陰平	陽平	上聲	陰去	陽去	陰入	陽入	陰入	陽入
p								捧						
p‘						蜂	篷		縫					
m							蒙	懵	夢					
f						風	逢	哄	鳳					
v						翁			蓊					
t						冬		董	凍					□7
t‘						通	筒	統	痛	洞				
n							農	拵	弄					
l	□1	龍				聾	隆	籠		弄	笠	立		□8
ȵ					□2							入		
ts	縱		窘			□4		種	粽			□5	□9	
ts‘		從				蔥	重	冢	重			□6		
s				訟		鬆		捘	送			集	澀	
tʃ						忠					汁			
tʃ‘						充	蟲	寵		銃				
ʃ							熊				濕	十		
ʒ								勇						
k	弓		鞏	□3		公			貢		急			
k‘		窮	恐		共	空		孔		空		及		
ŋ														
h	兄	雄									翕			
o	雍	絨	擁		用							邑	□10	

1.□，꜀liuŋ（突然鑽出）。2.□，ȵiuŋ꜄（不緊湊）。3.□，kuŋ꜄（生子）。4.□，꜀tsuŋ（衝撞）。5.□，tsip꜆（吸）。6.□，ts‘ip꜆（向下壓）。7.□，tep꜆（丟）。8.□，lep꜆（豬吃東西）。9.□，tsep꜇（一把）。10.□，ep꜇（覆蓋）。

●辛勤的客家人，視勞動為天職（陳文和／攝影）。

表十四

聲＼調＼韻	ap 陰入	ap 陽入	iap 陰入	iap 陽入	əp 陰入	əp 陽入	it 陰入	it 陽入	et 陰入	et 陽入	iet 陰入	iet 陽入
p							必		北		鱉	
p‘							劈	闢		蔔	撇	別
m									搣	密		滅
f	法						□10			或		
v								□11	域			
t	答	□1	貼	□5			滴		德		跌	
t‘	塔	踏	帖	疊				特	踢	忒	鐵	□15
n		納							笏	扐		
l	□2	臘	□6	粒			□12	力		□14		列
ȵ			攝	業			日	□13				熱
ts	扎		接	□7	執		責	秩	則		節	□16
ts‘	插	雜	妾	捷			漆	疾	策	測	切	絕
s	躡	涉	□8		濕	十	息	席	色		雪	洩
tʃ	摺											
tʃ‘												
ʃ	眨	涉										
ʒ		頁										
k	鴿	□3	刼	挾			吉		革		蕨	
k‘		恰		陜				極	刻	咳	刻	傑
ŋ												
h	□4	合	□9	脅					黑	歇	歇	穴
o	鴨			葉			一	驛				

1.□，tap⊇（塊）。2.□，lap⊃（塌陷）。3.□，kap⊇（咬）。4.□，hap⊃（嗆）。5.□，tiap⊇（奉承人）。6.□，liap⊃（塞住牙縫）。7.□，tsiap⊇（常常）。8.□，siap（墊）。9.□，hiap⊃（挾）。10.□，fit⊃（丟）。11.□，vit⊇（丟）。12.□，lit⊃（轉）。13.□，ȵit⊇（挾住）。14.□，let⊇（抱起）。15.□，t‘iet⊇（誇大）。16.tsiet⊇（拳打）。

表十五

韻 / 調 / 聲	uet 陰入	uet 陽入	at 陰入	at 陽入	uat 陰入	uat 陽入	ot 陰入	ot 陽入	ut 陰入	ut 陽入	lut 陰入	lut 陽入
p p' m f v			八 潑 襪 髮 斡2	 拔 末 伐 滑			發		不 □20 窟 □21	□19 勃 沒 佛 物		
t t' n l			笪 □4 □5 □6	□3 達 辣			□15 脫 □16	 奪 捋	□22 突 □23	 突		
ȵ												
ts ts' s			折 察 殺	□7 □8 □9			□17 撮 刷	啜 □18	卒 出 率	捽 拭 術		
tʃ tʃ' ʃ ʒ			折 設 乙	 舌 越			 說	拙	 出	 鬱		
k k' ŋ h	國	□1	□10 □11 □12 瞎	 □13	刮		割 渴		骨 屈	□24 掘	 屈	
o			□14									

1.□，kuet⊇（善言）。2.斡，彎曲。3.□，tat⊇（值）。4.□，t'at⊃（糟蹋）。5.□，nat⊃（被火燙）。6.□，lat⊃（乾疤）。7.□，tsak⊇（人擠）。8.□，ts'at（掣）。9.□，sat⊇（蝕）。10.□，kat⊃（刮）。11.□，k'at⊃（刮人）。12.□，ŋat⊃（咬）。13.□，ŋat⊇（被夾）。14.□，at⊇（鬱悶）。15.□，tot⊃（叱責）。16.□，lot⊃（叓）。17.□，拙（有趣）。18.□，sot⊇（結束）。19.□，put⊇（噴口水）。20.□，mut⊃（腐巧）。21.□，vut⊃（彎）。22.□，tut⊃（觸）。23.□，lut⊃（落）。24.□，kut⊇（吞）。

表十六

韻/調/聲	ak		iak		ok		iok		uk		iuk	
	陰入	陽入	陰入	陽入	陰入	陽入	陰入	陽入	陰入	陽入	陰入	陽入
p	百		壁	□7	博	縛			卜			
p‘		白	劈	□8	粕	拍		蹼	仆			
m	脈	麥				莫			木	睦		
f	□1								福	服		
v	挖	畫			□17	鑊			屋			
t	□2			□9	□18	剢		□25	篤			
t‘	□3	糴			託	擇				讀		
n	□4								忸	□30		
l	壢	曆		□10	□19	洛		略	祿	鹿	六	陸
ȵ			額	逆			□26	弱			肉	獄
ts	摘		跡	蹟	作		雀	□27	捉		足	
ts‘	尺	柵	□11	蓆	□20	鑿	□28		促	族	刺	
s	□5		鵲	□12	索		削		速	熟	宿	俗
tʃ	炙				酌				燭			
tʃ‘	赤					着				逐		
ʃ		石							叔	熟		
ʒ		□6			約	若			育	浴		
k	隔		□13		各	□21	腳		穀	□31	□32	□33
k‘				□14	確	□22			哭		曲	局
ŋ					□23	岳						
h	嚇	客	□15		殼	學	□29				畜	
o	握			□16	惡	□24	約	若				育

1.□，fak$_{\supset}$（翹起）。2.□，tak$_{\supset}$（毎）。3.□，tak$_{\supset}$（捆結）。4.□，nak$_{\supset}$（好笑）。5.□，sak$_{\supset}$（閃到）。6.□，ʒak$_{\supseteq}$（招手）。7.□，piak$_{\supset}$（掌打面頰）。8.□，p‘iak$_{\supseteq}$（手擊聲）。9.□，tiak$_{\supseteq}$（指甲彈）。10.□，liak$_{\supseteq}$（俐落）。11.□，ts‘iak$_{\supset}$（銹）。12.□，siak$_{\supseteq}$（刀割斷）。13.□，kiak$_{\supset}$（快）。14.□，k‘iak$_{\supseteq}$（木屐）。15.□，hiak$_{\supset}$（耳斜長）。16.□iak$_{\supseteq}$（招手）。17.□，vok$_{\supset}$（豁，丟也）。18.□，tok$_{\supset}$（琢）。19.□，lok$_{\supset}$（尋食）。20.□，ts‘ok$_{\supset}$（彳亍）。21.□，kok$_{\supseteq}$□（敲）。22.□，k‘ok$_{\supseteq}$（敲）。23.□，ŋok$_{\supset}$（傻）。24.□，ok$_{\supseteq}$（打嗝）。25.□，tiok$_{\supseteq}$（騙）。26.□，ȵiok$_{\supset}$（癢）。27.□，tsiok$_{\supseteq}$（泥淖）。28.□，ts‘iok$_{\supset}$（竄出）。29.□，hiok$_{\supset}$（木乾燥翹起）。30.□，nuk$_{\supseteq}$（驚嚇）。31.□，kuk$_{\supseteq}$（呑聲）。32.□，kiuk$_{\supset}$（追）。33.□，kiuk$_{\supseteq}$（裝）。

第十三章 客語、國語、中古的對應

第一節　聲母的對應

為了澈底了解客家話的流變，這裏拿客家話和中古音（以廣韻聲系為依據）做個比較，又為了溝通客家話和國語之間的對應規律，所

●原鄉風情在改變中，客家話也迅速消失中（陳文和／攝影）。

以，又拿國語和中古音的對應與客家話放在一起，使這三種不同歷史層面的語音，有個清楚的脈絡可尋，在探討流變或分辨差異時，有很合理的解釋。下面就分聲母、韻母、聲調三個部分，分別加以比對分析：

首先，我們把國語和客家話聲母的類別列出來，再把中古聲母的類別列出，再用客語和中古音的比較表爲依據，最後按脣音、舌尖音、齒音、牙喉音的次序看其對應關係：

1. 國語聲母有22個，它的類別和名稱如下：

國 語 輔 音 表

發音部位＼發音方法	塞音及塞擦音		鼻音	清擦音	濁擦音及邊音
	不送氣	送氣			
脣音	p	p′	m	f	
舌尖音	t	t′	n		l
舌尖音	ts	ts′		s	
捲舌音	tʂ	tʂ′		ʂ	ʐ
舌面音	tɕ	tɕ′		ɕ	
舌根音	k	k′	ŋ	x	ϕ

說明：

(1)不送氣的塞音及塞擦音有：p（ㄅ），t（ㄉ），ts（ㄗ），tʂ（ㄓ），tɕ（ㄐ），k（ㄍ）。

(2)送氣的塞音及塞擦音有：p′（ㄆ），t′（ㄊ），ts′（ㄘ），tʂ′（ㄔ），tɕ′（ㄑ），k′（ㄎ）。

(3)鼻音有：m（ㄇ），n（ㄋ），ŋ（ㄫ）。

(4)清擦音有：f（ㄈ），s（ㄙ），ʂ（ㄕ），ɕ（ㄒ），x（ㄏ）。

(5)濁擦音有：ʐ（ㄖ）。

(6)邊音有：l（ㄌ）。

2.客語聲母有十七個，它的類別和名稱如下：

客語輔音表（括弧部分海陸話獨有的聲母）

簡稱	方法／部位	塞		通				
		不送氣	送氣	鼻	摩擦		邊音	元音
		清		濁	清	濁	濁	
脣	雙脣	p	p‘	m				
	脣齒				f	v		
舌	舌尖	t	t‘	n			l	
齒	舌尖前	ts	ts‘		s			
顎	舌面			ȵ				
	舌尖及面	(tʃ)	(tʃ‘)		(ʃ)	(ʒ)		
牙	舌根	k	k’	ŋ				
喉	喉				h			ø

說明：

⑴不送氣塞音及塞擦音有：p（ㄅ），t（ㄉ），ts（ㄗ），k（ㄍ），tʃ。

⑵送氣塞音及塞擦音有：p‘（ㄆ），t‘（ㄊ），ts‘（ㄘ），k‘（ㄎ），tʃ‘。

⑶鼻音有：m（ㄇ），n（ㄋ），ȵ（ㄬ），ŋ（ㄫ）。

⑷清擦音有：f（ㄈ），s（ㄙ），h（ㄏ）。

⑸濁擦音有：v（ㄪ），ʒ。

⑹邊音有：l（ㄌ）。

3.客語與中古音比較：

古聲組及影響條件 \ 古母今讀 \ 發音方法及影響條件		全清塞	次清塞	全濁塞	次濁	清擦	濁擦
幫組		幫：p	滂：p‘	並：p‘	明：m		
非組					微：v	非敷：f	奉：f
端泥組	一二等 / 三四等	端：t	透：t‘	定：t‘	泥：n / ȵ；來：n / l		
精組	洪 / 細	精：ts	清：ts‘	從：ts‘		心：s	邪：ts‘, s
莊組	今開 / 今合	莊：ts (照二)	初：ts‘ (穿二)	崇：ts‘, s (牀二)		生：s (審二)	
知組	今開 / 今合	知：ts (tʃ)	徹：ts‘ (tʃ‘)	澄：ts‘ (tʃ‘)			
章組	今開 / 今合	章：ts(tʃ) (照三)	昌：ts‘(tʃ‘) (穿三)	船：s (ʃ) (牀三)		書：s (ʃ) (審三)	禪：ts‘, s (tʃ‘)(ʃ)
日母	今開 止攝				日：ȵ, ø, (ʒ)		
	今開 其他				日：ȵ, i, (ʒ)		
	今合				日：ȵ, ø, n(ʒ)		
見曉組	開 一等	見：k	溪：k‘		疑：ŋ, ø(ȵ)	曉：h	匣：h, f
	開 二等	見：k	溪：k‘		疑：ŋ	曉：h	匣：h
	開 三四等	見：k	溪：k‘, h	羣：k‘	疑：ȵ, n	曉：h	匣：h
	合 一二等	見：k	溪：k‘	羣：*	疑：ŋ, ȵ	曉：f	匣：f, v
	合 三四等 蟹止宕	見：k	溪：k‘	羣：k‘	疑：ŋ	曉：f	匣：f
	合 三四等 通舒	見：k	溪：k‘	羣：k‘	疑：ŋ, ȵ	曉：h	匣：*
	合 三四等 其他	見：k, k‘	溪：k‘	羣：k‘	疑：ȵ	曉：h	匣：h
影組	開 一等	影：φ					
	開 二等	影：ø, (ʒ)					
	開 三四等	影：ø, (ʒ)			喻 ø, (ʒ)		
	合 一二等	影：v			*		
	合 三四等 蟹止宕	影：v			喻：v		
	合 三四等 通	影：ø, (ʒ)			喻：ø, (ʒ)		
	合 三四等 其他	影：ø, (ʒ)			喻：ø, (ʒ)		

說明：

(1)中古幫滂並明，臺灣客語是：p（幫），p‘（滂），p‘（並），m（明）。

(2)中古非敷奉微，臺灣客語是：f（非），f（敷），f（奉），微（v）。（部分非敷奉微，仍保有重唇唸法：如枋、縫、楓、放、網、紡……。）

(3)中古端透定泥來，臺灣客語是：t（端），t‘（透），t‘（定），n（泥），n或l（來）。

(4)中古精，清從心邪，臺灣客語是：ts（精），ts‘（清），ts‘（從），s（心），s或ts‘（邪）。

⑸中古莊初崇生（照二，穿二，牀二，審二），臺灣客語唸：ts（莊），ts‘（初）ts‘ 或 s（崇），s（生）。

⑹中古知徹澄，臺灣客語
- 四縣唸：ts（知），ts‘（徹），ts‘（澄）
- 海陸唸：tʃ（知），tʃ‘（徹），tʃ‘（澄）

⑺中古章昌船書禪（照三，穿三，牀三，審三）。

臺灣客語
- 四縣唸：ts（章），ts‘（昌），s（船），s（書），ts‘ 或 s（禪）
- 海陸唸：tʃ（章），tʃ‘（昌），ʃ（船），ʃ（書），tʃ‘ 或 ʃ（禪）

⑻中古日母，臺灣客語
- 四縣唸：ȵ或 ϕ 或 i（日）
- 海陸唸：ʒ（日）

⑼中古見溪羣疑，臺灣客語唸：k（見），k‘ 或 h（溪），k‘（羣），ŋ 或ȵ（疑）。

⑽中古影曉匣喻。臺灣客語
- 四縣唸：ø 或 v（影），h 或 f（曉），h 或 v（匣），ø 或 v（喻）
- 海陸唸：ø 或 ʒ（影），h 或 f（曉），h 或 v（匣），ø 或 ʒ（喻）

4.客語、中古音、國語的對應：

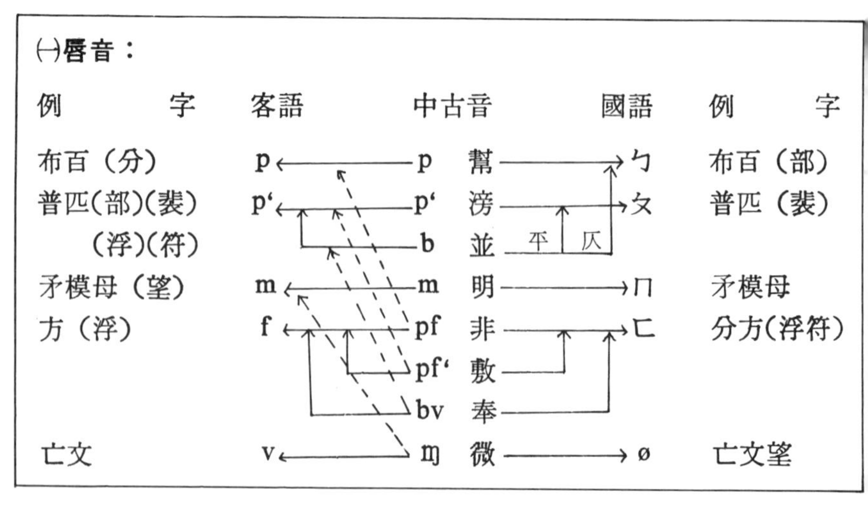

說明：⑴表中國語部分，中古音並母（b-）平聲變成ㄆ，仄聲變成ㄅ，例如（裴）爲並母平聲故變成ㄆ，（部）爲並母仄聲故變成ㄅ。

⑵表中國語部分，中古敷母（pf‘）奉母（bv）都變成ㄈ，例如（浮）是敷母，（符）是奉母，國語都變成ㄈ。

⑶表中中古微母字，國語都是無聲母，如亡、文、望都是。

⑷客語聲母，不管中古並母平仄都變送氣 p‘，如（部）是仄聲，（裴）平聲，客語都唸 p‘-。

⑸中古敷母，奉母，客語都唸 f 或 p‘，例如（浮）是敷母客語唸 f 或 p‘，（符）是奉母，客認唸 p‘-。

⑹中古微母(ɱ-)，客語有的唸 v，如（亡文）唸 v-；有的唸 m-，如（望）唸m-。

⑺從表中變化可以看出客家話中古非敷奉微的字，部分仍保持重唇（幫滂並明）的唸法，例如分（非母）、浮（敷母）、符（奉母）、望（微母）都唸成 p, p‘, m。

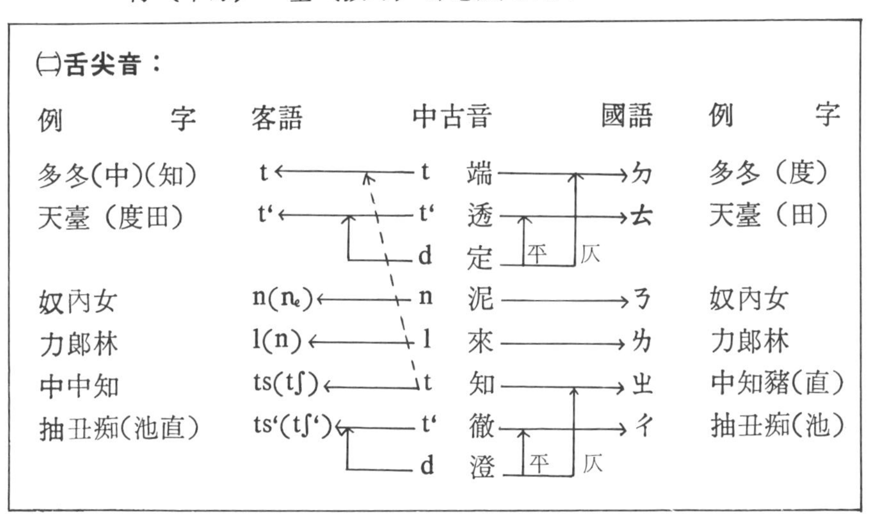

說明：⑴中古定母（d-）平聲變成國語的ㄊ，仄聲變國語的ㄉ，例如（田）是定母平聲，國語唸ㄊ，（度）是定母仄聲，國語唸

ㄉ。

⑵中古澄母（d-）平聲變成國語的ㄔ，仄聲變國語的ㄓ，例如（池）是澄母平聲，國語唸ㄔ，（直）是澄母仄聲，國語唸ㄓ。

⑶中古定母（d-）不管平仄，客語一律唸送氣清音 t‘，如（度）是定母仄聲，（田）是定母平聲，客家話一律唸 t‘-。

⑷中古澄母（d-）不管平仄，客語一律唸送氣清音 ts‘（tʃ‘），如（池）是澄母平聲，（直）是澄母仄聲，客語一律唸 ts‘（tʃ‘）。

⑸客語的 ts, ts‘，是四縣系統，tʃ, tʃ‘ 是海陸系統，來母本應

㈢**齒音：**

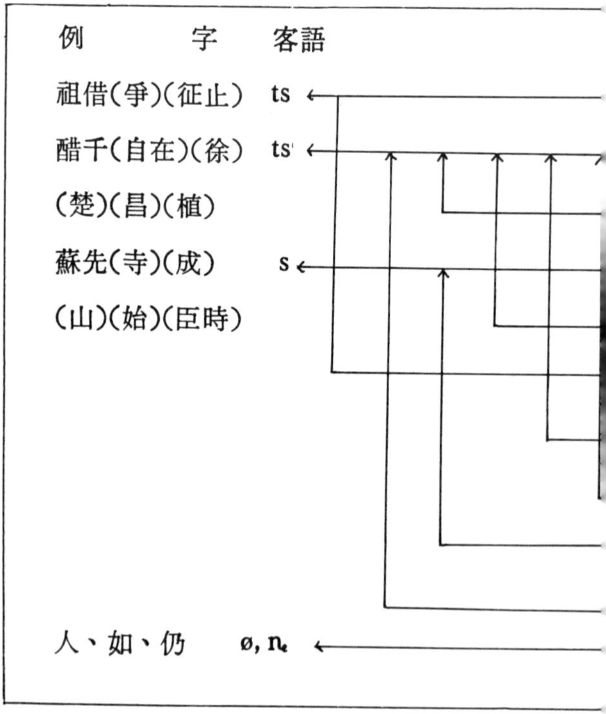

例字	客語
祖借（爭）（征止）	ts
醋千（自在）（徐）	ts‘
（楚）（昌）（植）	
蘇先（寺）（成）	s
（山）（始）（臣時）	
人、如、仍	ø, ȵ

唸 l ，但屏東一帶客語受閩語 n, l 不分影響，有的唸成 n-。

⑹中古知母（t-）字，少部分在客語中仍唸舌頭音「端母」，例如（知）唸 ti，（中）在說「中央」時唸 tuŋ，（琢）唸 tok。

㈢齒音：

說明：⑴中古從母（dz）平聲，在國語變ㄘ，（如前慈），仄聲變ㄗ（如在自）。

⑵中古精清從心邪母，凡後有介音 i 的三等字，國語唸ㄐㄑㄒ（如借千先），其餘唸ㄗㄘㄙ（如祖醋蘇）。

⑶中古船崇二母，平聲國語唸ㄔ（如乘，牀），仄聲國語唸ㄕ

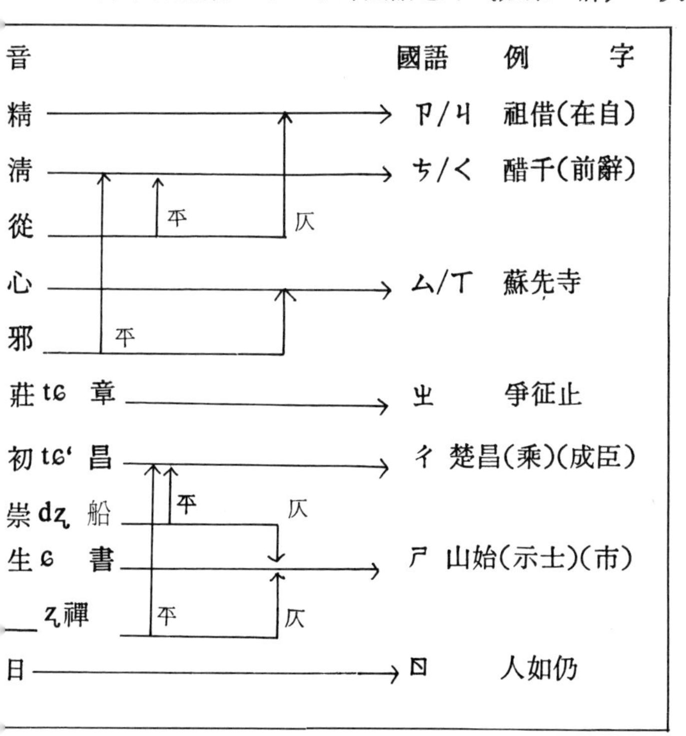

（如示，士）。

⑷中古禪母，平聲國語唸ㄔ（如成，臣），仄聲國語唸ㄕ（如市）。

⑸客語 ts，有中古精母（如祖，借），莊母（如爭），章母（如征，止）等聲母。

⑹客語ts'，由中古的淸母（如醋，千），從母（如自在），邪母（如徐），初母（如楚），昌母（如昌），禪母（如植），可說是非常有包容性的聲母。

⑺客語 s，包含中古的心母（如蘇，先），邪母（如寺），禪母（如成），生母（如山），書母（如始），禪母（如臣時）。

⑻中古日母在客語有唸ȵ（如人，耳），有唸ø（如仍，如）。

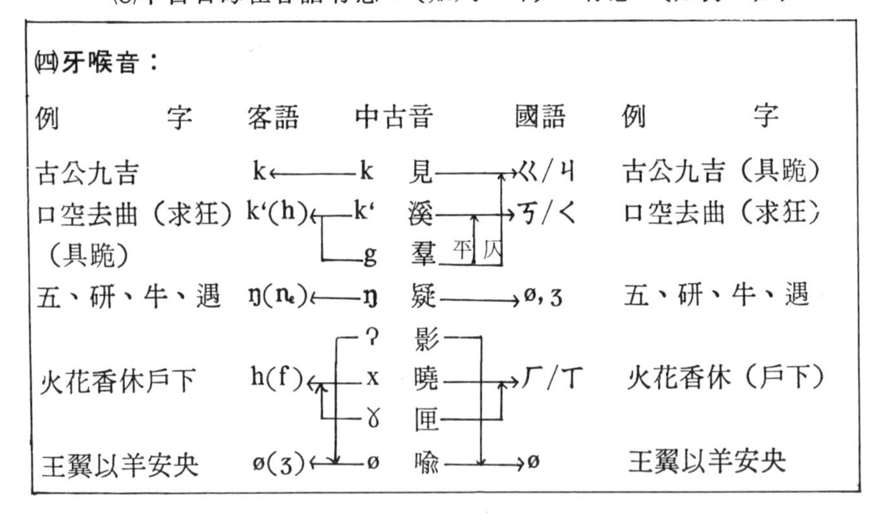

說明：⑴中古見溪曉三母，洪音國語唸ㄍㄎㄏ（如古公口空火花），細音國語唸ㄐㄑㄒ（如九吉去曲香休）。

⑵中古羣母(g-)，平聲國語唸ㄎ或ㄑ（如求狂），仄聲國語唸ㄍ或ㄐ（如具跪）。

⑶中古影喻二母（ʔ-, ϕ），國語統統唸無聲母ϕ（如王翼以羊安央）。

●客家民宅常可見的過廊（劉還月／攝影）。

⑷中古匣母，洪音國語唸ㄏ（如戶），細音國語唸ㄒ（如下）。

⑸客語，溪母有k'（如空曲）h（如口去）兩種唸法，羣母都唸k'（如求狂）。

⑹客語，疑母字，後接洪音時唸ŋ（如五週），後接細音唸ȵ（如研牛）。

⑺客語曉母有h（如香休）f（如火花）兩種唸法，匣母字唸f（如戶）h（如下）。

⑻客語影母和喻母字大都唸無聲母 ϕ（如王翼以羊安央），海陸有唸ʒ（如羊以）。

第二節　韻母的對應

韻母較複雜，本書只從客語與國語的單韻母，複韻母，鼻音尾韻母，塞音尾韻母四部分做對應比較，然後再拿中古音做個比對。

1.國語有單韻母帀ㄧㄨㄩㄚㄛㄜㄝ 8 個，複韻母ㄞㄟㄠㄡ 4 個，聲隨韻ㄢㄣㄤㄥ 4 個，捲舌韻ㄦ 1 個。

國　語　韻　母　表

韻母別／呼別	單韻母					複韻母				聲隨韻母				捲舌韻母
						收ㄧ		收ㄨ		收ㄋ		收ㄫ		
開口呼	(帀)	ㄚ	ㄛ	ㄜ	ㄝ	ㄞ	ㄟ	ㄠ	ㄡ	ㄢ	ㄣ	ㄤ	ㄥ	ㄦ
		結合韻母												
齊齒呼	ㄧ	ㄧㄚ	ㄧㄛ		ㄧㄝ	ㄧㄞ		ㄧㄠ	ㄧㄡ	ㄧㄢ	ㄧㄣ	ㄧㄤ	ㄧㄥ	
合口呼	ㄨ	ㄨㄚ	ㄨㄛ			ㄨㄞ	ㄨㄟ			ㄨㄢ	ㄨㄣ	ㄨㄤ	ㄨㄥ	
撮口呼	ㄩ				ㄩㄝ					ㄩㄢ	ㄩㄣ		ㄩㄥ	

2.客語有單韻母 ï, i, e, a, o, u 6 個，複韻母 ai, oi, eu, au 4 個，聲隨尾 -m-n-ŋ 三種，入聲尾 -p, -t, -k 三種：

韻尾／韻頭	開尾韻母				元音尾韻母					鼻音尾韻母								
開口	ï	e	a	o	ai	oi		eu	au	əm	am	ən	an	on		aŋ	oŋ	
齊齒	i	ie	ia	io	iai	ioi		iu	iau	im	iam	in	ian	ion	iun	iaŋ	ioŋ	iuŋ

合口	u		ua		uai		ui					uan		un			uŋ

韻尾 韻頭	收 p 尾				收 t 尾						收 k 尾		
開口		ep	ap	əp		et	at	ət	ot		ak	ok	
齊齒	ip		iap		it	iet	iat			iut	iak	iok	iuk
合口						uet	uat	ut					uk

3.客語國語比較：

①開尾韻母

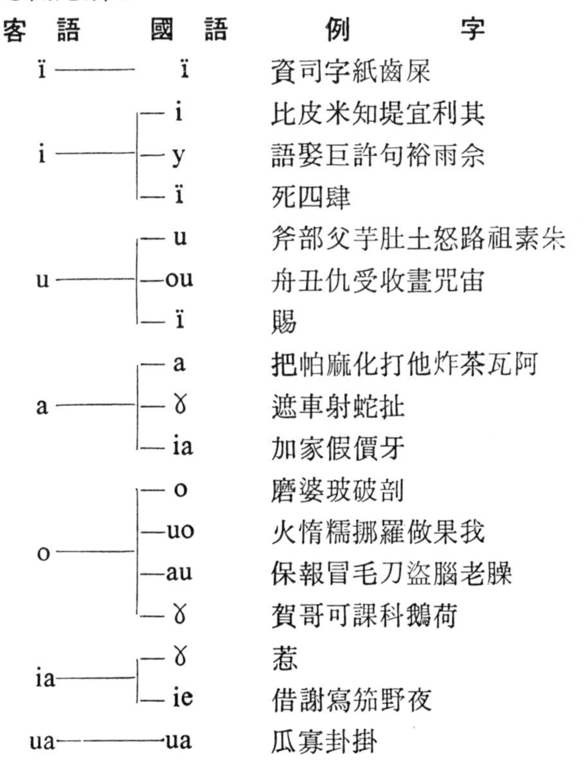

客語	國語	例字
ï	ï	資司字紙齒屎
i	i	比皮米知堤宜利其
	y	語娶巨許句裕雨佘
	ï	死四肆
u	u	斧部父芋肚土怒路祖素朱
	ou	舟丑仇受收晝咒宙
	ï	賜
a	a	把帕痲化打他炸茶瓦阿
	ɤ	遮車射蛇扯
	ia	加家假價牙
o	o	磨婆玻破剖
	uo	火惰糯挪羅做果我
	au	保報冒毛刀盜腦老臊
	ɤ	賀哥可課科鵝荷
ia	ɤ	惹
	ie	借謝寫笳野夜
ua	ua	瓜寡卦掛

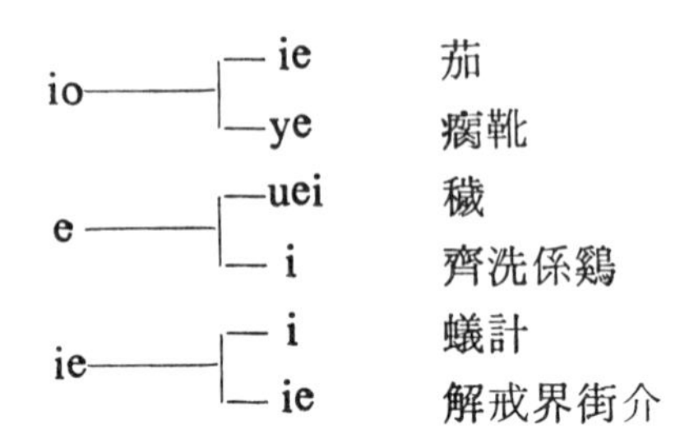
io
ie 茄
ye 瘸靴
e
uei 穢
i 齊洗係鷄
ie
i 蟻計
ie 解戒界街介

②元音韻尾：

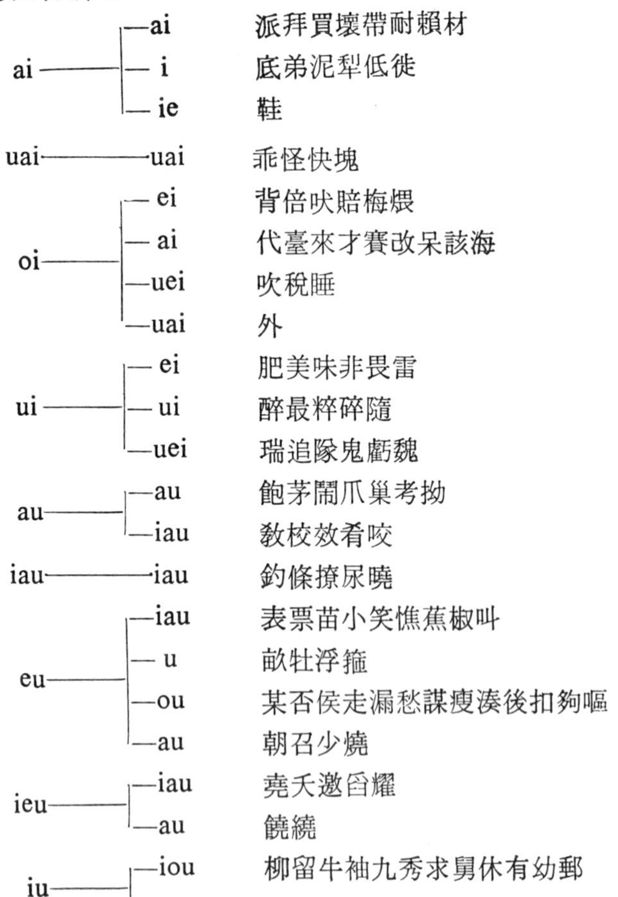
ai
ai 派拜買壞帶耐賴材
i 底弟泥犁低徙
ie 鞋
uai
uai 乖怪快塊
oi
ei 背倍吠賠梅煨
ai 代臺來才賽改呆該海
uei 吹稅睡
uai 外
ui
ei 肥美味非畏雷
ui 醉最粹碎隨
uei 瑞追隊鬼虧魏
au
au 飽茅鬧爪巢考拗
iau 教校效肴咬
iau
iau 釣條撩尿曉
eu
iau 表票苗小笑憔蕉椒叫
u 畝牡浮箍
ou 某否侯走漏愁謀瘦湊後扣夠嘔
au 朝召少燒
ieu
iau 堯夭邀舀耀
au 饒繞
iu
iou 柳留牛袖九秀求舅休有幼郵

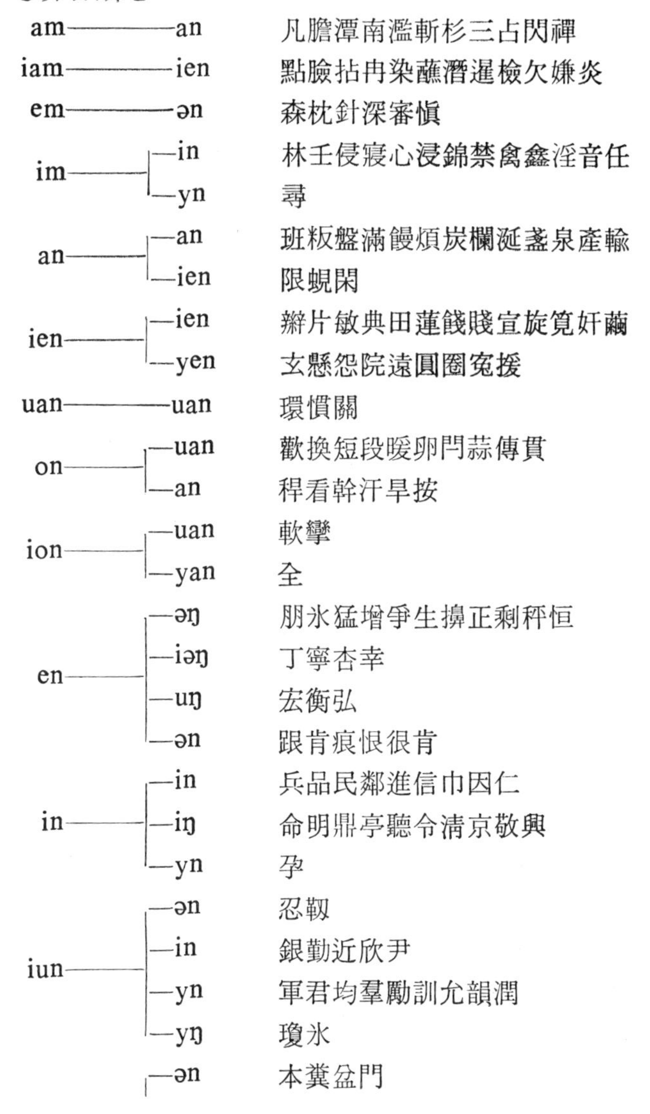

—ou 縐柔

③鼻音韻尾：

am——an 凡膽潭南濫斬杉三占閃禪
iam——ien 點臉拈冉染蘸潛暹檢欠嫌炎
em——ən 森枕針深審愼
im——in 林壬侵寢心浸錦禁禽鑫淫音任
im——yn 尋
an——an 班粄盤滿饅煩炭欄涎盞泉產輸
an——ien 限蜆閑
ien——ien 辮片敏典田蓮餞賤宣旋筧奸繭
ien——yen 玄懸怨院遠圓圈冤援
uan——uan 環慣關
on——uan 歡換短段暖卵閂蒜傳貫
on——an 稈看幹汗旱按
ion——uan 軟攣
ion——yan 全
en——əŋ 朋冰猛增爭生擤正剩秤恒
en——iəŋ 丁寧杏幸
en——uŋ 宏衡弘
en——ən 跟肯痕恨很肯
in——in 兵品民鄰進信巾因仁
in——iŋ 命明鼎亭聽令清京敬興
in——yn 孕
iun——ən 忍韌
iun——in 銀勤近欣尹
iun——yn 軍君均羣勵訓允韻潤
iun——yŋ 瓊氷
—ən 本糞盆門

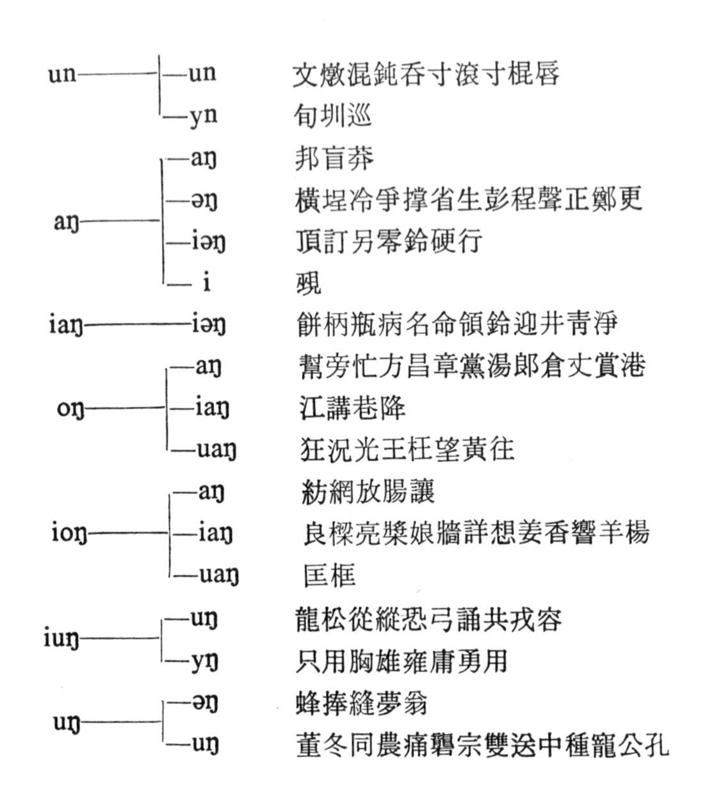

un	—un	文燉混鈍吞寸滾寸棍唇
	—yn	旬圳巡
aŋ	—aŋ	邦盲莽
	—əŋ	橫埕冷爭撐省生彭程聲正鄭更
	—iəŋ	頂訂另零鈴硬行
	— i	覡
iaŋ	—iəŋ	餅柄瓶病名命領鈴迎井青淨
oŋ	—aŋ	幫旁忙方昌章黨湯郎倉丈賞港
	—iaŋ	江講巷降
	—uaŋ	狂況光王枉望黃往
ioŋ	—aŋ	紡網放腸讓
	—iaŋ	良樑亮槳娘牆詳想姜香響羊楊
	—uaŋ	匡框
iuŋ	—uŋ	龍松從縱恐弓誦共戎容
	—yŋ	只用胸雄雍庸勇用
uŋ	—əŋ	蜂捧縫夢翁
	—uŋ	董冬同農痛礱宗雙送中種寵公孔

④塞音韻尾：

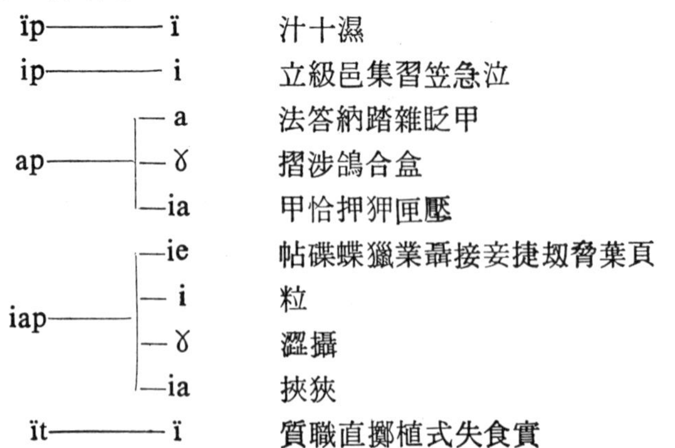

ïp	ï	汁十濕
ip	i	立級邑集習笠急泣
ap	— a	法答納踏雜眨甲
	— ɤ	摺涉鴿合盒
	—ia	甲恰押狎匣壓
iap	—ie	帖碟蝶獵業聶接妾捷刼脅葉頁
	— i	粒
	— ɤ	澀攝
	—ia	挾狹
ït	ï	質職直擲植式失食實

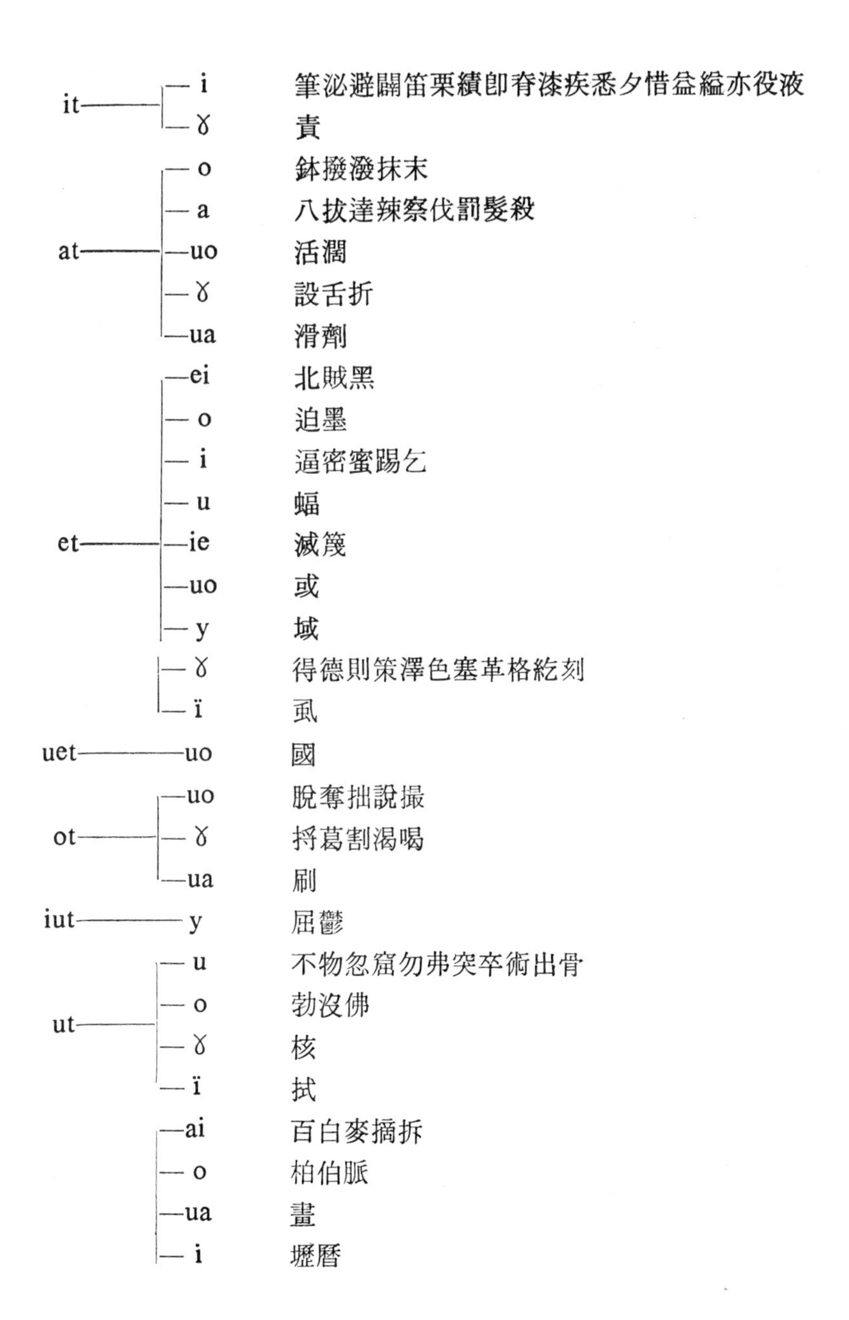

it	i	筆泌避闢笛栗績卽脊漆疾悉夕惜益縊亦役液
	ɤ	責
at	o	鉢撥潑抹末
	a	八拔達辣察伐罰髮殺
	uo	活濶
	ɤ	設舌折
	ua	滑劑
et	ei	北賊黑
	o	迫墨
	i	逼密蜜踢乞
	u	蝠
	ie	滅篾
	uo	或
	y	域
	ɤ	得德則策澤色塞革格紇刻
	ï	虱
uet	uo	國
ot	uo	脫奪拙說撮
	ɤ	捋葛割渴喝
	ua	刷
iut	y	屈鬱
ut	u	不物忽窟勿弗突卒術出骨
	o	勃沒佛
	ɤ	核
	ï	拭
	ai	百白麥摘拆
	o	柏伯脈
	ua	畫
	i	壢曆

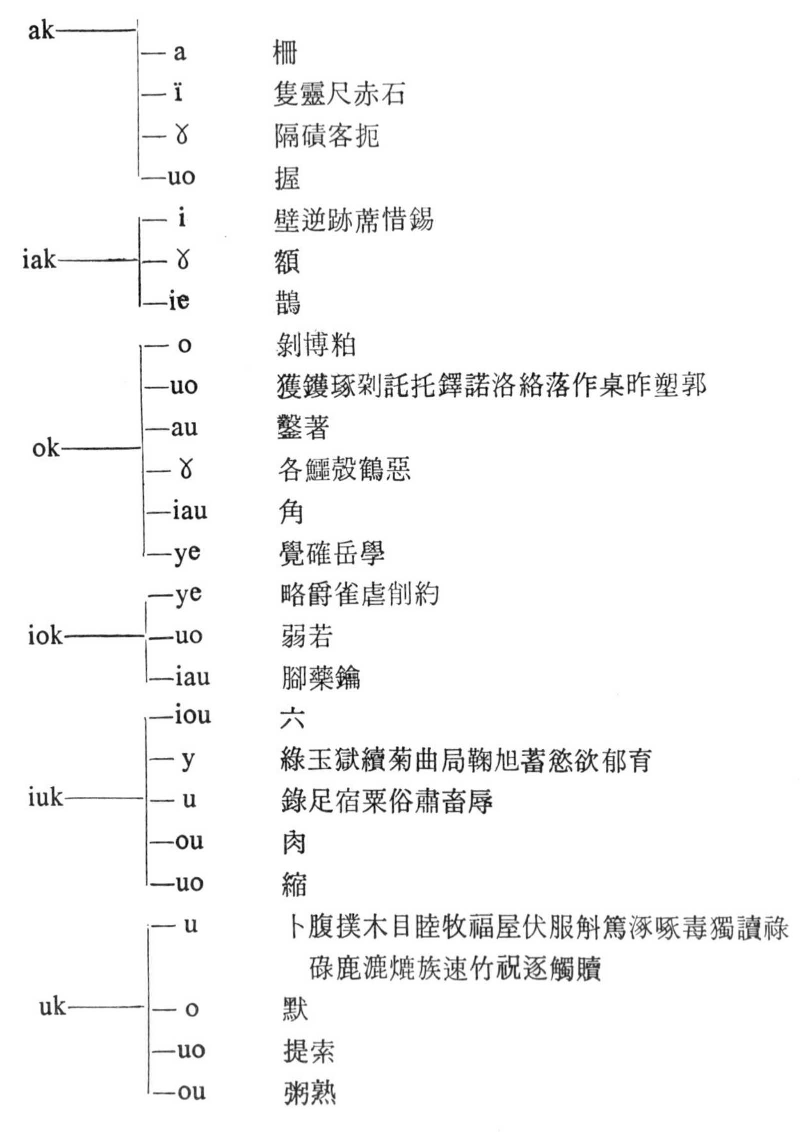

4. 客語、中古音、國語對應：（開口）

例字	客語	中古音	國語	例字

歌，下 寫，夜	o, a ia	a ja 果	o, a ɤ, ia	波，痲 和，雅
魚語	ŋ, i	jo 遇	y, u	居，猪
開，大 牌，拜 禮，計	oi, ai ai i, ie	ai æi 蟹 iɛi	ai, ei ie, ai i	來，貝 解，買 迷，細
士史 志，記 死私	ï ï, i ï	je jei 止 i	ï, ï, i ï	師，事 置，其 四字
報耗 敎，卯 廟，少 尿，蕭	o au eu iau, eu	au əu 效 jæu iɛu	au au, iau iau, au iau	到奥 包交 表少 杳曉
走樓 尤，受 酉，幼	eu iu, u iu	u ju 流 jəu	ou iu, ou iu	頭斗 牛有丑 秀，糾
含，合 陷，揷 儉，獵 點，帖	am, ap am, ap iam, iap iam, iap	am, ap am, ap 咸 jæm jæp iɛm, iɛp	an, a an, ien a, ia an, ien, ɤ ien, ie	南，答 斬，臉 貶，夾 閃，驗，涉 念，妾
看，旦，達，葛 莧閑，殺察 箭言，別，舌 前典，結	on, an, at, ot an, at ien, iet, at ien, iet	an, at an, at 山 jæn, jæt jɛn, jɛt	an, a, ɤ an, ien, a ien, an, ie, ɤ ien, ie	單，刺，渴 刪，顏，八 彥，訕，傑， 天，鐵
浪宕，各 良兩，略	oŋ, ak ioŋ, iok	aŋ, ak 宕 jaŋ, jak	aŋ, ɤ iaŋ, ye	唐宕，各 良兩，卻
林深，集 枕，十	im, ip ïm, ïp	jem 深	in, i	金，泌，及
恨痕，紇 眞欣，迄	ən, et ən, it	ən, ət jen, jet 臻 jan, jət	ən, ɤ en, et ən, i	痕恨，紇 臻 櫛 鄰忍，質
登等，德 蒸證，職	ən, et ən, ət	əŋ, ək 曾 jəŋ, jək	əŋ, ɤ əŋ, ï	登等，則 拯證，職
庚梗，麥 清靜，昔 青徑，錫	aŋ, ak iaŋ, iak iaŋ iak	æŋ, æk jɛŋ, jɛk 梗 ieŋ, iek	əŋ, ɤ iəŋ, i iəŋ, i	更耕，革 京盈，益 定挺，歷
		通		

客語、中古音、國語對應：（合口）

例字	客語	中古音	國語	例字
戈果過	o	ua jua 果	uo, ɤ ua	禾，果，過 韡
模暮 虞遇	u i, u	uo juo 遇	u y	姥暮 虞遇
灰，泰 懷，怪 芮	oi, ai ai, uai ui, i	uai uɒi 蟹 juæi	uai, uei uai, uo uei	外，灰 怪，夥 芮

惠	ui	juɛi	uei, i	惠攜
規委	ui	jue	ui	規爲
軌季	ui	juei 止	ui, ei	類癸
尾微	i	juəi	ei	未非
———	———	———效	———	———
———	———	———流	———	———
凡范，乏	am, ap	juɒm, juɒp 咸	an, a	犯，法
桓緩，末	on, ot	uan, uat	uan, ua	換，刮
幻還，滑	an, at	uæn, uæt 山	uan, ua	鰥幻，滑
線戀，薛	ian, iet	juæ, juæt	yen, ye	圓袁，月
縣玄，決	ien, iet	juɛn, juɛt	ien, ye	縣玄，屑
光曠，郭	oŋ, ok	uaŋ, uak 宕	uaŋ, uo	光蕩，郭
方放，縛	ioŋ, iok	juaŋ, juak	aŋ, u	往放，縛
———	———	———深	———	———
魂混，沒	un, ut	uən, uət	uən, u	門本，骨
倫準，術	un, ut	juen, juet 臻	uən, u	筍準，卒
文問，物	un, ut	juən, juət	uən, u	分君，佛
橫礦，獲	aŋ, ok	uɒŋ, uɒk	əŋ, i	耕萌，麥
榮營，役	iuŋ, iuk	juɛŋ, juɛk 梗	uŋ, i	永命，昔
井請，績	iaŋ, iak	iuɛŋ, iuɛk	iəŋ, i	青迴，錫
紅孔，谷	uŋ, uk	uŋ, uk 通	uŋ, u	公孔，目
弓隴，六	iuŋ, iuk	juŋ, juk	uŋ, iu	宗從，曲

●台灣客家人的傳統住宅（劉還月／攝影）。

第三節　聲調的對應

臺灣客家話聲調有兩種調類，一種是以四縣為主的六個調類，分陰平（˨˦$_{24}$），陽平（˩$_{11}$），上聲（˧˩$_{31}$），去聲（˥$_{55}$），陰入（˨˩$_{\underline{21}}$），陽入（˥$_{\underline{55}}$），另一種是以海陸為首的七個調類，分陰平（˦˨$_{42}$），陽平（˥$_{55}$），上聲（˩˧$_{13}$），陰去（˧˩$_{31}$），陽去（˨$_{22}$），陰入（˥$_{\underline{55}}$），陽入（˧˨$_{32}$）。而國語則只有陰平（˥$_{55}$），陽平（˨˦$_{24}$），上聲（˧˩˥$_{315}$），去聲（˥˩$_{51}$），它們之間的中古聲調走向，差別很大，下面就以四縣音與中古音、國語音做一比對。

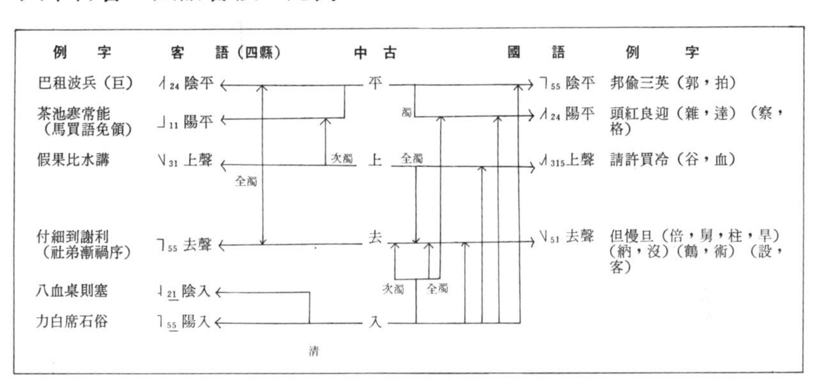

說明：⑴中古平聲淸母字變國語陰平 ˥$_{55}$：如（邦）˳pɔŋ→paŋ˥，（偸）˳t'u→t'ou˥，（三）˳sam→san˥，（英）˳ʔjaŋ→iŋ˥。

⑵中古平聲濁母字變國語陽平 ˨˦$_{24}$：如（頭）˳d'u→t'ou˨˦，（紅）˳ɣuŋ→ xuŋ˨˦，（良）˳ljaŋ→liaŋ˨˦，（迎）˳ŋjaŋ→iŋ˨˦。

⑶中古上聲淸母及次濁字變國語上聲 ˧˩˥$_{315}$：如（請）°ts'jɛŋ→tɕ'iŋ˧˩˥。（許）°xjo→ɕy˧˩˥，（買）°mæi→mai˧˩˥，（冷）°laŋ→lәŋ˧˩˥。

⑷中古上聲全濁字變國語去聲 ˥˩ 51：如（倍）buai°→pei ˥˩，（舅）gju°→tɕiou ˥˩，（柱）dʑ'juo°→tʂu ˥˩，（旱）ɣan°→xan ˥˩。

⑸中古去聲字國語全變去聲 ˥˩ 51：如（但）d'an°→tan ˥˩ 51，（慢）man°→man ˥˩，（旦）tan°→tan ˥˩。

⑹中古入聲次濁字國語變去聲 ˥˩ 51：如（納）nap→na ˥˩，（沒）muət→mo ˥˩ 51（若）ȵjak→ ʐuo ˥˩，（逆）ŋjak→ni ˥˩。

⑺中古入聲全濁字國語變陽平 ˧˥ 24：如（雜） dz'ap→tsa ˧˥，（達）d'at→ta ˧˥。（掘）g'juæt→tɕye ˧˥，（薄）b'uak→pan ˧˥。少數全濁變去聲 ˥˩ 51：如（鶴）ɣak→xɣ ˥˩，（術）d ʐ'juet→ʂu ˥˩。

⑻中古入聲清聲母字，國語分別變入陰平 ˥ 55，陽平 ˧˥ 24 上聲 ˨˩˥ 315，去聲 ˥ 55。

如：（郭）kuak→kuo ˥，（拍）p'ak→p'ai ˥——陰平。

（察）tʃ'æt→tʂ'a ˧˥，（格）kak→kɣ ˧˥——陽平。

（谷）kuk→ku ˨˩˥，（血）xjuɛt→ɕye ˨˩˥—— 上聲。

（客）k'æk→k'ɣ ˥˩，（設）ɕjæt→ʂɣ ˥˩——去聲。

⑼中古平聲清母字，客語變爲陰平 ˧˥ 24：如pa ˧˥（巴），tsu ˧˥（租），po ˧˥（波），pin ˧˥（兵），fuŋ ˧˥（風）。

⑽中古平聲濁母字，客語變爲陽平 ˩ 11：如ts'a ˩（茶），ts'ï ˩（池），hon ˩（寒），soŋ ˩（常），nen ˩（能）。

⑾中古上聲清母字，客語變爲上聲 ˧˩ 31：如ka ˧˩（假），pi ˧˩（比），koŋ ˧˩（講），pan ˧˩（板），si ˧˩（死）。

⑿中古上聲次濁字，客語大部變爲陰平 ˧˥ 24：如 liaŋ ˧˥（領），mai ˧˥（買），ma ˧˥（禹），ȵi ˧˥（語），但少部分仍讀上聲 ˧˩ 31：如 li ˧˩（李），lo ˧˩（老），meu ˧˥（某）。

⒀中古上聲全濁字，客語大部分讀去聲 ˥ 55：如 sa ˥（社），t'i ˥（弟），ts'iam ˥（漸），fo ˥（禍）。但少數字卻讀成陰平 ˧˥ 24：如 k'i ˧˥（巨），ts'u ˧˥（柱）。

⒁中古靜字客語仍讀去聲：如 fu˥（付），se˥（細），to˥（到），ts'ia˥（謝），li˥（利）。

⒂中古入聲清母字客語讀陰入˩ $\underline{21}$：如 pat˩（八），hiet˩（血），tsok˩（桌），tset˩（則）。

⒃中古入聲濁母字客語讀成陽入˥ $\underline{55}$：如 lit˥（力），p'ak˥（白），sik˥（席），sak˥（石）。

●客家人的居住環境，滿室淨素高雅（劉還月／攝影）。

第十四章 客家話的詞彙結構

第一節　概說

任何語言都有最小的意義單位，這些最小的意義單位叫做「語位」(Morpheme)，是語法分析的最基本單位。漢語是單音節語，意思是說漢語是每個音節都有意義的語言，然而，這是從書面上而言，眞正口頭語卻大都是複音節，如「麻煩」「躊躇」「玻璃」等都是兩音節，強調漢語是單音節的人，認爲這是兩個語位（兩個有意義的音節），其實在口語意義上，只是一個語位，是表達概念的最小單位。因此，語位的分析，就成爲詞彙研究最重要的課題。詞彙的語位結構就是詞彙的研究對象。一般研究方言語法差異的人，都認爲方言主要差異在詞彙上，因爲從詞彙的差異，可判別方言間語音形式的不同及意義概念限制的不同。

王力在《漢語講話》（一九五五年，頁六一～六五）一書中，把各地方言詞彙的異同分三方面比較：

一、同詞同義：指兩方言的詞彙完全相同，只是語音上差異，如「人」「天」「火」「大」……等自然界常見的常用詞，除了語音形式不同外，其他在意義內容及表達概念幾乎都一致。

二、同詞異義：指各方言間在語音上聽起來好像一樣，但實際上不同。如「走」這個詞，在官話是指「行走」的意思，但客語、閩語、粵語都是「跑」的意思，而客語、閩語、粵語另有「行」代替「走」。

三、同義異詞：指同一意義在不同方言中有它自己的表現方式，如「上面」一詞，閩南話叫「頂頭」，北平話叫「上頭」，客家話叫「上背」或「頂巷」，廣州話叫「上便」。

以上三種現象所呈現的異同，爲了實際語言的應用，常會被借來借去，當然借用別的方言的詞一定有它的需要才會如此做，譬如閩南話中隨便講話叫「烏白講」，在北平話沒有最恰當的詞來代替，於是就把「黑白」一詞借了過來。久借成習以後，就成了通用詞了。從這個現象看來，詞彙描述最重要的是把持住存實的原則，不但在語音形式上存實，而且在意義內容和概念表達上都保持原貌，才能提供後人正確的資料。爲了使描述存實無誤，在分析詞彙前先說明單純詞、複合詞的差別，然後舉出客語構詞特點，最後說明詞類分法，再依各詞類描述客語詞彙。

一、字、詞、短語

如果嚴格區分「字」和「詞」的差別，我們可以說，「字」是形體的單位，「詞」是意義的單位，因此，英文的 word ，正確的中文對譯應該是「詞」，而不是「字」。這種「詞」可以用一個詞素（Morpheme，是構成詞中具有意義的最小單位）來表達，(如用「手」這個詞素表示 hand)，也可以用兩個詞素來表達（如結合「火車」兩個詞素來表示 train)，當然也可以用兩個以上的詞素來表達（如以「圖書館」表示 library)。總之，不管你用幾個詞素構成一個有意義的單位，都叫一個詞。

由於「字」在語法上沒有一定的地位，所以在討論語法時，比較重要的是「詞」和「短語」，一般而言，「短語」並不等於英文的 phrase，因爲「短語」在具體應用上是單詞的組合，而 phrase 則是指習慣語，是「沒有主語和謂語的一個關係密切的詞羣」（語見王力《中國語法理論》頁四十八），組成因素不定。

既然「詞」是表達概念的最小語言形式，而「短語」則是兩個或兩個以上單詞的組合。區別的方法，一般是從形式來劃分，以「能不能拆開」來當作劃分的標準。凡是不能隔開的就是「詞」，可以隔開的就成了「短語」。例如客家話「火大」一詞，指生氣的樣子，不能說成「火很大」，如果可以說成「火很大」，那「火大」的意義變成火勢很大，是個短語而不是詞了。

另外，在「單詞」和「短語」之間，又有一個容易混淆的「合成詞」。在客語中，新產的物質名詞常用這種合成詞，例如「火車」「鐵路」，它們都不是單純詞，因爲「火」和「車」，「鐵」和「路」

都有單獨被選用的可能，而它們也不是「短語」，因為「火車」不是純指「燒火的車」，「鐵路」不是純指「鐵造的路」。因此這種介乎「單詞」和「短語」之間的詞，我們稱它為合成詞。

二、單純詞和合成詞

漢語語詞結構形式，如果由一個詞素構成的叫做「單純詞」（如「石」「樹」），如果由兩個以上詞素合成的就叫做「合成詞」（如「石頭」「樹木」)。而單純詞的結構又可分兩種，由一個音節(單音）代表一個詞素所形成的詞叫做單音單純詞（如「土」「木」），由兩個以上音節（多音）代表一個詞素所形成的詞叫做複音單純詞（如「蝙蝠」「踟躕」）。因為漢語是單音節性的，所以這些單音的單純詞特別多，基本上就是許慎造字六條例所歸納出來的那些單字，如：象形的「山水」；指事的「旦末」；會意的「秉」「取」；假借的「其」「它」；形聲的「落」「寞」；轉注的「逆」「迎」等等，都是具有脈絡可尋的「字」，也是單音的單純詞。

複音的單純詞，是指不管音節多少，其中的每一個音節（字），對詞本身而言，都不單獨表示任何意義，只有把各音節結合起來，才表示一個單獨意義。例如「檳榔」的「檳」是一個「字」，但沒有任何意義，不能算是一個詞，必須結合二個音節才有具體的意義。再如「歇斯底里」，單以「歇」「斯」「底」「里」四個獨立的音節而言，並不代表任何意義，必須四個音節結合起來，才有 hysterio 的意思。這類複音的單純詞，大都由衍聲、外來語或翻譯詞所形成，常用的客語有「蜊蚄」「蘿蔔」「蜘蛛」……等衍聲詞，「葡萄」「枇杷」「玻璃」……等外來語，及「咖啡」「巴士」「瓦斯」……等翻譯詞（此處外來語指早期翻譯詞已被採用成習，忘了是翻譯詞，而翻譯詞專指當代直譯的詞）。

其次，再進一步看合成詞的結構。

在英文造詞 (coin) 中，有一種叫做 blending「融接」的方式，是從兩個詞中各取一部分混合成一個新詞，通常是取前詞的前半，加上後詞的後半而造成的。例如： automobile＋omnibus→autobus;

television＋broadcast→telecast ， 都很淸楚的可以看出是先切半，再融接的合成詞。由於英語複音節詞很多，所以須切半去掉一部分再合成，否則產生冗長不堪的詞，運用起來吃不消。而漢語早期大都是一個詞一個音節，所以不必各取一部分來構成新詞，只要把兩個獨立的詞，直接加在一起，就可以代表一個賦有新義的合成詞了。

漢語合成詞的結合方式可以分兩大類：一類是實詞素加實詞素（如「甘」與「苦」合起來變成「甘苦」）；另一類是實詞素加虛詞素（如「老鄉」是由虛詞素「老」加在實詞素「鄉」的前頭，而表示鄉親的合成詞）。

實詞素與實詞素結合，必於結合詞的意義與次序不同，又可分爲並列式、主從式、支配式，述說式等合成詞，下面依序引例說明：

㈠並列式

所謂並列式，是指兩個意義相同或相反的詞素結合在一起，所形成的新詞，如客語「牙齒」「風水」（指墳墓）「大小」（指小孩）「手腳」（指人的操守）都是。這些詞的詞素，在創字之初，都是各自獨立的單純詞，後來，由於稱名敍述的需要，所以就把意義相同（或相近）、相反（或相對）的詞素並列一起，例如：「牙」本指臼齒，「齒」本指門牙，兩者混稱「牙齒」；「風」和「水」都各指自然物名，合起來指「墳墓」；「大」和「小」本指相反的兩個形容詞，客語合起來指有大有小的孩子們，「手」和「腳」都是身體的名詞，合起來比喻手腳乾不乾淨，或操守好不好。

㈡主從式

所謂主從式，指合成詞的兩個詞素中，有一個是中心成分，另一個是修飾、限制或補充那個中心詞素的成分，中心成分是「主」，修飾、限制或補充的成分是「從」。例如客語的「白菜」「粉牌」「熱天」等詞，其中「白菜」的「白」是修飾中心成分「菜」，「從」的成分在前，「主」的成分在後，意思是指菜的一種。「粉牌」也是「從」的成分「粉」修飾「主」的成分「牌」，意指「黑板」。「熱天」是指「夏天」，「從」的成分「熱」放在前面修飾「主」的成分「天」。

㈢支配式

所謂支配式，是兩個合成詞素中，前面詞素的意義，支配著後面詞素的意義，在句法上一個是動詞，一個是賓語，所以也有人稱之爲「動賓式」。例如客語的「納稅」「點心」「賒字」（指「欠賬」）等。「納」「點」「賒」都是動詞，「稅」「心」「字」都是賓語，結合起來，就是另起新義的支配式合成詞。

㈣述說式

所謂述說式，是指詞的構成，像敍述事情一樣，先有一個陳述的主體，再跟著一個陳述主體的詞素。整個看來，其實也就是先有一個主詞，次有一個謂語，所以有人稱之爲主謂式。例如客語的「卵黃」「命歪」「嘴硬」等詞，「卵」「命」「嘴」。都是主詞，是主體部分，「黃」「歪」「硬」是述詞，是陳述主詞性狀的謂語，所以是道地的述說式合成詞。這類合成詞，做主體的詞素幾乎都是名詞（如「卵」「命」「歪」），用來陳述的詞素（如「黃」「歪」「硬」）類是動詞或形容詞（趙元任先生把形容詞歸入動詞就是這個道理）。

至於實詞素與虛詞素所構成的合成詞，在漢語中也很普遍，基本上這些虛詞素都是附加上去的，不具有任何意義的，附加在前面的稱之爲前加合成詞（prefixes），附加在後面的稱之爲後加合成詞（suffixes）。例客語「老弟」「阿哥」「腳頭」「雷公」。其中「老」和「阿」是前加虛詞素，不具意義，合起來指「弟弟」和「哥哥」；「頭」和「公」是後加虛詞素，合起來指「鋤頭」和「雷電」。

綜合以上單純詞和合成詞的結構，配合所舉的例子，可以歸納出一個簡表來看客語語詞結構：

- 詞
  - 單純詞
    - 單音詞：日、月、山、水、人、火。
    - 複音詞
      - 衍聲詞：蝲蜞、蜘蛛、蘿蔔。
      - 外來語：葡萄、玻璃、檳榔。
      - 翻譯詞：瓦斯、咖啡、巴士。
  - 合成詞
    - 實詞＋實詞
      - 並列式：牙齒、風水、手腳。
      - 主從式：白菜、粉牌、熱天。
      - 支配式：納稅、點心、賒字。
      - 述說式：卵黃、命歪、嘴硬。
    - 實詞＋虛詞
      - 前加：老弟、阿哥。
      - 後加：雷公、腳頭。

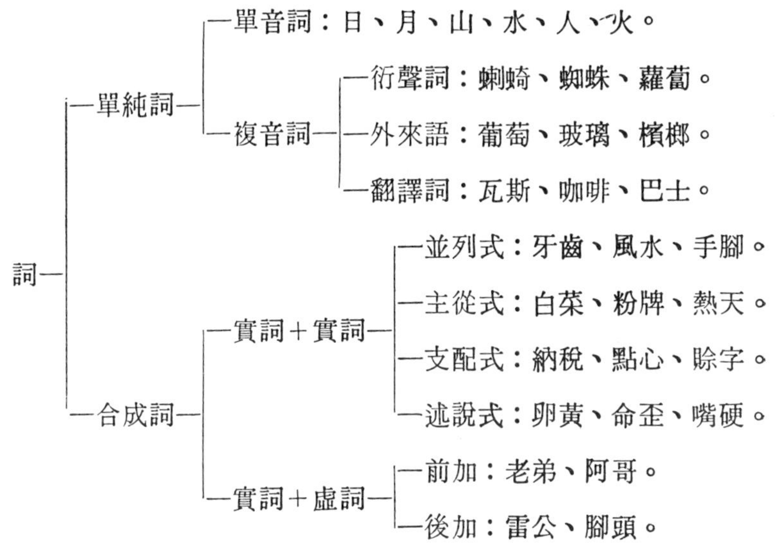

除了以上字、詞、短詞及單純詞、合成詞的結構而外，一般學者對詞類分法，討論甚多，但基本上不離㈠名詞與代名詞㈡動詞㈢形容詞㈣副詞㈤介詞㈥連詞㈦助詞㈧嘆詞等類別。而這些類別又可歸爲三大部分，一爲體詞二爲謂詞三爲虛詞。所謂「體詞」是指有實體有內容的，可以當主語或賓語的，一般可以用形容詞來修飾，它包括了名詞、代名詞、定詞及量詞四類。所謂「謂詞」是在句中當謂語的詞，一般可以用副詞來修飾，包括動詞和形容詞兩類。所謂「虛詞」指的是功能詞，主要是具有語法功能，而沒有很淸楚的實體可指，包括副詞、介詞、連詞、助詞及象聲詞五類。

本書是介紹客家話的特殊結構，希望能從客家話的特別現象裏，看出結構上的不同，所以下面只選了以上八種詞類中的代名詞唸形容詞和象聲詞加以說明。其餘諸詞類的結構和用法，請參看拙著客語語法（一九八四），可知其梗概。

第二節　代名詞

詞依它所替代的詞類語法特徵，可分人稱代詞、反身代詞、指示代詞、疑問代詞四種，現在加以分項說明如下：

㈠人稱代詞：人稱代詞又可分自稱、對稱、他稱三種。

⑴自稱：說話者稱呼自己。

⑵對稱：說話者稱呼聽話者。

⑶他稱：說話者稱呼自己和聽話者以外的人。

主格		領格	
單數	複數	單數	複數
自稱 ŋai$_{11}$	ŋai$_{11}$ (ia$_{31}$) teu$_{24}$ en$_{24}$ (ia$_{31}$) teu$_{24}$	ŋa$_{11}$ ke$_{55}$	ŋai$_{11}$ (ia$_{31}$) teu$_{11}$ ke$_{55}$ en$_{24}$ (ia$_{31}$) teu$_{11}$ ke$_{55}$
對稱 ŋ̍$_{11}$	ŋ̍$_{11}$ (ia$_{31}$) teu$_{24}$	ȵia$_{11}$ ke$_{55}$	ŋ̍$_{11}$ (ia$_{31}$) teu$_{11}$ ke$_{55}$
他稱 ki$_{11}$	ki$_{11}$ (ia$_{31}$) teu$_{24}$	kia$_{11}$ ke$_{55}$	ki$_{11}$ (ia$_{31}$) teu$_{11}$ ke$_{55}$

從上表可以得出客語人稱代詞的構成公式兩個：

(A)單數＋(ia$_{31}$) teu$_{24}$→複數

ŋai$_{11}$ (我) en$_{24}$ (ia$_{31}$) teu$_{24}$ (我們)〔或用 ŋai$_{11}$ ia$_{31}$ teu$_{24}$〕

ŋ̍$_{11}$ (你) ŋ̍$_{11}$ (ia$_{31}$) teu$_{24}$ (你們)

ki$_{11}$ (他) ki$_{11}$ (ia$_{31}$) teu$_{24}$ (他們)

由於〔ŋai＋ia〕與〔ŋ̍＋ia〕容易混淆，所以有採用〔en$_{24}$〕取代〔ŋai$_{11}$〕的趨勢。有時在句中說「我們」時可以只用〔en$_{24}$〕而省略了〔ia$_{31}$ teu$_{24}$〕。

(B)主格＋ia$_{31}$ ke$_{55}$→領格

ŋai$_{11}$ (我) ŋa$_{11}$ ke$_{55}$ (我的)
ŋ̍$_{11}$ (你) ȵia$_{11}$ ke$_{55}$ (你的)
ki$_{11}$ (他) kia$_{11}$ ke$_{55}$ (他的)

主格變領格時所加的 (ia$_{31}$) 由於異化 (Dissimilation) 作用發生較大的變省，往往被人忽略，以爲兩種變化沒有規則性，其實 ŋai$_{11}$ (我) 加 ia$_{31}$ 本來應該變成〔ŋai ia〕，由於客語中沒有長元音〔i：〕的唸法，也不可能有由低升到高又降低的屈折元音（a → i → a），所以連讀調整時爲了合乎客語的內部規律，只有兩種取擇法：不是唸〔ŋia$_{11}$〕就是唸原來的〔ŋai$_{11}$〕，如果採唸〔ŋia$_{11}$〕的話〔ŋ-〕勢必受高元音〔i〕的影響同化 (Assimilation) 成〔ȵ-〕，於是唸成〔ȵia$_{11}$〕，與第二人稱的〔ȵia$_{11}$〕完全相同；如果採唸〔ŋai$_{11}$〕則又和主格無別，在此兩相取捨下只得去掉一個〔i〕，唸成〔ŋa$_{11}$〕或者乾脆唸成〔ŋai$_{11}$ ia$_{31}$ ke$_{55}$〕與單數變複數的唸法同一規律也很清楚，它的意思是「我這個」也就是「我的」。同理，ŋ̍ ＋ia→ȵia，ki＋ia→kia 也順理成章了。

ȵ̍$_{11}$ ko$_{55}$ ȵia$_{11}$ ke$_{55}$ k'eu$_{11}$，ŋai$_{11}$ haŋ$_{11}$ ŋa$_{11}$ ke$_{55}$ lu$_{55}$，en$_{24}$
你 過 你 的 橋， 我 行 我 的 路，我們
lioŋ$_{31}$ sa$_{31}$ mok$_5$ sioŋ$_{24}$ ts'ap$_2$。
兩 儕 莫 相 揷 。
(你過你的橋，我走我的路，我們兩人毫不相關。)

ki$_{11}$ iu$_{24}$ kia$_{11}$ ke$_{55}$ k'on$_{55}$ fat$_2$。 en$_{11}$ iu en$_{24}$ ia$_{31}$ teu$_{24}$ ke$_{55}$
他 有 他 的 看 法，我們 有 我 □ 們 的
sioŋ$_{31}$ fat$_2$，tso$_{55}$ ho$_{31}$ i$_{11}$ hen$_{55}$ ki$_{11}$ ia$_{31}$ teu$_{24}$ tsu$_{55}$ voi$_{55}$ ti$_{24}$
想 法，做 到 以 後 他 □ □ (就) 會 知
man$_{31}$ ȵin$_{11}$ m̍$_{11}$ ts'ok$_5$
□ 人 唔 著
(他有他的看法，我們有我們的想法，完成以後他們就會知道誰做錯了。)

$ŋ_{11}$ he_{55} $ŋ_{11}$, ki_{11} he_{55} ki_{11}, tso_{55} mak_{2} ke_{55} $ŋ_{11}$ $ts'in_{55}$ $ts'ok_{5}$

你 係 你，他 係 他， 做 □ □ 你 盡 着

hok_{5} ki_{11}。

學 他

（你是你，他是他，爲什麼你一定要學他。）

$ŋ_{11}$ ia_{31} teu_{24} $ȵin_{11}$ tsu_{55} an_{31} sen_{11} $ts'i_{55}$, he_{55} ŋai $tsaŋ_{55}$ m_{11}

你 □ 們 人 就 □ 生 趣， 係 我 正 唔

voi_{55} an_{31} ne_{31}。

會 □ □ 。

（你們這些人就那麼奇怪，若是我才不會這樣。）

⑷統稱：統括自稱和對稱，或自稱、對稱、他稱全體。常用的是「

大家」一詞。

$t'ai_{55}$ ka_{24} $k'iu\eta_{55}$ ha_{55} loi_{11} $s\ddot{i}t_{5}$

大　家　共　下　來　吃。

（大家一起來吃）

※客家話和國語在代詞不一樣的地方是：

①國語有您、他等尊稱，客語沒有。

②國語「我們」指說話的人那方面，不包括聽話的人，而「咱們」卻包括說話聽話的人。即

我們＋你們（或我＋他）＝咱們。客語沒有這種區別，一律用 ηai_{11} teu_{24} 或 en_{11} teu_{24}。

③第三人稱國語在文字上有男性的「他」及女性的「她」，客語

●客家人張灯掛彩，以娶新婦入門（陳文和／攝影）。

一律用「佢」唸 ki_{11} 且不用中性的「它」而用遠指的「ke_{55}」。

※客方言的人稱代詞他稱中，還有一個「人家」$ȵin_{11}$ ka_{24} 表示泛指的意思，通常表示複數，也可以表示單數。例如：人家愛婧，你也要學。」——（單數），「人家十過儕人，en_{24}（我們）怎會打得贏」——（複數）

㈡反身代詞：

把稱自己的代詞加在人稱代詞之後構成反身代詞。客語用「自家」$ts'ï_{55}$ ka_{24} 加在主格人稱代詞之後。

單數	複數
自稱 $ŋai_{11}$ $ts'ï_{55}$ ka_{24}	$ŋai_{11}$ teu_{24} $ts'ï_{55}$ ka_{24}
對稱 ŋ̩_{11} $ts'i_{55}$ ka_{24}	n̩_{11} teu_{24} $ts'ï_{55}$ ka_{24}
他稱 ki_{11} $ts'ï_{55}$ ka_{24}	ki_{11} teu_{24} $ts'ï_{55}$ ka_{24}

$ŋai_{11}$ $ts'ï_{55}$ ka_{24} han_{11} heu_{55} $saŋ_{24}$ m̩_{11} $sï_{31}$ ŋ̩_{11} seu_{11}, ŋ̩_{11} han_{11}

我 自 家 還 後 生 唔 使 你 愁，你 還

he_{55} ku_{55} ho_{31} ŋ̩_{11} $tsï_{55}$ ka_{24} $k'a_{55}$ $iaŋ_{11}$。

係 顧 好 你 自 家 （較） 贏 。

（我自己還年青不必你愁，你還是顧好你自己較好。）

ia_{31} he_{55} ki_{11} ia_{31} teu_{24} $ts'ï_{55}$ ka_{24} sat_{2} $maŋ_{24}$ $ts'an_{55}$ loi_{11} ke_{55}。

（這）係 他 □ （兜） 自 家 煞 忙 賺 來 （的）。

（這是他們自己努力賺來的）

如果把「自家」加在第三人稱「人家」的後面，表示泛指的意思，可以指單數，也可以指複數。例如：

$ȵin_{11}$ ka_{24} $ts'ï_{55}$ ka_{24} oi_{55} an_{31} ne_{31}, ŋ̩_{11} $ts'ap_{2}$ an_{31} to_{24} tso_{55}

人 家 自 家 要 （這 樣），你 插 （恁） 多 做

mak$_{2}$ ke$_{55}$。

（麼）□

（人家自己要這樣，你管這麼多幹什麼）——單數。

ȵin$_{11}$ ka$_{24}$ tsï$_{55}$ ka$_{24}$ tsu$_{55}$ t'et$_{2}$ to$_{24}$ ȵin$_{11}$ ne$_{11}$, en$_{24}$ han$_{11}$

人 家 自 家 就 忒 多 人 （了），（我們） 還

hi$_{55}$ tso$_{55}$ mak$_{2}$ ke$_{55}$

去 做 （什 麼）

（人家自己就太多人了，我們還去幹嗎？）——複數。

另外「自家」用以表明動作施於動作者自己身上的是純粹的反身代詞。例如：

ts'i$_{55}$ ka$_{24}$ ho$_{24}$ ho$_{24}$ sioŋ$_{31}$ sioŋ$_{31}$ k'on$_{55}$ na$_{55}$ le$_{31}$

自 家 好 好 想 想 看 □ □

㈢指示代名詞：

代替說者所指的人事物，時間、空間性狀等類別。分近指的 ia，遠指的 ke$_{55}$ 和不定的 nai$_{55}$。

	近指		遠指		不定	
	單數	複數	單數	複數	單數	複數
人	ia˧˩ ke˥ ia˧˩ sa˩	ia˧˩ teu˨˦	ke˥ ke˥ ke˥ sa˩	ke˥ teu˨˦	nai˥ ke˥ nai˥ sa˩	nai teu˨˦
事物	ia˧˩ ke˥ ia˧˩ tsak˨	ia˧˩ teu˨˦	ke˥ ke˥ ke˥ tsak˨	ke˥ teu˨˦	nai˥ ke˥ nai˥ tsak˨	nai˥ teu˨˦
空間	ia˧˩ vi˥ ia˧˩ tap˥ pe˧˩ ia˧˩ teu˨˦ ve˧˩ ia˧˩ p'ien˧˩	（無）	ke˥ vi˥ ke˥ tap˥ pe˧˩ ke˥ teu˨˦ ve˧˩ ke˥ p'ien˧˩	（無）	nai˥ vi˥ nai˥ tap˥ pe˧˩ nai˥ teu˨˦ ve˧˩ nai˥ p'ien˧˩	（無）
時間	ia˧˩ pai˧˩ ia˧˩ ha˥	（無）	ke˥ pai˧˩ ke˥ ha˥	（無）	nai˥ pai˧˩ nai˥ ha˥	（無）
性狀	an˧˩ ne˩	（無）	ke˥ an˧˩ ne˩	（無）	ȵioŋ˧˩ ŋe˧˩	（無）

⑴指示人：

㈧近指：有 ia$_{31}$ sa$_{11}$、ia$_{31}$ ke$_{55}$、ia$_{31}$ teu$_{24}$三個。

ia$_{31}$ sa$_{11}$□儕（這位）：後面只能接「人」，表單數，如：

ia$_{31}$ sa$_{11}$ ȵin$_{11}$ toŋ$_{11}$ mien$_{55}$ suk$_{5}$

□ 儕 人 當 面 熟。

（這個人很面熟。）

ia$_{31}$ ke$_{55}$ □（個）（這個）：後面可加任何指人的名詞。表單數，如：

ia$_{31}$ ke$_{55}$ heu$_{55}$ saŋ$_{24}$ tsïn$_{11}$ m$_{11}$ ts′ioŋ$_{55}$ ioŋ$_{55}$

□ 個 後 生 眞 唔 像 樣。

（這個青年眞不像話。）

ia$_{31}$ teu$_{24}$（這些）：後面可接任何指人的名詞，表示複數，如：

ia$_{31}$ teu$_{24}$ ȵin$_{11}$ it$_{2}$ sit$_{5}$ kien$_{55}$ sït$_{2}$ tsu$_{55}$ mo$_{11}$

（這 些） 人 一（點） 見 識（都）（沒有）

㈨遠指：有 ke$_{55}$ sa$_{11}$、ke$_{55}$ ke$_{55}$、ke$_{55}$ teu$_{24}$ 三個。

ke$_{55}$ sa$_{11}$ □儕（那位）：後面只能接「人」，表示單數，如：

ke$_{55}$ sa$_{11}$ ȵin$_{11}$ ts′in$_{55}$ mo$_{11}$ lioŋ$_{11}$ sim$_{24}$

（那 個） 人 （最）（沒） 良 心。

ke$_{55}$ ke$_{55}$□個（那個）：後面可加任何指人的名詞，表示單數，有時也可用 ke$_{55}$ tsak$_{2}$（那隻）代表輕蔑之意，如：

ke$_{55}$ tsak$_{2}$ se$_{55}$ ȵin$_{11}$ ne$_{31}$ ts′in$_{55}$ ȵiu$_{11}$

那 □ 細 人 □ 盡 牛。

（那個小孩最頑皮）

ke$_{55}$ teu$_{24}$（那些）：後面可接任何指人的名詞，表複數。如：

ke$_{55}$ teu$_{24}$ ȵin$_{11}$ he$_{55}$ tsaŋ$_{55}$ pan$_{24}$ loi$_{11}$ ke$_{55}$

（那 些） 人（是）（剛） 搬 來（的）。

㈩不定：有 nai$_{55}$ ke$_{55}$、nai$_{55}$ sa$_{11}$ 及複數的 nai$_{55}$ teu$_{24}$。

na$_{55}$ ke$_{55}$（哪個）：含有選擇之意，相當國語（哪一位？），如：

η_{11} pun_{11} nai_{55} ke_{55} sin_{11} $sa\eta_{11}$ kau_{24}

你（給）哪（位）（老　師）　數　？

nai_{55} sa_{11} □儕（哪位）：後面只能接「人」表單數，如：

nai_{55} sa_{11} $n\!\!,in_{11}$ an_{31} $t'ai_{55}$ tam_{31}

（哪　個）人（這麼）大　膽　？

⑵指示事物的：近指的有 ia_{31} ke_{55}、ia_{31} $tsak_{2}$ 及複數的 ia_{31} teu_{24}，遠指的有 ke_{55} ke_{55}、ke_{55} $tsak_{2}$ 及複數的 ke_{55} teu_{24}，不定的有 nai_{55} ke_{55}、nai_{55} $tsak_{2}$及複數的 nai_{55} teu_{24}。

ia_{81} ke_{55}（這個）與 ia_{31} $tsak_{2}$（這隻）：ke_{55}（個）與 $tsak_{2}$（隻）的意義不單純是「個」與「隻」後面可接一般事物，與一般定詞加量詞的情形不同。如：

ia_{31} ke_{55} $s\ddot{i}_{55}$ $ts'in_{11}$　（這件事情）

ia_{31} $tsak_{2}$ $tu\eta_{11}$ si_{24}　（這個東西）

ia_{31} teu_{24}（這些）：接一般事物代表複數，如：

ia_{31} teu_{24} $ts'o_{31}$ e_{11}　（這些草）

ia_{31} teu_{24} $p'an_{55}$ fat_{2}（這些辦法）

ke_{55} ke_{55}（那個）與ke_{55} $tsak_{2}$（那隻）：ke_{55}（個）與$tsak_{2}$（隻）不單純是當「個」與「隻」的量詞，而是通指一般事物。如：

ke_{55} $tsak_{2}$ $ts'in_{11}$ $k'o\eta_{31}$　（那種情況）

ke_{55} ke_{55} $n\!\!,it_{2}$ te_{11}　（那個日子）

nai_{55} ke_{55}（哪個）與 nai_{55} $tsak_{2}$（哪隻）：用在代表一般事物的選擇，如：

η_{11} oi_{55} nai_{55} ke_{55}?（你要哪一個？）

nai_{55} $tsak_{2}$ $k'a_{55}$ $k'ia\eta_{24}$?（哪一個較輕？）

nai_{55} teu_{24}（哪些）：用在疑問及選擇事物時，如：

nai_{55} teu_{24} su_{24} han_{11} $ma\eta_{11}$ $t'uk_{5}$?（哪些書還沒讀？）

⑶指示空間：分近指、遠指、不定三種，常用的有 vi_{55}（位）、tap_{5} pe_{31}（一帶）、teu_{24} ve_{31}（一帶）、$p'ien_{31}$（邊）。

ia_{31} vi_{55}（這位）：指「這裏」，沒有量詞「位」的意義，純指這個空間而已。如：

ia_{31} vi_{55} mo_{31} lok_{5} i_{31} （這裏沒下雨）

$ia_{31}tap_{5}$ pe_{31} 這□（這裏）與 ia_{31} teu_{24} ve_{31} 這兜□（這一帶）：例如：

ia_{31} tap_{55} pe_{31} $s\ddot{i}p_{2}$ $s\ddot{i}p_{2}$（這裏濕濕的）。

ia_{31} teu_{24} ve_{31} mo_{11} $\c{n}in_{11}$ het_{5}（這一帶沒人住）。

ia_{31} $p'ien_{31}$（這邊）：$p'ien_{31}$（片）但在指示代詞是指「邊」的意思。如：

ia_{31} $p'ien_{31}$ ho_{31} $t'ien_{24}$，ke_{55} $p'ien_{31}$ lok_{5} i_{31}。

這 （邊） 好 天(氣)，那 （邊） 落 雨。

ke_{55} vi_{55} 個位（那裏）：與 ia_{31} vi_{55}（那裏）相對，無「法」的意義。如：

η_{11} $ts'o_{11}$ to_{55} ke_{55} vi_{55} hi_{55}。

你 坐 到 那 裏 去。

ke_{55} tap_{5} pe_{31}（那裏）與 ke_{55} teu_{24} ve_{31}（那裏）：

ko_{55} hi_{55} ke_{55} tap_{5} pe_{31}。（過去那兒）

ke_{55} teu_{24} ve_{31} mo_{11} $s\ddot{i}_{55}$ tso_{55}。（那兒沒事做）

ke_{55} $p'ien_{31}$（那邊）：

ke_{55} $p'ien_{31}$ $to\eta_{24}$ $lio\eta_{11}$。（那邊很涼）。

nai_{55} vi_{55}哪位（哪裏？）：相當英文的（where）。如：

η_{11} to_{55} nai_{55} vi_{55} loi_{11}？（你從哪兒來？）

nai_{55} tap_{5} pe_{31} 與 nai_{55} teu_{24} ve_{31}：指哪一個地方？比 nai_{55} vi_{55} 所指的範圍較小。如：

ia_{31} he_{55} nai_{55} tap_{5} pe_{31} mai_{24} loi_{11} ke_{55}?

（這）係 哪 （裏） 買 來 的？

nai_{55} $p'ien_{31}$（哪邊）：詢問兩方之中所指屬於哪一方。如：

son_{55} loi_{11} nai_{55} $p'ien_{31}$ $k'a_{55}$ ho_{31}？

算 來 哪 片 □ 好？

（到底哪邊較好？）

(4)指示時間：近指的有 ia_{31} pai_{31}、ia_{31} ha_{55}，遠指的 ke_{55} pai_{31}，ke_{55} ha_{55}，不定指的有 nai_{55} pai_{31}、nai_{55} ha_{55}。ia_{31} pai_{31} □擺（這次）：

ia_{31} pai_{31} $t'in_{55}$ $ts'ok_{5}$ mo_{11} $pio\eta_{55}$ ko_{55} ki_{11}

□ 擺 定 著 沒 放 過 佢 。

（這次一定不放過他。）

ia_{31} ha_{55}□下（這次）：ia_{31} ha_{55} 另有表「現在」之意，不在此例。

ia_{31} ha_{55} tsu_{55} $ts'am_{31}$ me_{11}（這次就慘了。）

ke_{55} pai_{31} 個擺（那次）：指過去的那一次，與 $so\eta_{55}$ pai_{31}（上次）有別。如：

ke_{55} pai_{31} ke_{55} $s\ddot{i}_{55}$ mok_{5} ko_{55} $ko\eta_{31}$

個 擺（的）事 莫 過 講 。

（那次的事不要再提了。）

ke_{55} ha_{55} 個下（那次）：ke_{55} ha_{55}（或 ka_{55} ha_{55}）另有「剛才」之意，屬副詞，不在此例。

$ko\eta_{31}$ to_{31} ke_{55} ha_{55} ηai_{11} $ts'in_{55}$ $p'ai_{11}$ se_{55}

講 到 （那次） 我 （最） （不好意思） 。

nai_{55} pai_{31} 哪擺（哪一次）：指衆多次數中的一次。如：

ηai_{11} nai_{55} pai_{31} mo_{11} fun_{11} fu_{55} $\eta̍_{11}$

我 （哪一次） 沒 咐 吩 你 。

nai_{55} ha_{55} 哪下（哪一次）：意義與 nai_{55} pai_{31} 相同。nai_{55} ha_{55} 另有「什麼時候」之意，不在此例。

$\eta̍_{11}$ he_{55} nai_{55} ha_{55} $k'on_{55}$ to_{31} ke_{55}

你（是）（哪一次） 看 到 的 。

(5)指示性狀：近指的有 an_{31} ne_{11}，遠指的有 ke_{55} an_{31} ne_{11} 不定的有 $\eta ̡io\eta_{31}$ ηe_{11}。

an_{31} ne_{11} 恁□（這樣）：

●種植菸草，是客家人傳統的產業之一（劉還月／攝影）。

an$_{31}$ ne$_{11}$ ke$_{55}$ sï$_{55}$ ŋ$_{11}$ tsui$_{55}$ ho$_{31}$ mok$_{5}$ kon$_{31}$

（這　樣）（的）事　你　最　好（不要）管　。

ke$_{55}$ an$_{31}$ ne$_{11}$（那樣）：

ke$_{55}$ an$_{31}$ ne$_{11}$ ke$_{55}$ ȵin$_{11}$ iu$_{24}$ mak$_{2}$ ke$_{55}$ iuŋ$_{55}$

（那樣的人有什麼用？）

ȵioŋ$_{31}$ ŋe$_{11}$（怎樣）：

oi$_{5}$ ȵioŋ$_{31}$ ŋe$_{11}$ ŋ$_{11}$ tsaŋ$_{55}$ oi$_{55}$ sin$_{55}$

（要怎樣你才相信。）

從上面對指示詞的說明可以知道，客語的〔ia$_{31}$〕相當於國語的「這」，是近的指示；〔ke$_{55}$〕相當於國語的「那」，是遠的指示；〔nai$_{55}$〕相當於國語的「哪」是疑問的不定指示。除了這些相當的指示字之外，客語在各類指示代詞中都有許多的後加成分〔ke$_{55}$〕〔tsak$_{2}$〕〔teu$_{24}$〕等，很難去定出它的意義，例如〔teu$_{24}$〕加在人稱代詞後時，代表複數〔ŋai$_{11}$ teu$_{24}$〕，而在表示「空間」時卻指「一帶」的意思（如「這裏」ia$_{31}$ teu$_{24}$ 意指這一帶），再如〔ke$_{55}$〕在人稱代詞時用作領格的後加成分相當於國語「的」，（如 ȵia$_{11}$ ke$_{55}$）但在指示代詞的卻相當於「個」（如「這個」ia$_{31}$ ke$_{55}$）。另外客語指示詞特別多，而且都是很常用的，例如指示人的部分，國語只有「這個人，那個人，哪個人」或「這一位，那一位，哪一位」，而客語卻有許多分歧，如「這個人」就有三種說法：第一種「ia$_{31}$ sa$_{11}$」人，最後一定有「人」字來配襯；第二種「ia$_{31}$ 個」及第三種「ia$_{31}$ 隻」則不一定。如「這個老人家」可以說成「ia$_{31}$ 個老人家」或「ia$_{31}$ 隻老人家」但不能說「ia$_{31}$ 儕老人家」。而在數人時常說「一儕」「兩儕」「三儕」……，很少說「一個」或「一隻」。推其原因是「一個」或「一隻」一般用來數物為多，如果數人就帶有極度輕蔑的意思在。

㈣疑問代詞：

⑴問人：有 man$_{31}$ ȵin$_{11}$？（誰），ma$_{31}$ sa$_{11}$？（誰），nai$_{55}$sa$_{11}$？（哪一個？）三種。如：

ŋ̍$_{11}$ he$_{55}$ man$_{31}$ ȵin$_{11}$？（你是誰？）

ŋ̍$_{11}$ he$_{55}$ ma$_{31}$ sa$_{11}$？（你是誰？）

ŋ̍$_{11}$ ts'im$_{11}$ nai$_{55}$ sa$_{11}$？（你找哪一位）

⑵事物：有 mak$_{2}$ ke$_{55}$ □□（什麼？），tso$_{55}$ mak$_{2}$ ke$_{55}$？做□□（爲什麼？）二個。如：

ki$_{11}$ koŋ$_{31}$ mak$_{2}$ ke$_{55}$？（他講什麼？）

ŋ̍$_{11}$ tso$_{55}$ mak$_{2}$ ke$_{55}$ oi$_{55}$ an$_{31}$ ne$_{11}$？（你爲什麼要這樣？）

⑶空間：常用的有 nai$_{31}$？（哪裏）及 to$_{55}$ nai$_{31}$？（在哪兒？）兩個。其他 nai$_{55}$ vi$_{55}$（哪裏？），nai$_{55}$ tap$_{5}$ pe$_{31}$（哪兒？），nai$_{55}$ teu$_{24}$ ve$_{31}$（哪兒？），nai$_{55}$ p'ien$_{31}$（哪邊？）

ki$_{11}$ oi$_{55}$ hi$_{55}$ nai$_{31}$？（他要去哪兒？）

son$_{55}$ loi$_{11}$ k'oŋ$_{55}$ to$_{55}$ nai$_{31}$？（到底藏在哪兒？）

⑷時間：有 nai$_{55}$ kiu$_{31}$？哪久（什麼時候？），it$_{2}$ kiu$_{31}$？（多久？），nai$_{55}$ ioŋ$_{24}$ sï$_{11}$？哪樣時（什麼時候？）三個。

nai$_{55}$ kiu$_{31}$ pien$_{55}$ an$_{31}$ siuk$_{2}$ ke$_{11}$？（何時成熟了？）

oi$_{55}$ to$_{55}$ nai$_{55}$ ioŋ$_{24}$ sï$_{11}$ tsaŋ$_{55}$ tso$_{55}$ e$_{11}$ ho$_{31}$?（要到何時做好？）

※另有 it$_{2}$ to$_{24}$？（多少）可以表事物數量也可以表時間。如：

ŋ̍$_{11}$ iu$_{24}$ it$_{2}$ to$_{24}$ ts'ien$_{11}$？（你有多少錢？）

ŋai$_{11}$ tso$_{55}$ e$_{11}$ it$_{2}$ to$_{24}$ ȵien$_{11}$ ŋ̍$_{11}$ ti$_{24}$ mo$_{11}$?

（我做了多少年你知道嗎？）

⑸性狀：加—ȵioŋ$_{31}$（樣）表其性狀，常用的有 ȵioŋ$_{31}$ pan$_{24}$（怎樣？），ȵioŋ$_{31}$ voi$_{55}$（怎麼會？），ȵioŋ$_{31}$ iu$_{24}$（怎麼有？）三個，另外 ȵioŋ$_{31}$ ŋe$_{11}$ 已列入不定指代詞討論。

ŋ̍$_{11}$ tso$_{55}$ to$_{55}$ ȵioŋ$_{31}$ pan$_{24}$？（你做得怎麼樣？）

ȵioŋ$_{31}$ voi$_{55}$ pien$_{55}$ to$_{55}$ an$_{31}$ ne$_{11}$？（怎麼會變成這樣？）

ȵioŋ$_{31}$ iu$_{24}$ an$_{31}$ ne$_{11}$ koŋ$_{31}$ ke$_{55}$ no$_{31}$？（怎麼有這種說法？）

第三節　形容詞

形容詞是表示事物的形狀、性質或動作狀態的字詞，如「長」「短」「黑」「白」「硬」「軟」「清楚」「懶惰」……等。客語形容詞的結構與一般漢語非常類似，可以與副詞組合（如勇敢）又可以自我重疊（如清清爽爽）產生不同格式，在功能上可以做謂語（如葡萄酸），可以做修飾語（如紅花、綠葉），可以當狀語（如白吃、慢行），可以當補語（如學壞、做好）。下面依形容詞的結構、形態變化、形容詞等級三部分加以說明。

一、形容詞結構：

客語形容詞有單音節也有複音節，這些字詞有些保存了古義，有些今天已有音無字了。

㈠單音形容詞：單音形容詞也是舉不完的詞類，這裏只舉出客語與普通話完全不同的形容詞，並加以注明今義。

꜀tsin 精（聰明）：꜁heu ꜂ve ꜀toŋ ꜀tsin 猴子當精（很聰明）。

꜁sai 豺（貪吃）：꜁m̩ ꜂ho ꜂an ꜁sai 唔好恁豺（不要那樣貪吃）

k'iaŋ꜄ □（能幹）：꜂ŋ̩ ts'in꜄ k'iaŋ꜄ 你盡□（最能幹）

꜁nem □（滿）：꜂sui ꜀nem ꜀le 水□了（水滿了）

꜀tsam 尖（擠）：꜁tsam to꜄ voi꜄ ꜂si 尖到會死（擠得要命）

꜀p'un □（厚）：tsoi꜄ ꜁sun ꜀p'un 嘴唇□（嘴唇厚）

꜀ts'i □（新鮮）：꜀ts'i ꜁ŋ̩ □魚（鮮魚）

se꜄ 細（小）：se꜄ ꜂kieu ꜁ve 細狗仔（小狗）

iu꜄ 幼（細）：iu꜄ ꜀sa ꜂e幼砂（細砂）

ok꜆ 惡（兇）：꜁sin ꜁saŋ ꜀toŋ ok꜆ 先生當惡（老師很兇）

꜁k'io 瘸：꜁k'io ꜂su 瘸手。

ȵiem꜄ 蔫（無神采）：ȵiem꜄ ꜀kie ꜂e 蔫鷄（病鷄無神采）

꜀soi 衰（倒楣）：꜀soi ꜁ȵin 衰人（倒楣鬼）

꜀lam □（差）：t'uk꜇ ꜁su ꜁toŋ ꜀lam 讀書當□（讀書很差）

pot꜆ 發（富有）：꜁ki ꜀toŋ pot꜆ 他當發（他很有錢）

㈡複音形容詞：兩個單音合併產生新義的形容詞，客語中有不少與普通話不同，或不易追溯原義的複音詞。

꜂ts'in ꜂ts'ai □□（隨便）——可能是閩南語的借詞。

꜁lan ꜀sï 懶司（懶惰）——與閩語相同。

꜁o ꜀tso 齷齪（骯髒）

꜂la sap꜆ □□（骯髒）——與閩南語相同

soŋ꜄ ioŋ꜄ 上樣（恃寵而不聽話）

tso꜄ ꜀ka 做家（勤儉）

꜀ku ꜂lo 孤老（古怪不易與人相處）

꜁tsoi ko꜄ 才過（可憐）

꜀ien ꜂voŋ 寃枉（可憐）

꜁ioŋ ꜀ve 癢□（動不動就哭泣）

꜁ku ꜀si 孤□（孤寂）

꜀lam ꜂teu □□（很差勁）

꜁liu liak꜇ 溜掠（動作敏捷）

kien꜄ seu꜄ 見笑——與閩南語相同

꜀fa ꜁t'eu 花頭（花心）

꜂saŋ k'iaŋ꜄ 省□（節儉）

ŋoŋ꜄ toŋ꜄ □當（憨傻）

sat꜆ ꜀maŋ 殺忙（努力）

二、形容詞形態變化：

客語形容詞結構變化頗複雜，依其重疊及附加的情況可分成㈠AA式㈡AA＋e㈢AAA式㈣AABB㈤ABAB㈥ABB式。

㈠ AA 式：指單音的重疊，字義上沒有多大變化，只是與原式有程度上的差異而已，相當於比較級，也等於加上程度副詞 ꜀toŋ當（很）的結構。重疊時有連音變化，見聲調連音變化的說明（見第

꜁tsiaŋ ꜀tsiaŋ 婧婧（漂亮的樣子）
꜂fei ꜂fei □□（歪歪的樣子）
꜁ts'u ꜀ts'u 粗粗（粗糙的樣子）
tsiu꜄ tsiu꜄ 縐縐（很縐的樣子）
k'iu꜄ k'iu꜄ 舊舊（很舊的樣子）
hip꜆ hip꜆ 翕翕（悶熱的樣子）
꜁mien ꜁mien 綿綿（爛爛的樣子）
lan꜄ lan꜄ 爛爛（破破的樣子）
k'it꜇ k'it꜇ □□（很窄小的樣子）
hap꜇ hap꜇ 盒盒（很窄的樣子）
꜁hin ꜁hin □□（很暈的樣子）
iu꜄ iu꜄ 幼幼（很細的樣子）
꜁p'i ꜁p'i 肥肥（很胖的樣子）
꜁nem ꜀nem □□（很滿的樣子）

㈡AA＋e：單音形容詞重疊後加詞尾 e，在詞彙意義上要比 AA 式程度上輕微些，如 ꜁tiam ꜀tiam □□（靜靜）要比 ꜁tiam ꜀tiam ꜂me □□ e（靜靜的）在安靜的程度上強些。

ts'iuŋ꜄ ts'iaŋ꜄ ꜂ŋe 淨淨 e（乾淨的）
꜂ton ꜂ton ꜁ne 短短 e（短短的）
꜁laŋ ꜀laŋ ꜂ŋe 冷冷 e（冷冷的）
iu꜄ iu꜄ ꜂ve 幼幼 e（細細的）
꜁tsin ꜀tsïn ꜂ne 精精 e（聰明的）
fat꜆ fat꜆ ꜁te 濶濶 e（寬寬的）
hap꜇ hap꜇ ꜂pe 盒盒 e（窄窄的）
se꜄ se꜄ ꜂e 細細 e（小小的）

㈢AAA式：三個單音重疊的形容詞，表示最高級，相當於加 ts'in꜄ 盡（最）的副詞，這種構詞在客語陰平、陽平、上聲、陰入都有變調，只有去聲和陽入維持原調沒有音變，它們變化情形如下：

陰平：陰平＋陰平＋陰平→陰平＋陽平＋陰平

꜀ts‘u ꜁ts‘u ꜀ts‘u 粗粗粗（非常粗）
꜀k‘iaŋ ꜁k‘iaŋ ꜀k‘iaŋ 輕輕輕（非常輕）
꜀ts‘i ꜁ts‘i ꜀ts‘i □□□（非常新鮮）
꜀mi ꜁mi ꜀mi 瞇瞇瞇（非常密合）
꜀koŋ ꜁koŋ ꜀koŋ 光光光（非常亮）
陽平：陽平＋陽平＋陽平→陰平＋陽平＋陽平
꜀t‘iam ꜁t‘iam ꜁t‘iam 甜甜甜（非常甜）
꜀voŋ ꜁voŋ ꜁voŋ 黃黃黃（非常黃）
꜀iu ꜁iu ꜁iu 油油油（非常油）
꜀ts‘oŋ ꜁ts‘oŋ ꜁ts‘oŋ 長長長（非常長）
꜀ien ꜁ien ꜁ien 圓圓圓（非常圓）
上聲：上聲＋上聲＋上聲→陰平＋上聲＋上聲
꜀ien ꜂ien ꜂ien 遠遠遠（非常遠）
꜀pien ꜂pien ꜂pien 扁扁扁（非常扁）
꜀si ꜂si ꜂si 死死死（非常緊）
꜀fu ꜂fu ꜂fu 苦苦苦（非常苦）
꜀lo ꜂lo ꜂lo 老老老（非常老）
去聲：不變。
ts‘u꜄ ts‘u꜄ ts‘u꜄ 臭臭臭（非常臭）
ŋaŋ꜄ ŋaŋ꜄ ŋaŋ꜄ 硬硬硬（非常硬）
ts‘eu꜄ ts‘eu꜄ ts‘eu꜄ 瘦瘦瘦（非常瘦）
li꜄ li꜄ li꜄ 利利利（很銳利）
fai꜄ fai꜄ fai꜄ 壞壞壞（非常壞）
陰入：陰入＋陰入＋陰入→陰平＋陰入＋陰入
꜀ts‘ak ts‘ak꜆ ts‘ak꜆ 赤赤赤（煎得很焦）
꜀tap tap꜆ tap꜆ □□□（非常伏貼）
꜀kiak kiak꜆ kiak꜆ □□□（非常快）
꜀fat fat꜆ fat꜆ 濶濶濶（非常寬廣）
꜀sep sep꜆ sep꜆ 澀澀澀（非常澀）

陽入：不變。

p‘ak꜇ p‘ak꜇ p‘ak꜇ 白白白（非常白）

tsat꜇ tsat꜇ tsat꜇ □□□（非常緊密札實）

ȵiet꜇ ȵiet꜇ ȵiet꜇ 熱熱熱（非常熱）

lat꜇ lat꜇ lat꜇ 辣辣辣（非常辣）

mat꜇ mat꜇ mat꜇ 末末末（非常細微）

㈣AABB 式：兩個重疊單音形容詞結合在一起，表強調的意思，相當於副詞「很」的程度。

꜂ts‘in ꜂ts‘in ꜂ts‘ai ꜂ts‘ai □□□□（很隨便）

sun꜄ sun꜄ si꜄ si꜄ 順順序序（很順利）

si꜄ si꜄ san꜄ san꜄ 四四散散（很散亂）

꜁vaŋ ꜁vaŋ vak꜆ vak꜆ 橫橫□□（四處梗阻）

꜁van ꜀van vat꜆ vat꜆ 彎彎□□（彎來彎去）

㈤ABAB式：雙音形容詞重疊，表示行爲或狀態短暫輕微。

p‘ak꜇ ts‘iaŋ꜄ p‘ak꜇ ts‘iuŋ 白淨白淨

꜁mo tiok꜇ ꜁mo tiok꜇ 沒□沒□（沒骨氣）

ŋoŋ꜄ toŋ꜄ ŋoŋ꜄ toŋ꜄ 戇當戇當（很呆笨）

kiuk꜇ ꜂sï kiuk꜇ ꜂sï 局屎局屎（很驕傲）

㈥ABB式：單音形容詞加雙音詞尾，有加深行爲狀態深度的意思。

꜁p‘i tu꜄ tu꜄ 肥都都（很肥）

꜁fuŋ tsit꜆ tsit꜆ 紅□□（很紅）

꜁laŋ tsim꜄ tsim꜄ 冷浸浸（很冷）

꜀tiam sok꜆ sok꜆ □索索（很靜）

㈦名詞＋雙疊形容詞＋ e ：客語這類詞彙非常豐富，尤其人身體的各部名稱，都有這一類的雙疊形容詞。如眼 ꜁taŋ ꜁taŋ ꜂ŋe（眼睜睜的）、眼 ts‘an꜄ ts‘an꜄ ꜂ne（眼神不敬）、眼 k‘ok꜆ k‘ok꜆ ꜁ke（眼無神，眼眶下陷）、目 ꜁mi ꜀mi ꜂e（眼瞇瞇）、目 ts‘i꜄ ts‘i꜄ ꜂e（眼瞇瞇）。

꜁t‘eu ꜂ts‘ïm ꜂tsïm ꜁e 頭□□（頭低低不理人的樣子）

꜂ȵi hio꜄ hio꜄ ꜂ve 耳□□（不聽話的樣子）

p'i꜆ ȵiu꜄ ȵiu꜄ ꜂ve 鼻□□（不順從的樣子）

tsoi꜄ sok꜇ sok꜇ ꜂ke 嘴□□（渴望的樣子）

(八)名詞＋雙疊動詞＋ e ：

꜂su ꜂ia ꜂ia ꜁e 手□□ e （手頭拮据無所措的樣子）

sat꜇ ꜁lei ꜁lei ꜂e 舌□□ e （伸長舌頭的樣子）

꜁t'eu ꜁lai ꜁lai ꜂e 頭□□ e （頭低垂難過的樣子）

꜁t'eu ŋo꜄ ŋo꜄ ꜂e 頭昂昂（仰著頭看的樣子）

三、形容詞等級：

一般客語形容詞分原級、比較級、最高級三級，組成方法是在原級前加 ꜀toŋ 當（很）或 k'a꜄ □（較）形成比較級，在原級前加 ts'in꜄ 盡（最）或 t'et꜆ 忒（太）形成最高級。

原　級	꜀vu　烏（黑）	꜀fa　（花）
比　較	꜁toŋ ꜀vu　當烏（很黑）	꜁toŋ ꜀fa　當花（很花）
	k'a꜄ ꜀vu　□烏（較黑）	k'a꜄ ꜀fa□花（較花）
最　高	tsin꜄ ꜀vu　盡烏（最黑）	ts'in ꜀fa　盡花（最花）
	t'et꜆ ꜀vu　忒烏（太黑）	t'et꜆ ꜀fa　忒花（太花）

除此之外，形容詞的雙疊及三疊的構詞變化也表示了程度差別，含有比較的意思。如：

原級：꜀tsiaŋ 婧（漂亮）

比較級：꜁tsiaŋ ꜀tsiaŋ 婧婧（很漂亮）——比原級強

꜁tsiaŋ ꜀tsiaŋ ꜂ŋe 婧婧（有點漂亮）——比原級弱

最高級：꜀tsiaŋ ꜁tsiaŋ ꜀tsiaŋ 婧婧婧（非常漂亮）——接近頂點

綜合以上形容詞比較形態，依其程度不同可分八級：（以「輕」為例）

(1) ꜁k'iaŋ ꜀k'iaŋ ꜂ŋe 輕輕　（稍輕的樣子）——比原級弱，
(2) ꜀k'iaŋ 輕（輕）——原級。
(3) ꜁k'iaŋ ꜀k'iaŋ 輕輕（輕輕的）——比原級強的重疊。
(4) k'a꜄ ꜀k'iaŋ □輕（較輕）——加 k'a꜄ 較原級強。
(5) ꜁toŋ ꜀k'iaŋ ꜀k'iaŋ 當輕（很輕）——加꜁toŋ（當）較原級強。
(6) ꜀k'iaŋ ꜁k'iaŋ ꜀k'iaŋ 輕輕輕（非常輕）——三疊式接近頂點。
(7) ts'in꜄ ꜀k'iaŋ 盡輕（最輕）——加 ts'in꜄（盡）達到頂點。
(8) t'et꜆ ꜀k'iaŋ 忒輕（太輕）——加 t'et꜆（太）超過頂點。

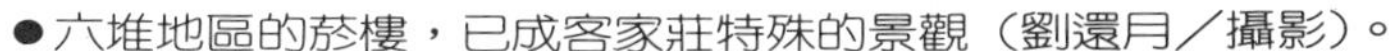
●六堆地區的菸樓，已成客家莊特殊的景觀（劉還月／攝影）。

第四節　象聲詞

象聲詞是模仿自然聲音所構成的詞。客語象聲詞依其結構可分成單音、雙音、三音及四音。

㈠單音象聲詞：大都是高平調或高短調，以入聲爲多。

k'iaŋ꜄：金屬撞擊聲。　　kɔŋ꜄：撞擊空大物的聲音。
k'uai꜄：陶瓷器破碎聲。　　liak꜇：割裂聲。
kok꜄：擊木聲。　　tiak꜇：彈跳聲。
k'ap꜄：扁平物擊打聲。　　put꜇：氣被擠出聲。
p'ut꜇：液體溢出容器。　　p'iak꜇：繩索斷聲。
꜂k'aŋ꜄：空大物倒下聲。　　piak꜇：拍打扁平物聲。
tok꜇：小物掉下聲。　　pok꜇：破裂聲。
p'uk꜇：拔瓶蓋聲。　　k'iak꜇：輕脆敲擊聲。
siak꜇：割裂聲。　　kap꜇：物相挾聲。
tap꜇：黏著物觸地聲。　　tep꜇：物抛下聲。
k'it꜇：短笑聲。　　het꜇：氣急不順聲。
kut꜇：吞飲液體聲。　　pit꜇：吹笛聲（短）。
pi꜇：吹笛聲（長）。　　nuk꜇：驚嚇聲。

㈡雙音象聲詞：常用在發音連續不斷時，後面常加 ꜂kun 表示進行不斷，這類詞以陰聲陽聲爲多。

sa꜄ sa꜄ ꜂kun：沙沙聲。　　tɔŋ꜄ tɔŋ꜄ ꜂kun：噹噹聲。
ki꜄ ki꜄ ꜂kun：吱吱聲。　　ha꜄ ha꜄ ꜂kun：哈哈聲。
luŋ꜄ luŋ꜅ ꜂kun：隆隆聲。　　hi꜄ hi꜄ ꜂kun：嘻嘻聲。
ȵiau꜅ ȵiou꜅ ꜂kun：貓叫聲。　　p'uŋ꜄ p'uŋ꜄ ꜂kun：嘭嘭聲。
k'i꜄ k'i꜄ ꜂kun：人笑聲。　　po꜄ po꜄ ꜂kun：跌倒聲。
tin꜄ tin꜄ ꜂kun：金屬聲。　　ho꜄ ho꜄ ꜂kun：呵呵聲。
ve꜅ ve꜅ ꜂kun：豬叫聲。　　pa꜄ pa꜄ ꜂kun：叭叭聲。

toi꜄ toi꜄ ꜂kun：叱責聲。　　va꜄ va꜄ ꜂kun：哇哇聲。
tsiau꜄ tsiau꜄ ꜂kun：小鷄叫聲。　　ka꜄ ka꜄ ꜂kun：嘎嘎聲。
lo꜄ lo꜄ ꜂kun：雜物聲。　　ŋa꜄ ŋa꜄ ꜂kun：嬰孩哭聲。
kiau꜄ kiau꜄ ꜂kun：吵叫聲。　　tsia꜄ tsia꜄ ꜂kun：煎物聲。
pi꜄ pi꜄ ꜂kun：嗶嗶聲。　　ko꜄ ko꜄ ꜂kun：肚子響聲。
pu꜄ pu꜄ ꜂kun：哺哺聲。　　me꜄ me꜄ ꜂kun：羊叫聲。
tu꜄ tu꜄ ꜂kun：嘟嘟聲。　　hai꜄ hai꜄ ꜂kun：嘆氣聲。
kiau꜄ kiau꜄ ꜂kun：吵叫聲。　　tuŋ꜄ tuŋ꜄ ꜂kun：咚咚聲。
siu꜄ siu꜄ ꜂kun：咻咻聲。
kuŋ꜄ kuŋ꜄ ꜂kun：空大物擊聲。
kiu꜄ kiu꜄ ꜂kun：窘急聲。
k‘ok꜇ k‘ok꜇ ꜂kun：敲打不斷聲。
tem꜄ tem꜄ ꜂kun：笨拙步聲。
pok꜇ pok꜇ ꜂kun：不斷破裂聲。
lem꜄ lem꜄ ꜂kun：狗叫聲。
piak꜇ piak꜇ ꜂kun：拍打不斷聲。
paŋ꜄ paŋ꜄ ꜂kun：梆梆聲。
siak꜇ siak꜇ ꜂kun：不斷割裂聲。
k‘iaŋ꜄ k‘iaŋ꜄ ꜂kun：金屬聲。
kut꜇ kut꜇ ꜂kun：不斷吞飲聲。
poŋ꜄ poŋ꜄ ꜂kun：燥響聲。　　p‘iak꜇ p‘iak꜇ ꜂kun：劈劈聲。

※以上單音、雙音象聲詞並非絕對的單雙之別，幾乎所有的單音象聲詞都可以加 ꜂kun 成爲雙音象聲詞。而部分雙音象聲語也可以去掉其重疊音而加 it꜆ ꜀saŋ（一聲）或 ꜀saŋ ꜂ŋe（聲響）而成爲單音象聲詞。它們之間的變化如下：

單音象聲詞	雙音象聲詞
A＋[꜀saŋ ꜂ŋe it꜆ ꜀saŋ]	A＋A＋꜂kun

例如：pi$^{\supset}$ [it$_{\supset}$ $_{\subset}$saŋ / $_{\subset}$saŋ $^{\subset}$ŋe]（嗶一聲） pi$^{\supset}$ pi$^{\supset}$ $^{\subset}$kun（嗶嗶不停）

kok$_{\underline{\supset}}$ [it$_{\supset}$ $_{\subset}$saŋ / $_{\subset}$saŋ $^{\subset}$ŋe]（敲一聲） kok$_{\underline{\supset}}$ kok$_{\underline{\supset}}$ $^{\subset}$kun（敲打不停）

siu$^{\supset}$ [it$_{\supset}$ $_{\subset}$saŋ / $_{\subset}$saŋ $^{\subset}$ŋe]（咻一聲） siu$^{\supset}$ siu$^{\supset}$ $^{\subset}$kun（咻咻不停）

說明(1)：由於單音象聲詞是突發聲響，所以大都較短促，故以入聲來表示，而雙音象聲詞是連續不斷的發生聲響，較長緩，所以陰聲或陽聲來表示。例如：

$^{\subset}$kieu $_{\underline{\subset}}$ve lem$^{\underline{\supset}}$ lem$^{\underline{\supset}}$ $_{\subset}$kun 狗□□□（叫不止）

sok$_{\underline{\supset}}$ $_{\underline{\subset}}$ke piak$_{\underline{\supset}}$ $_{\subset}$saŋ $^{\subset}$ŋe tsu$^{\supset}$ $_{\subset}$t'on tsiet$_{\supset}$ $_{\underline{\subset}}$te 索子（繩子）□聲□就斷掉了。

說明(2)：客語中許多動詞是借用象聲詞而來，這些字在今天都是有聲無字。

piak$_{\underline{\supset}}$ to$^{\supset}$ $^{\subset}$su t'uŋ$^{\supset}$ 拍得手痛。

——piak$_{\underline{\supset}}$（掌擊聲）是象聲詞，在此當動詞用。

k'iak$_{\underline{\supset}}$ $^{\subset}$pun $^{\subset}$si □分（給）你死。

——k'iak$_{\underline{\supset}}$（敲擊聲）是象聲詞，在此當動詞。

$_{\underline{\subset}}$sioŋ tep$^{\supset}$ $^{\subset}$pe（相丟擲）

——tep$^{\supset}$（拋小物落地聲）

tok$_{\underline{\supset}}$ $_{\underline{\subset}}$mien $_{\underline{\subset}}$loi 剢綿來

——tok$_{\underline{\supset}}$ 是以刀剢物聲

kok$_{\underline{\supset}}$ it$_{\supset}$ tsak$_{\supset}$ $_{\underline{\subset}}$leu（撞一個瘻）

——kok$_{\underline{\supset}}$ 是以頭撞物聲。

說明(3)：我們常用的動詞和「切、挾、卜、劈」等本來都是象聲詞，借爲動詞用以後，因習用而忘其來源，而這些象聲詞本來都是入聲，後來塞音尾消失，變成今天的國語音，與原來象聲差別很大，所以不細察無法了解它本來是象聲詞借來的。

ts'iet⊃（切）：客家話的動詞 ts'iet⊃，象切物聲，後來入聲 -t 消失 ts- 顎化成 tɕ-，變成北平話的 tɕ'ie⊃（切）。

kiap⊃（挾）：客家話動詞 kiap⊃，是筷子相擊聲，後來入聲 -p 消失，聲母 k- 顎化成 tɕ-，就成了北平話 ⊂tɕia（挾）。

puk⊃（卜）：客家話動詞 p'uk⊃，象龜甲破裂音，後來入聲 -k 消失，就成國語的 ⊂pu（卜）。

p'iak⊃（劈）：客家話動詞 p'it⊃，象刀劈物聲，後來入聲-t 消失，就成北平話 pi⊃（劈）。

㈢三音象聲詞：

p'iu⊃ p'iu⊃ p'iu⊃ ⊂hioŋ ⊆m ⊆t'in □□□響不停

kuŋ⊃ kuŋ⊃ kuŋ⊃ t'ai⊇ ⊆ma ⊂suŋ □□□很大聲

ȵiau⊇ ȵiau⊇ ȵiau⊇ kieu⊃ ⊆kui am⊇ ⊂pu □□□叫歸（整個）暗晡（晚上）。

㈣四音象聲詞：四音象聲詞是數不完的詞類，一般的結構方式有三種，一是AABB式，二是ABCD式，三是ABAB式。

1. AABB式：除雙聲疊韻外，四個聲母都相同，只是有的韻母稍改變。

pin⊇ pin⊇ piaŋ⊇ piaŋ⊇ 呯呯□□：摔擲用具聲

k'in⊃ k'in⊃ k'iaŋ⊃ k'iaŋ⊃ □□□□：敲打金屬聲

vi⊇ vi⊇ ve⊇ ve⊇ □□喂喂：豬叫聲

ts'i⊃ ts'i⊃ ts'a⊃ ts'a⊃ 吱吱喳喳：吵雜聲

pi⊃ pi⊃ pu⊃ pu⊃ 嗶嗶咘咘：車叫聲

2. ABCD式：前兩字與後兩字兩兩疊韻。

pi⊃ li⊃ pia⊃ lia⊃ 嗶噼□□：雜物燥破聲

k'in⊃ lin⊃ k'iaŋ⊃ liaŋ⊃ □□□□：金屬物撞擊聲。

pin⊃ lin⊃ piaŋ⊃ liaŋ⊃ □□□□：雜物擊打聲。

pin⊃ lin⊃ poŋ⊃ loŋ⊃ □□□□：空物響聲。

3. ABAB式：間隔重疊的象聲詞。

kok$_{\supseteq}$ tok$_{\supseteq}$ kok$_{\supseteq}$ tok$_{\supseteq}$：有韻律的敲擊聲

tin$^{\supset}$ tuŋ$^{\supset}$ tin$^{\supset}$ tuŋ$^{\supset}$：有節奏的鼓聲。

k‘in$^{\supset}$ k‘iaŋ$^{\supset}$ k‘in$^{\supset}$ k‘iaŋ$^{\supset}$：有節奏的金屬聲。

k‘a$^{\supset}$ ta$^{\supset}$ k‘a$^{\supset}$ ta$^{\supset}$：有節奏的機器聲響。

註釋：

註　一：複數的附加詞 teu$_{24}$；各地次方言不一致，請參考第六章第四節所有格變化部分說明。

第十五章
客家話的構詞法

客家話詞法可以提出來加以比對說明的很多，有的與國語相同，有的與其他方言相同（如閩南語），無法只以客家語法來代表它，所以本文只舉出重疊法、前加法（即加詞頭）、後加法（即加詞尾）、插入法（即加詞嵌）及內部屈折五個部分，讓客家人加以體會，而非客家人也可以藉此了解客家話的眞質所在。

一、重疊法

所謂重疊法是指由一個語位本身或和其他語位重疊產生不同意義的詞。由於漢語是一字一音的，在雙音節漸多的趨勢下，許多單音詞不夠表達另層意義時就有重疊詞的產生，一般以重疊名詞、動詞及形容詞較多。這種重疊的構詞方式，可以看做是一種形態變化，也可以看做是一種語綴，但它沒有固定的形式，不是僅僅重複一個語位就必然形成重疊詞。客家話的重疊形式在動詞和形容詞上最普遍，但名詞的重疊比起北方官話就少了很多，譬如對親屬的稱謂爺爺、奶奶、爸爸、媽媽、叔叔、嬸嬸、哥哥、嫂嫂、弟弟、妹妹……等，客語不用重疊方式稱呼，而用「阿」或「老」來稱呼，例如阿公、阿婆、阿爸、阿姨、阿叔、阿伯、叔母、伯母、阿哥、阿嫂、阿舅、阿姑、舅母、姑丈、老弟、老妹……等。以下依其重疊形態分單音節重複及複音節重複兩種：單音節重疊又分兩字重疊（AA型）、詞後重疊（XAA型）、詞前重疊（AAX型）、詞前詞後重疊（AXA型）四種；複音節重疊分兩前兩後重疊（AABB型）、前後前後重疊（ABAB型）、前重疊後不重疊（ABAX型）、後重疊前不重疊（ABXB 型）四種，分別舉證如下：

㈠兩字重疊（AA型）：

(1)名詞性的重疊：除了「猩猩」一詞重疊後仍爲專有名詞外，其他名詞重疊後都變爲帶副詞性的重疊詞。

sen_{11} sen_{24}　猩猩
$n_{e}it_{2}$ $n_{e}it_{2}$　日日（天天）

sa_{11} sa_{11}　　儕儕（人人）
$t'eu_{11}$ $t'eu_{11}$　　頭頭（每棵）
$tsak_{2}$ $tsak_{2}$　　隻隻（各個）
$ȵien_{11}$ $ȵien_{11}$　　年年（每年）

(2)動詞性的重疊：動詞重疊往往加尾音〔-te〕〔-ne〕……以表其狀態。

$k'on_{55}$ $k'on_{55}$ ne_{31}　　看看（看一看）
ta_{31} ta_{31} e_{31}　　打打（打一打）
$t'et_{2}$ $t'et_{2}$ te_{31}　　踢踢（踢一踢）
$k'au_{55}$ $k'au_{55}$ ve_{31}　　敲敲（敲一敲）
tsu_{31} tsu_{31} ve_{31}　　煮煮（煮一煮）
$ts'im_{11}$ $ts'im_{24}$ me_{31}　　尋尋（找一找）
$p'at_{2}$ $p'at_{2}$ te_{31}　　潑潑（澆一澆）
$t'aŋ_{11}$ $t'aŋ_{24}$ $ŋe_{31}$　　聽聽（聽一聽）
$t'uŋ_{11}$ $t'uŋ_{24}$ $ŋe_{31}$　　動動（動一動）
$k'aŋ_{55}$ $k'aŋ_{55}$ $ŋe_{31}$　　□□（指甲甲剔一剔）
$piak_{5}$ $piak_{5}$ ke_{31}　　□□（用手掌打一打）
$p'ok_{2}$ $p'ok_{2}$ ke_{31}　　拍拍（用手從背面拍一拍）
tep_{5} tep_{5} pe_{31}　　□□（丟一丟）
$ts'an_{31}$ $ts'an_{31}$ ne_{31}　　鏟鏟（鏟一鏟）
so_{11} so_{24} e_{31}　　□□（用手揉一揉）
$t'iap_{5}$ $t'iap_{5}$ pe_{31}　　疊疊（疊一疊）

從上面的重疊動詞可以看出，客語在表達一個動作試試看或重複一下的時候，都用〔AA＋尾音〕的型式。這與北平話用〔A－A〕的型式不同，如「看一看」「聽一聽」，也與上海話蘇州話用助詞「看」所組成的〔AA 看〕型式不同，例如「看看看」（看看）、「着着着」（穿穿）、「汰汰看」（洗洗）、「拍拍看」（提起）。

●客家方樓，也是代表性的建築物之一（陳文和／攝影）。

再從上面的材料，可以看出另外一種現象，是重疊動詞所加的語尾音有很規則的連音變化，它的規則是凡陰聲韻尾〔-o, -a, -i, -e〕的動詞，它的語尾助詞就用 e˩，如〔打打 e$_{31}$〕。如果動詞韻尾是-u就用助詞 ve$_{31}$，如〔煮煮 ve$_{31}$〕。陽聲韻動詞尾韻〔-m, -n, -ŋ〕，它的尾助詞就用〔me$_{31}$, ne$_{31}$, ŋe$_{31}$〕如〔尋尋 me$_{31}$〕〔看看 ne$_{31}$〕〔聽聽 ŋe$_{31}$〕，而入聲韻動詞尾是〔-p, -t, -k〕，那麼它的語尾助詞就用〔-pe, -te, -ke〕，如〔疊疊 pe$_{31}$〕〔踢踢 te$_{31}$〕〔拍拍 ke$_{31}$〕

⑶形容詞性的重疊：

ts'iaŋ$_{55}$ ts'iaŋ$_{55}$　淨淨（空空，乾淨）
tiam$_{11}$ tiam$_{24}$　□□（靜靜的）
ȵiam$_{11}$ ȵiam$_{11}$　釅釅（濃濃的）
ȵiem$_{55}$ ȵiem$_{55}$　蔫蔫（無精打采）
sam$_{31}$ sam$_{31}$　糝糝（散亂的）
num$_{11}$ num$_{11}$　穠穠（蓬亂的）

$k'iu_{55}$ $k'iu_{55}$　舊舊（舊的）
$mien_{11}$ $mien_{11}$　綿綿（腐爛的）

幾乎所有的形容詞都可以用這種重疊方式來加強它的形容，如「長長」「短短」「大大」「小小」「高高」「低低」……。漢語的重疊中形容詞是最普遍，最一致的。

⑷副詞性的重疊：

$ts'ion_{11}$ $ts'ion_{11}$　全全（完全）
$tsiap_{5}$ $tsiap_{5}$　□□（常常）
$tiap_{2}$ $tiap_{2}$　貼貼（羽毛被水濡濕貼著身軀）
$liok_{5}$ $liok_{5}$　略略（稍微）
$ȵiap_{2}$ $ȵiap_{2}$　聶聶（氣洩以後變成凹扁狀態）
van_{55} van_{55}　萬萬（一定）
am_{55} am_{55}　暗暗（偷偷地）
min_{11} min_{11}　明明（清清楚楚）
$hiam_{31}$ $hiam_{31}$　險險（差一點）

㈡詞後重疊（XAA型）：

這一類的重疊法也是漢語各方言頗一致的現象，結構方式是兩個字重疊，補加在另一個語位的後面。而這個重疊字前面的語位幾乎都是形容詞或名詞，只有少部分加在動詞或副詞後面。而且這些重疊字之後也常加詞尾助詞〔-e〕來表達它完足的意義，所以它的結構應該是：

語位＋重疊字＋語尾助詞〔-e〕→謂語或副詞

客語方言這一類的結構非常發達，所以也有許多有音無字的現象。而重疊字後所加的語尾助詞〔-e〕也有一定的變化規則，大抵和兩字重疊（AA型）的動詞重疊格的變化一致。（註一）

(a)/-e/→e ／— {a, e, i, o}

a　手 ia_{31} ia_{31} e_{31}（空手無所措）
e　舌 le_{11} le_{11} e_{31}（吐舌的樣子）
i　目 mi_{11} mi_{24} e_{31}（眼瞇瞇的）
o　暗 mo_{11} mo_{24} e_{31}（黑摸摸的）

(b)/-e/→ve/-u 酸 tiu$_{11}$ tiu$_{11}$ ve$_{31}$（酸溜溜的）

(c)/-e/→ [me / ne / ŋe] / [m / n / ŋ] —

冷 tsim$_{55}$ tsim$_{55}$ me$_{31}$（冷森森的）
眼 ts′an$_{55}$ ts′an$_{55}$ ne$_{31}$（眼巴巴的）
臭 p′aŋ$_{11}$ p′aŋ$_{24}$ ŋe$_{31}$（臭薰薰的）

(d)/-e/→ [pe / te / ke] / [p / t / k] —

瘦 kiap$_{5}$ kiap$_{5}$ pe$_{31}$（瘦巴巴的）
興 fet$_{5}$ fet$_{5}$ te$_{31}$（興緻勃勃的）
嘴 sok$_{5}$ sok$_{5}$ ke$_{31}$（張嘴傻呼呼的）

(1)形容詞＋重疊字→謂語或副詞。

這一類詞，在客語結構中特別豐富，所以下面多舉一些有音無字的重疊詞，也許是特殊方言的紀錄。

肥 tu$_{55}$ tu$_{55}$ ve$_{31}$	（胖嘟嘟）
瘦 kiap$_{5}$ kiap$_{5}$ pe$_{31}$	（瘦巴巴）
矮 tu$_{55}$ tu$_{55}$ ve$_{31}$	（矮胖的樣子）
高 k′ia$_{11}$ k′ia$_{11}$ e$_{31}$	（高瘦的樣子）
尖 tuk$_{2}$ tuk$_{2}$ ke$_{31}$	（尖尖的樣子）
婧 ne$_{55}$ ne$_{55}$ e$_{31}$	（漂亮的樣子）
精 kuak$_{5}$ kuak$_{5}$ ke$_{31}$	（精明的樣子）
長 lai$_{11}$ lai$_{11}$ e$_{31}$	（長長的樣子）
白 siet$_{2}$ siet$_{2}$ te$_{31}$	（雪白的）
紅 tsiu$_{11}$ tsiu$_{11}$ ve$_{31}$	（紅都都的）
黑 tu$_{55}$ tu$_{55}$ ve$_{31}$	（墨黑色的）
黑 so$_{11}$ so$_{11}$ e$_{31}$	（黑黑的）
冷 tsim$_{55}$ tsim$_{55}$ me$_{31}$	（冷森森的）
熱 fak$_{5}$ fak$_{5}$ ke$_{31}$	（熱□□的）
香 p′un$_{55}$ p′un$_{55}$ ne$_{31}$	（香噴噴的）
臭 p′aŋ$_{11}$ p′aŋ$_{24}$ ŋe$_{31}$	（臭薰薰的）
光 va$_{11}$ va$_{11}$ e$_{31}$	（光亮亮的）
暗 mo$_{11}$ mo$_{24}$ e$_{31}$	（黑摸摸的）
酸 tiu$_{11}$ tiu$_{11}$ ve$_{31}$	（酸溜溜的）

甜 $tsit_2$ $tsit_2$ te_{31} （甜□□的）
硬 $ts'aŋ_{11}$ $ts'aŋ_{11}$ $ŋe_{31}$ （原來軟的變硬的樣子）
硬 $k'ok_5$ kok_5 ke_{31} （非常硬）
硬 $piaŋ_{55}$ $piaŋ_{55}$ $ŋe_{31}$ （固執急躁的樣子）
軟 sim_{55} sim_{55} me_{31} （軟得可以上下蕩）
圓 kun_{31} kun_{31} ne_{11} （圓滾滾的）
油 tsi_{55} tsi_{55} e_{31} （油膩的樣子）
苦 fu_{31} tak_5 tak_5 ke_{31} □□ke（味很苦）
苦 ku_{31} $tsien_{11}$ $tsien_{24}$ ne_{31} □□ne（生活很苦）

⑵名詞＋重疊字→謂語或副詞：這類詞只因在身體各個部位，如頭、手、眼、目、嘴……等。

頭 lai_{11} lai_{11} e_{31} （頭低低的）
頭 $ŋo_{55}$ $ŋo_{55}$ e_{31} （頭昂昂的）
尾 tia_{55} tia_{55} e_{31} （高興翹尾的樣子）
尾 $liap_2$ $liap_2$ pe_{31} （恐懼貼尾的樣子）
背 ku_{11} ku_{24} ve_{31} （背彎彎的）
背 $kiuŋ_{31}$ $kiuŋ_{31}$ $ŋe_{11}$ （背凸凸的）
耳 $hiou_{55}$ $hiou_{55}$ ve_{31} （不聽話的樣子）
耳 $hiak_5$ $hiak_5$ ke_{31} （不聽話的樣子）
骨 $ts'a_{55}$ $ts'a_{55}$ e_{31} （骨鄰鄰的）
肉 $tsuŋ_{55}$ $tsuŋ_{55}$ $ŋe_{31}$ （肉多厚實）
手 ia_{31} ia_{31} e_{31} （空手無所指）
腳 $k'ia_{55}$ $k'ia_{55}$ e_{31} （兩腳張開）
嘴 sok_5 sok_5 ke_{31} （張嘴期盼）
嘴 $k'ut_5$ $k'ut_5$ te_{31} （笨拙木訥的樣子）
目 $tsiu_{55}$ $tsiu_{55}$ ve_{31} （想睡的樣子）
目 mi_{11} mi_{24} e_{31} （睡醒的樣子）
眼 $ts'an_{55}$ $ts'an_{55}$ ne_{31} （眼睜睜不服氣的樣子）
眼 $taŋ_{11}$ $taŋ_{11}$ $ŋe_{31}$ （眼睜睜驚訝的樣子）

眼 $tsin_{11}$ $tsin_{24}$ ne_{31}　　（眼睛溜轉不已聰明狡黠的樣子）

眼 $k'ok_{2}$ $k'ok_{2}$ ke_{31}　　（生病眼睛下陷無神的樣子）

⑶動詞＋重疊字→謂語或副詞

笑 si_{11} si_{11} e_{31}　　（笑嘻嘻的）

笑 mi_{11} mi_{24} e_{31}　　（笑瞇瞇的）

滑 $t'iu_{55}$ $t'iu_{55}$ ve_{31}　　（滑溜溜的）

驚 $k'ap_{5}$ $k'ap_{5}$ pe_{31}　　（恐懼發抖的樣子）

發 $ts'a_{55}$ $ts'a_{55}$ e_{31}　　（非常有錢）

⑷副詞＋重疊字

興 fet_{5} fet_{5} te_{31}　　（興緻勃勃的）

$t'io\eta_{55}$ nak_{5} nak_{5} ke_{31}　　（樂不可支）

恬 sok_{2} sok_{2} ke_{31}　　（靜悄悄的）

除了以上諸例以外，也有部分〔名詞＋重疊字〕可不加語尾助詞〔-e〕而成的構詞法，如 $kiok_{2}$ $ȵion_{11}$ $ȵion_{11}$（腳軟軟）、$t'eu_{11}$ fun_{11} fun_{11}（頭昏昏）、su_{31} $\eta o\eta_{55}$ $\eta o\eta_{55}$（手□□）、$p'i_{55}$ set_{2} set_{2}（鼻塞塞）、$p'i_{55}$ $a\eta_{55}$ $a\eta_{55}$（鼻□□）……等，這類不加語尾助詞〔-e〕的重疊詞只能當副詞不能當謂語用。

㈢詞前重疊（AAX型）：

兩個字重疊，在後面另加一個語位，這個語位相當於主從格的中心詞，重疊字相當於修飾詞，現在舉常見的例特說明如下：

⑴重疊字＋名詞→名詞

pu_{55} pu_{55} $ts'a_{24}$（嘟嘟車）

⑵重疊字＋形容詞→動詞

$ȵit_{2}$ $ȵit_{2}$ $t'a_{55}$　　日日大（天天長大）

$ȵiet_{5}$ $ȵiet_{2}$ ko_{24}　　月月高（月月長高）

$liap_{5}$ $liap_{5}$ $fu\eta_{11}$　　粒粒紅（粒粒變紅）

vat_{5} vat_{5} $t'iu_{55}$　　滑滑□（滑溜溜）

⑶重疊字＋動詞→動詞或副詞

lit_{2} lit_{2} $tson_{31}$　　□□轉（溜溜轉）

nuk$_2$ nuk$_2$ tson$_{55}$　□□鑽（亂滑亂轉）

liu$_{55}$ liu$_{55}$ ts'o$_{55}$　溜溜□（滑上跌下不得安寧）

k'uan$_{11}$ k'uan$_{24}$ tson$_{31}$　□□轉（翻來翻去）

pit$_5$ pit$_5$ kun$_{31}$　□□滾（動作快捷俐落）

ten$_{11}$ ten$_{11}$ k'i$_{24}$　□□企（筆直立著）

p'au$_{11}$ p'au$_{24}$ kun$_{31}$　□□滾（水在沸騰的樣子）

k'eu$_{55}$ k'eu$_{55}$ vaŋ$_{55}$　竅竅□（東倒西歪，站不穩的樣子）

tsok$_2$ tsok$_2$ k'on$_{55}$　著著看（穿穿看）

ts'o$_{11}$ ts'o$_{11}$ k'on$_{55}$　坐坐看（坐一坐）

㈣詞前詞後重複（AXA型）：

這是指三個字組成的詞，而頭尾重疊，中間不重疊的構詞方式，但詞一定要有其獨立意義才能算詞，因此「能不能」「好不好」「不得不」「動不動」「人不人」「鬼不鬼」「人吃人」「狗咬狗」不能算是詞。然而除了這類詞組之外，客語是沒有 AXA 型的構詞的。

㈤兩前兩後重疊（AABB型）：

(1)名詞性組成的：

nam$_{11}$ nam$_{11}$ ŋ$_{31}$ ŋ$_{31}$　男男女女

kui$_{11}$ kui$_{24}$ ki$_{31}$ ki$_{31}$　規規矩矩

k'uŋ$_{31}$ k'uŋ$_{31}$ k'ieu$_{55}$ k'ieu$_{55}$　孔孔竅竅（凹凸不平）

tsï$_{31}$ tsï$_{31}$ sun$_{11}$ sun$_{24}$　子子孫孫

(2)動詞性組成的：

se$_{31}$ se$_{31}$ t'oŋ$_{11}$ t'oŋ$_{24}$　洗洗湯湯

pu$_{31}$ pu$_{31}$ taŋ$_{11}$ taŋ$_{24}$　補補釘釘

loi$_{11}$ loi$_{11}$ hi$_{55}$ hi$_{55}$　來來去去

ts'o$_{11}$ ts'o$_{11}$ k'i$_{11}$ k'i$_{24}$　坐坐踦踦

(3)形容詞性組成的：

t'ai$_{55}$ t'ai$_{55}$ se$_{55}$ se$_{55}$　大大細細（當名詞指小孩多）

o$_{11}$ o$_{11}$ tso$_{11}$ tso$_{24}$　□□髒髒（骯髒）

ko$_{11}$ ko$_{24}$ ai$_{31}$ ai$_{31}$　高高矮矮

ts'iaŋ$_{55}$ ts'iaŋ$_{55}$ p'ak$_{5}$ p'ak$_{5}$　淨淨白白

ŋok$_{2}$ ŋok$_{2}$ tok$_{2}$ tok$_{2}$　□□□□（傻里傻氣）

⑷副詞性組成的：

sun$_{55}$ sun$_{55}$ si$_{55}$ si$_{55}$　順順序序

lo$_{31}$ lo$_{31}$ ts'o$_{31}$ ts'o$_{31}$　老老草草（潦草）

liu$_{11}$ liu$_{24}$ liap$_{2}$ liap$_{2}$　溜溜□□（偷偷摸摸）

ts'in$_{11}$ ts'in$_{11}$ ts'ai$_{11}$ ts'ai$_{24}$　□□□□（隨隨便便）

lit$_{5}$ lit$_{5}$ k'it$_{5}$ k'it$_{5}$　□□□□（又硬又擠）

⑸象聲詞所組成的：

tin$_{55}$ tin$_{55}$ tuŋ$_{55}$ tuŋ$_{55}$　叮叮咚咚

ki$_{55}$ ki$_{55}$ ka$_{55}$ ka$_{55}$　□□嘎嘎

p'it$_{5}$ p'it$_{5}$ p'iak$_{5}$ p'iak$_{5}$　噼噼咱咱

pin$_{55}$ pin$_{55}$ piaŋ$_{55}$ piaŋ$_{55}$　兵兵□□

㈥前後前後重疊（ABAB型）：

嚴格說來ABAB型是重覆的詞組，可以把它分成AB和AB兩組，中間可以停頓，又沒有改變意義。例如「暢快暢快」（爽快爽快）、「一□一□」（一眨一眨）、「講 ten 講 ten」（說著說著）、「kui 隻 kui 隻」（整個整個）、「停動停動」（動一動）……。這些詞組都可以中間停，都沒有改變字面的本意，所以不能算是詞。因此 ABAB 型並不是客語的構詞法。

㈦前重疊後不重疊（ABAX 型）：

這是書面語中最通行的構詞方式，客語方言受書面語影響也溶入許多這類詞。總的來說，現代漢語無論書面或口頭都大量製造運用 ABAX 型的語詞。由於它的太量運用，所以它在重疊的格式上也有主從格的重疊（如鬼頭鬼腦）、動賓格的重疊（如動手動腳）、主謂格的重疊（如人見人愛）、後補格的重疊（如走上走下）。今分述如下：

⑴主從格的重疊（ABAX 型）：

名詞性的：

lo$_{31}$ fu$_{24}$ lo$_{31}$ ts'i$_{24}$　老夫老妻

nan$_{55}$ hiuŋ$_{11}$ nan$_{55}$ t'i$_{55}$　難兄難弟
ȵin$_{11}$ san$_{24}$ ȵin$_{11}$ hoi$_{31}$　人山人海
ts'et$_{5}$ su$_{31}$ ts'et$_{5}$ kiok$_{2}$　賊手賊腳
mo$_{11}$ ia$_{11}$ mo$_{11}$ oi$_{24}$　沒爺沒哀
動詞性的：
t'u$_{31}$ sen$_{24}$ t'u$_{31}$ tsoŋ$_{31}$　土生土長
kin$_{31}$ sit$_{5}$ kin$_{31}$ p'on$_{24}$　緊食緊□（一面吃一面吐）
形容詞性的：
mo$_{11}$ t'ai$_{55}$ mo$_{11}$ se$_{55}$　沒大沒小（不禮貌）
mo$_{11}$ ioŋ$_{24}$ mo$_{11}$ t'uŋ$_{55}$　沒癢沒痛
pan$_{55}$ tsïn$_{11}$ pan$_{55}$ ka$_{31}$　半眞半假
副詞性的：
put$_{2}$ soŋ$_{24}$ put$_{2}$ ha$_{24}$　不上不下
sïp$_{5}$ ts'on$_{11}$ sip$_{5}$ mi$_{24}$　十全十美
tsïn$_{11}$ sim$_{24}$ tsïn$_{11}$ i$_{55}$　眞心眞意

(2)動賓格的重疊（ABAX型）：
sioŋ$_{31}$ tuŋ$_{24}$ sioŋ$_{31}$ si$_{24}$　想東想西
mo$_{11}$ mien$_{55}$ mo$_{11}$ p'i$_{11}$　沒面沒皮
mo$_{11}$ t'eu$_{11}$ mo$_{11}$ mi$_{24}$　沒頭沒尾
k'io$_{11}$ su$_{31}$ pai$_{24}$ kiok$_{2}$　□手□腳（瘸手瘸腳）

(3)主謂格的重疊（ABAX型）：
ȵin$_{11}$ loi$_{11}$ ȵin$_{11}$ hi$_{55}$　人來人去（人來人往）
tsoi$_{55}$ ts'ut$_{2}$ tsoi$_{55}$ ȵip$_{5}$　嘴出嘴入

(4)後補格的重疊（ABAX型）：
tseu$_{31}$ ts'ut$_{2}$ tseu$_{31}$ ȵip$_{5}$　走出走入（跑進跑出）
son$_{55}$ loi$_{11}$ son$_{55}$ hi$_{55}$　算來算去（算來算去）
tiet$_{2}$ soŋ$_{24}$ tiet$_{2}$ ha$_{24}$　跌上跌下（跌跌撞撞）

(八)後重疊前不重疊（ABXB型）
k'ieu$_{31}$ fuk$_{5}$ sim$_{11}$ fuk$_{5}$　口服心服

ts'ien$_{24}$ nan$_{11}$ van$_{55}$ nan$_{11}$　千難萬難

mai$_{11}$ k'uŋ$_{24}$ mai$_{55}$ k'uŋ$_{24}$　買空賣空

※四縣客語在重疊格中有音變的產生，其中陰平加陰平的重疊字，前面的陰平變陽平：

$$\text{陰平}+\begin{bmatrix}\text{去聲}\\\text{陰平}\\\text{陽入}\end{bmatrix}\rightarrow\text{陽平}+\text{陰平（重疊格）}$$

$$\text{˨˦}24+\begin{bmatrix}\text{˥}55\\\text{˨˦}24\\\text{˥}\ \ 5\end{bmatrix}\rightarrow\text{˩}11+\text{˨˦}24$$

vu$_{11}$ mia$_{11}$ mia$_{24}$　烏摸摸（摸陰平字原讀 mia$_{24}$）

se$_{31}$ se$_{31}$ t'oŋ$_{11}$ t'oŋ$_{24}$　洗洗湯湯（湯陰平讀 t'oŋ$_{24}$）

pu$_{31}$ pu$_{31}$ taŋ$_{11}$ taŋ$_{24}$　補補釘釘（釘陰平讀 taŋ$_{24}$）

t'uŋ$_{11}$ t'uŋ$_{11}$ ŋe$_{31}$ 動動〔e〕（「動」有陰平、去聲兩讀，在此讀陰平）

muk$_{2}$ mi$_{11}$ mi$_{24}$ e$_{31}$　目瞇瞇（瞇陰平讀 mi$_{24}$）

另外，前後重疊也有此種現象：

k'ieu$_{31}$ fuk$_{5}$ sim$_{11}$ fuk$_{5}$　口服心服（「心」原爲陰平˨˦24在此變陽平˩11）

nan$_{55}$ hiuŋ$_{11}$ nan$_{55}$ t'i$_{55}$　難兄難弟（「兄」原爲陰平˨˦24在此變陽平˩11）

mai$_{11}$ k'uŋ$_{11}$ mai$_{55}$ k'uŋ$_{24}$　買空賣空（「空」原爲陰平˨˦24在此變陽平˩11）

二、前加法

在構詞上，附加成分的作用在使詞根的意義受到限制及改變詞的語法，方法分前加（prefixes）、後加（suffixes）或中間插入（infixes）。在客語裏，前加成分可分廣義和狹義來分析它，從廣義來說，凡附加在詞根（root）前面沒有獨立意義的音節或字都是前加成分，例如：

●客家原鄉仍甚落後，煤球仍是重要資源（陳文和／攝影）。

an_{31}-（恁）：an_{31} voi_{55} （很會）
an_{31} suk_{5} （這麼熟）
an_{31} to_{24} （這麼多）

$ts'in_{55}$-（盡）：$ts'in_{55}$ $t'eu_{11}$ 盡頭（最先）
$ts'in_{55}$ sin_{24} 盡新（最新）
$ts'in_{55}$ $ts'io\eta_{55}$ 盡像（最像）
$ts'in_{55}$ mi_{24} 盡尾（最後）
$ts'in_{55}$ $ts'ok_{5}$ 盡著（一定）
$ts'in_{55}$ ho_{31} 盡好（最好）

toŋ-（當）：$to\eta_{11}$ sin_{24} 當新（很新）
$to\eta_{24}$ $vo\eta_{11}$ 當黃（很成熟）
$to\eta_{11}$ nun_{55} 當嫩（很嫩）
$to\eta_{11}$ $ts'ok_{5}$ 當著（很對）
$to\eta_{24}$ tso_{31} 當早（很早）
$to\eta_{11}$ am_{55} 當暗（很暗）

t'et-（忒）：$t'et_{2}$ $la\eta_{24}$ 忒冷（太冷）
$t'et_{2}$ seu_{24} 忒燒（太燙）
$t'et_{2}$ ho_{31} 忒好（太好）
$t'et_{2}$ $tiam_{24}$ 忒□（太靜）

tak-（□）：tak_{2} sa_{11} □儕（每人）
tak_{2} ke_{55} □個（每個）
tak_{2} am_{55} pu_{24} □暗晡（每晚）

maŋ-（盲）：$ma\eta_{11}$ $t'ai_{55}$ 盲大（尚未長大）
$ma\eta_{11}$ oi_{55} 盲愛（還不要）
$ma\eta_{11}$ voi_{55} 盲會（還不會）
$ma\eta_{11}$ ti_{24} 盲知（還不知道）

以上 $ts'in_{55}$（盡）表最高級，$to\eta_{24}$（當）表比較級，相當國語的「最」和「很」。an_{31}（恁）、$ts'in_{55}$（盡）、$to\eta_{24}$（當）、$t'et_{2}$（忒）、$ma\eta_{11}$（盲）……都是可以自由與其他語位結合而成新詞的。

它們使詞根意義受到限制，甚而有所改變，但前加成分本身有其一定的意義（非獨立意義），所以不是純粹的前加成分，只能算是廣義的前加成分。（註二）

再從狹義立場來看前加成分，應該認定這個前加成分在詞中沒有任何意義，作用只是語首助詞，使詞語運用更形方便，又可減少同音字而已。客語方言若以此標準來歸納前加成分，比較常見的有「阿」、「老」、「第」、「初」、「it_2」、「it_5」……等。

阿－：用在一般稱謂上最多，如「爺爺」「奶奶」「舅舅」「姑姑」……等北方稱法，客語都用「阿」字稱呼，說成「阿公」「阿婆」「阿舅」「阿姑」。除此而外，一般人名的稱呼，也用「阿×伯」「阿×叔」「阿×哥」「阿×姊」，對晚輩或平輩就直呼其名加個「阿」字，如「阿海」「阿明」。對憨傻的人稱「阿 $ŋoŋ_{55}$」，小姐稱「阿妹」，都是很普遍的用法。

老－：「老」在客語稱呼上，運用時完全摒除了「年紀大」的文字意義，只取它的語助成分來表達雙音節詞而已，如稱弟弟爲「老弟 lo_{31} $t'ai_{24}$」，稱妹妹爲「老妹 lo_{31} moi_{55}」，稱丈夫爲lo_{31} $kuŋ_{24}$（老公），稱一般人在姓前加lo（老）字，表示親切的稱呼。例如：「老王」「老賴」。另外「老鼠」「老虎」「老師」「老百姓」也都是加在專有名詞前的語助詞而已，在運用上完全沒有顯著的意義。

第－：由「第」所附加而成的詞並不太多，原因是「第」另有「門第」「次第」「及第」等詞，所以當助詞放在詞首時僅有說明次第時加在數詞前說成「第一、第二、……」等，但百、千、萬不說「第百、第千、第萬」，而須加上一個數詞，說成「第一百」「第三千」「第五萬」，可見第只加在數前面代表序數而已，用途很窄，但卻是完全無文字意義的前置成分。

初－：初有當前加成分，也有作副語。作副語的如「最初」「初等」「初初」「月初」「初次」，常當「開頭」解釋，在意義保存了「初」的原義，不能算前置成分。但它用在月份上說「初一」「初三」「初四」「初五」……時就不用「開頭」的原義，應該屬於前置成分了。

〔it_2〕及〔it_5〕：客語有〔it_2〕及〔it_5〕兩個有音無字的前加成分，當〔it_2〕爲前加成分時，那個詞有「幾」「多」的意思，如「多少」說成〔it_2 多〕，〔多長？〕說成〔it_2 長？〕，「多高」說成〔it_2 高？〕，「多行？」說成〔it_2 會〕……。當〔it_5〕爲前加成分時，那個詞頭就有「很」「非常」的意思，如「很多」說成〔it_5多〕，「很長」說成「it_5 長」，「很高」說成〔it_5 高〕，「很行」說成〔it_5 會〕……。這種因高低音調而有辨義作用的前加成分，如果因爲它有意義而把它摒除前加成分之列似有未妥，但實際上它又不如「阿」「老」「第」「初」等前加成分那麼純粹的語現象，所以不能算是非常正規的狹義的前加成分。然而從它是有音無字，類於助詞形態，以及它能使詞根意義受限制的語法作用上來看，又應該是很道地的前加成分，因此拿它和「阿、老」等一併討論。

三、後加法

客家話的後加詞尾也可分廣義與狹義兩方面來說明，廣義的後加成分與國語大同小異，本章不予說明（註三），至於狹義的後加成分，除了能夠限制詞的特性以外，必須詞尾沒有獨立的意義，在語法中相當於助詞成分，這種詞尾才算是正規的後加成分。依此標準來看狹義客語的詞尾，最常用的是「e_{31}」（子或兒）、頭、「ten_{31}」（著）、「ke_{55}」（的）、「le_{24}」（了）、「$t'et_2$」(完)、過等。另外有部份也是正規的後加成分，但使用的頻率較少，例如「$ho\eta_{55}$」（裏面）、起來，「teu_{24}」（代名複數）、哥、嫲、公、婆等等。以下依次舉例說明。

㈠名詞詞尾：

一般以名詞加詞尾構成口語上的名詞，依多寡次序是「e_{31}」，「頭」，「公」,「牯」,「嫲」，「哥」，「婆」及代名詞複數「teu_{24}」。

也有部分可以〔動＋詞尾→名詞〕及〔形＋名＋詞尾→名詞〕的。

⑴名＋詞尾→名詞：

$-e_{31}$:

人稱：稱平輩、下輩及其他人。如「小孩」叫〔細人 ne_{31}〕，「女孩」叫〔細妹 ve_{31}〕，「阿雄」叫〔阿雄 $ŋe_{31}$〕，「阿光」叫〔阿光 $ŋe_{31}$〕，「傻瓜」叫〔$ŋoŋ_{55}$ $ŋe_{31}$〕，「瘋子」叫〔癲 ne_{31}〕。

動植礦物：〔狗 ve_{31}〕〔鵰 e_{31}〕（鳥）、〔魚 $ŋe_{31}$〕、〔竹 ke_{11}〕、〔草 ve_{11}〕、〔鉛 ne_{11}〕、〔鐵 te_{11}〕。

天文地理：〔星 ne_{31}〕〔山 ne_{31}〕。

食物用具：〔禾 e_{31}〕（稻）、〔桌 ke_{11}〕、〔調羹 $ŋe_{31}$〕。

建築交通：〔車 e_{31}〕、〔屋 ke_{11}〕、〔橋 ve_{31}〕。

$-t'eu_{11}$（頭）：石頭、骨頭、日頭、芋頭、拳頭、肩頭、堪頭。

$-kuŋ_{24}$（公）：雷公、耳公、鼻公、蟻公（蚯蚓）、蝦公（蝦）、石頭公。（註四）

$-ku_{31}$（牯）：石牯（大石頭）、山猴牯、屎牯（驕傲的人）。（註五）

$-ma_{11}$（嫲）：勺嫲（葫蘆瓢子）、笠嫲（笠帽）、舌嫲（舌頭）、㼎嫲（㼎子）。（註六）

$-ko_{24}$（哥）：蛇哥（蛇）。

$-p'o_{11}$（婆）：鷂婆（老鷹）、蝠婆（蝙蝠）。

$-teu_{24}$（兜）：$ŋai_{11}$ teu_{24}（我們）、$ȵi_{11}$ teu_{24}（你們）、ki_{11} teu_{24}（他們）、ia_{31} teu_{24}（這些）、ke_{55} teu_{24}（那些）。

⑵動＋詞尾→名詞：

$-e_{11}$：塞 te_{31}、鏟 ne_{31}、鎚 e_{31}、爪 e_{31}、lin_{55} ne_{31}（輪子）。

⑶形＋名＋詞尾→名詞：

$-e_{31}$：細貓 e_{31}、黃瓜 e_{31}、鐵桶 $ŋe_{31}$、鉛線 ne_{31}。

㈡動詞詞尾：常用的動詞尾，大都用以表時態的 ten_{31} 表正在進行的動作，le_{24} 表完成語氣，$t'et_2$ 表動作完成，「過」表曾經，「下去」表繼續，「起來」表開始進行，$maŋ_{11}$ 或詢問完成已否。

-ten_{31}：一般用在〔動＋ ten_{31} →表正在進行的動作〕。例如：

企 ten_{31}（站著）、著 ten_{31}（穿著）、ho_{55} ten_{31}（佔著）、匢 ten_{31}（藏著）、$miaŋ_{24}$ ten_{31}（蒙著）、撳ten_{31}（按著）。

-e_{24}：一般用〔動＋e_{24}→表完成語氣〕。例如：

食 te_{24}（吃了）、食 $t'et_2$ le_{24}（吃光了）、做 e_{24}（做了）做好 ve_{24}（做好了）、寫 le_{24}（寫了）、寫 $t'et_2$ le_{24}（寫完了）。（註七）

※如果把 e_{24} 改爲低平調 e_{11}，就變成疑問的完成語氣，例如：食 te_{11}（吃了嗎？），寫 e_{11}？（嗎了嗎？），寫好 ve_{11}？（寫好了嗎？）

-t'et：動＋t'et→表動作完成。如 mut_2 $t'et_2$（完全沒入水中）、跌 $t'et_2$（遺失）、走 $t'et_2$（跑掉）、扯 $t'et_2$（撕掉）、用 $t'et_2$（用光）。

-ko_{55}（過）：動＋過→表示曾經的動作。如「看過」（曾經看)、「行過」（曾走過）、「搞過」（曾經玩過）、「種過」（曾經種）。

※ $t'et_2$ 和「過」都可以後面再加 e_{31} 表示疑問，加 e_{24} 表示完成語氣。例如「走$t'et_2$ te_{24}」表「走掉了」，「走$t'et_2$ te_{11}？」表示「走掉了嗎？」，「看過 e_{11}」表示「看過了嗎？「看過 le_{24}」表示「已經看過了」。

-ha_{11} hi_{55}（下去）：動＋下去→表繼續某一動作 。例如「tu_{31} 下去」(表示繼續的賭），「vak_2 下去」（表示繼續挖）「$k'on_{55}$ 下去」（表示繼續看），（但有些詞不見得表動作繼續，如「跌下去」「吃下去」只表示一種狀態，並沒有繼續之意。）

-hi_{31} loi_{11}（起來）：動＋起來→表停止某一動作而開始另一動

作，與「下去」正好相反。例如「$hoŋ_{55}$ 起來」（表示由睡變醒），「pot_2 起來」（表示由窮變富有）。〔「發」唸 pot_2，客語有錢叫 pot_2〕「k'ai 起來」（表示由其他動作變站的動作）。「擱起來」表示由不動變成挑得動。

-$maŋ_{11}$：動＋ $maŋ_{11}$ →詢問動作完成已否。例如「食 $maŋ_{11}$？」問吃了沒有？「食 $t'et_2$ $maŋ_{11}$？」問吃掉了嗎？「貼$maŋ_{11}$？」問貼了沒有？「貼好 $maŋ_{11}$？」問貼好了嗎？「做 $maŋ_{11}$？」問做了沒有？

㈢形容詞詞尾：

形容詞後的詞尾，客語中只有 e_{31}、頭、$t'et_2$ 三種。形＋e_{55}→表形容詞；形＋頭→表形容詞；形＋tet_2→表謂語，加深形容詞的情態。

-e_{31}：形＋e_{31}→形容詞，是漢語形容詞的基本形式，無論那一種方言都是一個形容字加一個詞尾所組成。客語這種詞不勝枚舉，如高 e_{55}、黑 e_{55}、短短 ne_{55}、濶 te_{55}、騙人ne_{55}、細細 e_{31}（小小的）一塊塊。

-$t'eu_{11}$（頭）：頭當詞尾的形容詞，在客語中非常少，常用的只有 $t'iam_{11}$ $t'eu_{11}$（甜頭），$k'u_{31}$ $t'eu_{11}$（苦頭）等，其他如 $t'ai_{33}$ $t'eu_{11}$（大頭），$pien_{31}$ $t'eu_{11}$（扁頭），$p'aŋ_{55}$ $t'eu_{11}$（胖頭）……等，詞尾有獨立而完整的 $t'eu_{11}$（頭）的意義，不是後加成分，不可相提並論。

-$t'et_2$ le_{24}：$t'et_2$ 本來是動詞級表完成動作的詞尾，如果在形容詞後加 $t'et_2$ 也是加重它所形容的情態，變成帶有動詞的性質了。如「瘦 $t'et_2$ le_{24}」指「變瘦了」，「黃 $t'et_2$ le_{24}」指太過熟透變黃了，「烏 $t'et_2$ le_{11}」指火熄掉了（變黑了）。

㈣副詞詞尾：

常用的副詞尾有 e_{31}、$hoŋ_{55}$（巷）、to_{55}（到）三個。

-e_{31}：e_{31} 的用途很廣，在名詞、動詞、形容詞及副詞後面都可以加 e_{31}，有限制語法功能，而它本身又沒有獨立意義。客語副詞詞尾 e_{31}，相當於英文的 -ly，國語的「地」，是一個

●近年來客家人覺醒，積極爲自己爭取權益。

音節的標誌。例如：慢慢 e_{31}，輕輕 e_{31}，滿 ne_{31}，算 ne_{11}，$hoŋ_{55}$ 起來 le_{24}，落下去 le_{24}。

※在 e_{31} 之前加 teu_{24}，組成 teu_{24} e_{31} 表示「一些兒」如慢 teu_{24} e_{31} 指慢一些兒，ka_{55} nem_{11} teu_{24} e_{31}（再滿一些）。

-$hoŋ_{55}$（巷）：這是加在副詞或名詞後組成的副詞詞尾，有「在其中」之意。例如：su_{31} $hoŋ_{55}$ 手巷（手裏），頂 $hoŋ_{55}$（上面），tu_{31} si_{31} $hoŋ_{55}$（肚中），sui_{31} $t'uŋ_{31}$ $hoŋ_{55}$（水桶裏），tu_{31} $hoŋ_{55}$（裏面），$t'ai_{55}$ lu_{55} $hoŋ_{55}$（大路上）。

-頭（teu_{11}）：時間（方位）＋頭→表時空的副詞

am_{55} pu_{24} $t'eu_{11}$　暗晡頭（晚上）
ha_{11} tsu_{55} $t'eu_{11}$　下晝頭（下午）
$toŋ_{11}$ tsu_{55} $t'eu_{11}$　當晝頭（中午）
lim_{11} am_{55} $t'eu_{11}$　臨暗頭（傍晚）
$soŋ_{55}$ $vaŋ_{11}$ $t'eu_{11}$　上橫頭（上方）

-到（to_{31}）：動＋到→當謂語或副詞

$ts'ok_{5}$ to_{31}　着到（中獎）
tok_{5} to_{31}　剁到
$k'uat_{2}$ to_{31}　刮到
$ts'oŋ_{55}$ to_{31}　撞到（撞到，遇到）
van_{31} to_{31}　挽到

四、揷入法

客語構詞的附加成分以後加成分（詞尾）最多，其次是前加成分（詞頭）、至於中間揷入成分（詞嵌或中綴或詞腰）的構詞法則寥寥無幾。存留今天比較常用的只有一個「晡」字：

am_{55} pu_{24} $t'eu_{11}$　暗晡頭（晚上）（註八）。
kim_{11} pu_{24} $ȵit_{2}$　今晡日（今天）
$ts'o_{11}$ pu_{24} $ȵit_{2}$　昨晡日（昨天）

五、屈折變化

屈折變化是屈折語在形態上的一種變化特徵，屈折語中的詞除表示詞滙意義的詞根以外，還有表示語法意義的附加成分。如果詞內的詞根部分拿語音替換的方法來表示詞的語法變化的叫內部屈折（註九）。（所謂「內部」指的是詞根的內部），英語名詞往往用內部屈折來表示單數與複數的區別，例如 foot （腳）是單數名詞，複數名詞是feet，它的單複數就有元音 u-i 交替的屈折變化。（註十）

客語的內部屈折非常細微。不是說客家話的人，往往不易辨別，而且這種屈折現象有逐漸式微的趨向。例如梅縣話：

ke_{51} le_{51} 這裏（位） ke_{51} ke_{51} 這個 ke_{51} teu_{51} 這些

ke_{53} le_{31} 那裏（位） ke_{53} ke_{31} 那個 ke_{53} teu_{31} 那些

這些指代詞由聲調的變化來辨別遠指和近指（˥˩ 51 近指，˥˧ 53 表遠指），但四縣方言也有用外部屈折變化來分辨的，近指變爲〔ia_{31}〕遠指仍用〔ke_{55}〕

ia_{31} vi_{55} 這裏（位） ia_{31} ke_{55} 這個 ia_{31} teu_{24} 這些

ke_{55} vi_{55} 那裏（位） ke_{55} ke_{55} 那個 ke_{55} teu_{24} 那些

除了指代詞的內部屈折外，最常見的是動詞詞尾〔e_{11}〕、形容詞尾〔e_{55}〕及副詞詞頭〔it_2〕的變調改變語法形式。

㈠動詞詞尾屈折：

動＋e_{11}→表疑問：

看 e_{11}〔$k'on_{55}$ ne_{11}〕（看了嗎？）

着好 e_{11}〔$tsok_2$ ho_{31} e_{11}〕（穿好了嗎？）

寫完 e_{11}〔sia_{31} van_{11} ne_{11}〕（寫完沒？）

動＋e_{24}→表完成：

看 e_{24}〔$k'on_{55}$ ne_{24}〕（看過了）

著好 e_{24}〔$tsok_2$ ho_{31} e_{24}〕（穿好了）

寫完 e_{24}〔sia_{31} van_{11} ne_{24}〕（寫完了）

㈡形容詞詞尾屈折：

形＋e_{55}→形容詞：

好 e_{55}〔ho_{31} ve_{55}〕（好的）

熟 e_{55}〔suk_5 ke_{55}〕（熟的）

形＋e_{11}→表疑問：

好 e_{11} 〔ho_{31} ve_{11}〕（好了嗎？）

熟 e_{11} 〔suk_5 ke_{11}〕（熟了嗎？）

形＋e_{24}→表完成：

好 e_{24} 〔ho_{31} ve_{24}〕（好了）

熟 e_{24} 〔suk_5 ke_{24}〕（熟了）

㈢副詞詞頭屈折：

it_2＋副→表疑問

it_2 多〔it_2 to_{24}〕（多少？）

it_2 會〔it_2 voi_{55}〕（多行？）

it_2 久〔it_2 kiu_{31}〕（多久？）

it_5＋副→表很、非常。

it_5 多〔it_5 to_{24}〕（很多）

it_5 會〔it_5 voi_{55}〕（很會）

it_5 久〔it_5 kiu_{31}〕（很久）

※副詞詞頭詞尾都屈折：客語副詞詞頭 /it/ 的屈折變化連帶使副詞尾也產生變調而使意義有所改變。

it_2＋副（尾調改變）→輕蔑的語氣（註十一）

it_2 多〔it_2 to_{24}〕（沒有多少？）

it_2 會〔it_{24} voi_{55}〕（不見得多行？）

it_2 久〔it_2 kiu_{31}〕（沒多久吧！）

it_5＋副（尾調改變）→懷疑的語氣。

it_5 多〔it_5 to_{24}〕（誰會相信很多的意思）

it_5 會〔it_5 voi_{55}〕（誰會相信很行的意思）

it_5 久〔it_5 kiu_{31}〕（誰說很久的意思）

註釋：

註　一：參見第六章第四節綜合現象的同化現象。

註　二：趙元任先生在 A Grammar of Spoken Chinese 中，論 prefixes（或譯為

前綴，或譯為詞頭）時，提出現代詞頭，把翻譯過來的詞頭也列入廣義的前加成分，例如：

單－(mono-，uni)：單方面，單細胞，單向路。

多－(poly-，multi-)：多元論，多音節。

泛－(pan-)：泛心論、泛太平洋、泛美洲。

準－(quasi-)：準學者、準白話、準時到。

偽－(pseudo-)：偽政府、偽君子。

不－(un-)：不邏輯、不民主、不通。

非－(non-)：非物質的、非戰鬪員。

次－(sub-)：次方言、次殖民地。

親－(pro-)：親點、親共、親眼看見。

反－(anti-)：反猶太、反宣傳、反革命、反間諜。

這些前加成分（prefixes）大都加在多音詞前，單音詞前的情況較少。由於「單、多、泛……等」字仍保有它的部分字義成分，所以不能算是正規的前加成分，只能以廣義前加成分來涵蓋它。

註　三：趙元任先生分複合詞詞尾、現代詞尾、名詞詞尾、動詞詞尾、從屬詞尾、零星詞尾等六類。這六類中若依前面廣義與狹義的標準來分，那麼趙先生所提出的複合詞尾與現代詞尾應屬於廣義後加成分，例如：

－然：果然忽、然、枉然。

－來：原來、本來、近來、從來。

－人：媒人、證人、中人、工人。

－師：律師、技師、醫師。

－士：學士、碩士、護士、進士。

－家：自家、李家、大家。

－心：信心、良心、耐心、忠心。

－下：手脫下、凳下、路下。

－頂：屋頂、桌頂、樹頂、山頂。

－性：本性、耐性、記性、猴性。

－錢：價錢、本錢、房錢、酒錢。

－氣：小氣、運氣、脾氣、客氣。

－係：總係、就係、但係、還係。

——以上複合詞尾。

－化（-ift，-ize）：腐化、中國化、工業化。

－的（-tic，-al）：科學的、政治的。

－性（ity，-ness）：可能性、普遍性、重要性。

-論 (ism)：一元論、唯心論、相對論。

-觀 (view)：樂觀、悲觀、人生觀。

-率 (rate of)：生產率、效率。

-法 (method)：十進法、比較法、歸納法。

-界 (the world of)：教育界、政治界、學術界。

-炎 (-itis)：盲腸炎、肺炎、腦炎。

-學 (ics，ology)：醫學、數學、物理學。

-家 (-ist)：教育家、政治家、運動家。

-員 (-member of a group)：教員、船員、議員。

——以上現代詞尾。

以上所舉複合詞尾是使由已久，文言性不強的書面語，經各方言普遍採用的通行詞，所以各方言間差異極少，至於現代化詞尾則是西風東漸以後受西方語法影響而新產生的，這種西化是普遍性的，所以用語上各方言也都一樣，客語與國語之間除了「的」的「ke」之外，其餘都相同。這些詞尾在字義上都含有其原字的意義（如「媒人」的「人」仍是人；「教育界」的「界」指的仍是這個空間，所以只能算是廣義的後加詞尾。

註　四：「蝦公」「蟻公」的「公」都決有「雄」的意義，用公代表全體（包括雄與雌），但「雕公」「鴨公」「雞公」的「公」有「雄性」的意義，不在附加成分範圍。

註　五：「牛牯」「羊牯」「豬牯」的「牯」帶有「雄性」的意義，不能算是附加成分，故不列入。

註　六：「雞嫲」「雕嫲」「鴨嫲」的「　」有「雌性」的意思，不能列入附加成分。

註　七：根詞尾如果是 i,e,o,a 加 e_{24}，但也可以變成 le_{24}。

註　八：暗晡頭一詞的結構很活，大致有兩種分法：

(1)「暗晡」：如「tak ˧ 暗晡」(每晚)、「ia ˅ 暗晡」(這晚)、「暗晡 ia ˅」（今晚）、「兩暗晡」（兩晚）。

(2)「暗頭」：如「臨暗頭」（傍晚）、「臨暗 me ˅」（傍晚）。

如果從(1)的結構看來「暗晡」是詞根，〔-頭〕是實字（有「暗晡」之「頭」的意思）。從(2)的結構看「暗頭」是詞根，「晡」是插入其中的詞嵌。

註　九：外部屈折指詞內詞根以外的地方，拿語音替換來表示語法變化，一般詞尾 (suffixes) 變化就是外部屈折的一種，前面所舉後加成分就是外部屈折。

註　十：漢語不是屈折語，所以一般說來決有形態的變化，所以這裏所舉都是很特殊的狀況，例如國語的「看」有外部屈折的現象。

變化形式	例　　　　　詞	表示語法意義
不變式	看	不變形態
重疊式	看看（鼓鼓掌，研究研究）	表嘗試或卽行
嵌音式	看一看（鼓一鼓掌）	強度嘗試卽行
	看了看（鼓了鼓掌）	嘗試完成態
加輔助詞式	看起來	開始態
	看著	進行態
	看下去	繼續態
	看過	已行態
	看了	完成態
	看的（如昨天看的戲）	已行完成態
	被看	被動態

這是漢語中較特殊的外部屈折變化。至於內部屈折，各方言有各方言的特色，常常因為詞根的聲母，韻母或聲調的形態發生變化的屈折形式來表示動詞的「體」或「時態」變化。許寶華先生在「略說方言和普通話構詞的異同」（中國語文（1965.5月）曾舉下面的例子說明外部屈折：

商　縣　話　　　　　　　　　　　廣　州　話

tsy ˨˩（抓）　tsyw ˨˩（抓了）　lai ˨˩（來）　lai ˥˧（來了）

tsə ˨˩（吃）　ts'əw ˨˩（吃了）　sik ˧（吃）　sik ˥˧（吃了）

再如厦門話、潮州話和浙南話詞根的韻母發生變化（加 -n 或 -ŋ）形成複數，例如：

	我	我們	你	你們	他	他們
厦門	gua	gu(a)n	li	lin	i˥	in˥

潮州	ua	uaŋ	lɯ	niŋ	i	iŋ˧
浙南	gua	gu(a)	lɯ	lien	i	ien˥

註十一：「形＋e」→表疑問」與「動＋e」→表疑問」一致。

「形＋e →表完成」與「動＋e →表完成」一致。

相同的語位有相同的語法功能，這就是有些學者把動詞與形容詞劃為同一詞類的最基本因素。

●台灣的客家人，在各界均扮演着重要的角色。

第十六章 客家話的特殊詞彙

第一節　詞義古今有別

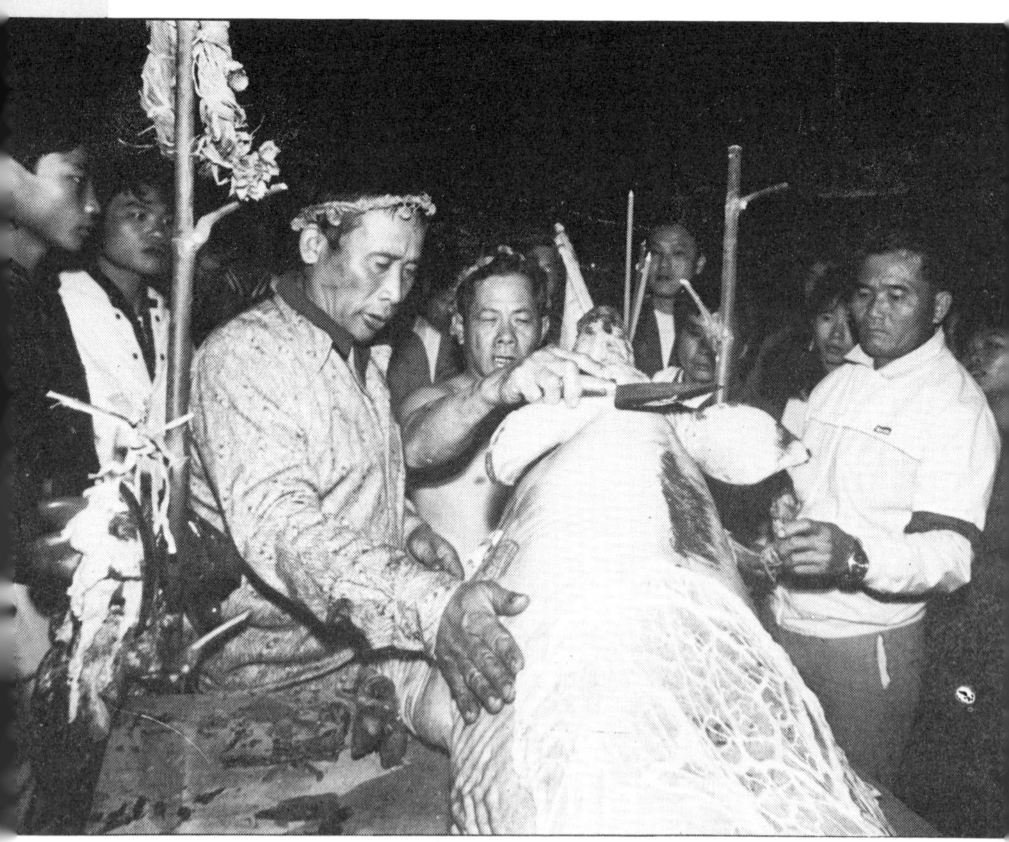

●十七世紀荷蘭、西班牙人據台時期，平埔族是台灣勢力最大的語族。(劉還月／攝影)。

客語詞彙與其他方言不同的地方，頗爲廣泛零碎，這裏綜合前面的分析，分成㈠詞義古今有別，㈡詞義廣狹不一，㈢詞義分歧現象，㈣單音詞特多等四個部分，加以比較說明：

許多客語語詞都保有古字古音，但長久不用，被遺忘了，以爲是有音無字，所以特別在此，把收集的字詞按韻母次序編列出來：

꜀t'i 知（知曉）：如 ꜁m̩ ꜀ti 唔知、꜀ti ꜁mo?（知道嗎）。

꜀tsï 扻（扯）：如 ꜀tsï ꜁t'eu ꜁na ꜀mo 扻頭□毛（扯頭髮）。

꜁ts'ï 剷（殺，割）：如 ꜁ts'ï ꜀tsu 剷豬（殺豬）。

꜁ts'ï 蚩（蟲）：如 ꜀kie ꜁ts'ï 鷄蚩（鷄身上小蟲）。

꜁ts'ï 飼（餵牲畜）：如 ꜁ts'ï liau꜄ 飼料， ts'ï꜄ fan꜄ 飼飯。

sï꜄ 蒔（植秧苗）：如 sï꜄ ꜁t'ien 蒔田。

꜀pi 陂（蓄水處）：如 ꜀pi ꜁t'oŋ 陂塘、꜀pi ꜁t'eu 陂頭。

꜀pi 飛（飛）：如 ꜀tiau ꜂ve ꜀pi 鳥仔飛。

꜀pi 蜱（恙蟲）：如 ꜁kon ꜀pi 螕蜱。

꜀p'i 被（棉被）：如 ꜀p'i kut꜆ 被骨、 ꜁p'i ꜀tan 被單。

꜀ti 底（裡）：如 ꜀ti ꜂tu 底肚（裏面）。

꜀k'i 攲（陡）：如 ꜁toŋ ꜀k'i 當攲（很陡）。

꜀ts'i 篩（竹器）：如 ꜀ts'i ꜂e 篩子。

꜀si 荽（荽）：如 ꜁ien ꜀si 芫荽，又唸 ꜀sui（荽）。

꜀si 絲（絲）：如 ꜁lo p'et꜇ ꜀si 蘿蔔絲，又唸 ꜀si（絲）。

꜁mi 抹（擦）：如 ꜁mi tsok꜆ 抹桌。

꜁vi 遺（遺）：如 ꜁vi ts'uk꜇ 遺族。

꜁k'i 蜞（水蛭）：如 ꜁fu ꜁k'i 湖蜞。

꜁ts'i 糍（米品）：如 ꜁ts'i ꜀pa 糍粑。

꜂pi 髀（大腿）：如 kiok꜆ ꜂pi 腳髀。

꜂ti 抵（遮）：如 ꜂ti n̥it꜆ ꜁t'eu 抵日頭（遮太陽）。

꜂i 倚（依靠）：如 ꜂i sï꜄ ꜁m̩ tet꜆ 依恃不得（不可靠）。

pi꜄ 秘（秘）：如 pi꜄ kiet꜆ 秘結。

pi꜄ 痱（膚上小疹）：如 ȵiet꜄ pi꜄ ꜂e 熱痱子。

pi꜄ 背（負物）：如 pi꜄ tai꜄ 背帶。

p‘i꜄ 濞（鼻涕）：如 ꜁liu p‘i꜄ 流濞。

p‘i꜄ 鼻（聞）：如 p‘i꜄ ꜁tuŋ ꜀si 鼻東西（聞東西）。

p‘i꜄ 啡（唾聲）：如 p‘i꜄ ꜁t‘am 啡痰（吐痰）。

fi꜄ 會（會）：如 ꜁k‘oi fi꜄ 開會，又唸 voi꜄ 會（動詞）。

vi꜄ 衞（保護）：如 vi꜄ ꜀sen 衞生。

vi꜄ 爲（爲）：如 vi꜄ ts‘ok꜇ 爲著（爲了）。

꜁ki 髻（髮結）：如 ꜁ki ꜀tsuŋ 髻總（髮髻）。

ki꜄ 忌（忌）：如 tso꜄ ki꜄ 做忌。

꜀pu 晡（黃昏）：如 am꜄ ꜀pu ꜁t‘eu 暗晡頭（晚上）。

꜀pu 㚙（女子）：如 ꜀pu ꜁ȵioŋ 㚙娘（妻子）。

꜀v‘u 烏（黑）：如 ꜁t‘on ꜀vu 團烏（天黑）、꜀vu set꜆ 烏色（黑色）。

꜀lu 鹵（用鹽醃）：如 ꜀lu ꜁ham ts‘oi 鹵鹹菜、꜁saŋ ꜀lu 生鹵（生銹）。

꜀ku 傴（僂）：如 poi꜄ ꜁ku ꜀ku 背傴傴（駝背）。

꜀k‘ieu 箍（圈住）：如 ꜀k‘ieu ꜂hi ꜁loi 箍起來（圈起來）、t‘ai꜄ ꜀k‘ieu 大箍（胖）。

꜁p‘u 符（符）：如 fa꜄ ꜁p‘u kau꜄ 畫符誥（書符）。

꜁p‘u 焿（烤）：如 ꜁p‘u ꜀fan ꜁su 焿蕃薯（烤甘薯）。

꜁p‘u 瓠（葫蘆）：如 ꜁p‘u ꜂ve 瓠子。

꜁t‘u 塗（泥）：如 ꜁t‘u ꜁sioŋ 塗牆（土牆）。

꜁lu 攎（抱持）：如 ꜁lu ꜁ts‘eu 攎柴（抱薪）。

꜂pu 斧（斧）：如 ꜂pu ꜁t‘eu（斧頭）。

꜂p‘u 脯（肉乾）：如 ꜁ŋ̍ ꜂p,u 魚脯（魚乾）。

꜂p‘u 普（看不清）：如 ꜂p‘u muk꜆ 普目（瞎眼）、꜀t‘ien ꜂p‘u ꜂p‘u 天普普（天剛亮）。

꜂vu 撫（弄）：如 ꜂vu ꜂fai t‘et꜆ 撫壞掉（弄壞了）。

꜂ku 牯（雄）：如 ꜁ȵiu ꜂ku 牛牯（雄牛）、꜀tsu ꜂ku 豬牯（公豬）。（客語雄性動物稱「牯」，雌性動物稱「嫲」。）

p'u꜄ 脯（窺伺）：如 p'u꜄ ꜂ten 脯等（伺機而動）、p'u꜄ ꜀tiau ꜂e 脯鵰（抓鳥）。

fu꜄ 戽（以器汲水）：如 fu꜄ ꜂sui 戽水（打水仗）、fu꜄ ꜁ŋ̍ ꜂ŋe 戽魚（汲水使乾淺好捉魚）。

fu꜄ 赴（往）：如 fu꜄ ꜁m̍ ꜂to 赴不到（趕不上）、fu꜄ ꜀ts'a 赴車（趕）。

fu꜄ 褲（褲）：如 ꜁sam fu꜄ 衫褲（衣服）。

tu꜄ 黗（深黑）：如 ꜁vu tu꜄ tu꜄ ꜂e 烏黗黗（黑漆漆）。

tsu꜄ 晝（白日）：如 ꜁toŋ tsu꜄ 當晝（中午）、sït꜇ tsu꜄ 食晝（午餐）。

꜀ku 踞（蹲）：如 ꜁ku ꜀ha ꜁loi 踞下來（蹲下來）。

꜀pa 扒（抓黏）：如 ꜁pa het꜇ het꜇ 扒□□（黏得緊緊的）。

꜁fa 譁（誇大）：如 ꜁fa ꜀liau 譁聊（說謊、誇大）。

꜀tsa 遮（蔽）：如 ꜀tsa ꜂e 遮子（雨傘）。

꜁ts'a 賒（欠賬）：如 ꜁ts'a sï꜄ 賒字（欠賬）。

꜀ka 猳（牡）如：꜁ioŋ ꜀ka 羊猳（公羊——種羊）。

꜀ka 枷（鎖脖子）：如 ꜀ka ꜂ten ꜀kien ꜁t'eu 枷等肩頭（搭肩膀）。

꜀a 裾（涎衣）：如 ꜁lan ꜀a ꜂e 瀾裾子（涎衣）。

꜁p'a 耙（耙）：如 kot꜆ ꜁p'a 割耙（翻切田土農具）。

꜁ma 蟆（蝦蟆）：如 ꜁ha ꜁ma 蝦蟆。

꜁ma 嫲（雌性動物）：如 ꜁ȵiu ꜁ma 牛嫲（母牛），꜁ioŋ ꜁ma 羊嫲（母羊），另有 sat꜇ ꜁ma 舌嫲（舌頭），꜁lip ꜁ma 笠嫲（斗笠）。

꜁sa 儕（人）：如꜂ki ꜀ha ꜁sa 幾下儕（好多個人）。

꜁ŋa 伢（赤子）：如 ꜀o ꜁ŋa □伢（嬰兒）。

꜂ts'a 扯（撕）：如 ꜂ts'a ꜂tsï 扯紙（撕紙），꜂ts'a sï꜄ ꜀pu 扯

字簿（撕簿子），另有 ꜂ts'a fan꜃ 扯飯（菜好容易下飯）。

ts'a꜃ 杈（杈）：如 ts'a꜃ ꜀ia（杈枒）ts'a꜃ ꜁ȵin 杈人（阻礙人）。

꜀po 煲（煮）：如 ꜀po tsuk꜄ 煲粥（煮稀飯）。

꜀so 臊（臭味）：如 ts'u꜃ ꜀so 臭臊。

꜀o 屙：如 ꜀o꜁nuŋ 屙膿（講話不實）。

꜁p'o 浮：如 ꜁p'o p'aŋ꜃ 浮胖（虛浮水面），꜁p'o ts'oi꜃ 浮菜（油炸物）。

꜁t'o 鉈：如 tsən꜃ ꜁t'o 秤鉈（秤錘）。

꜁t'o 綯：如 ꜁t'o ꜁ȵiu 綯牛（綁牛），꜁t'o ꜂ten 綯等（綁著）。

꜁no 挼：如 ꜁no sok꜄ ꜁ke 挼索子（搓繩子）。

꜁lo 腡：如 ꜂su ꜁lo 手腡（手紋）。

꜁so 趖（爬行）：如 ꜁so ꜁loi ꜁so hi꜃ 趖來趖去（爬來爬去）。

꜁o 蚵（蚵）：如 ꜁o ꜂ve 蚵子。

ŋo꜃ 臥（昂）：如 ꜁t'eu ŋo꜃ ŋo꜃ 頭臥臥（昂頭）

꜀so 唆（慫恿）：如 ꜀so ꜂suŋ 唆慫（慫恿）。

꜀ȵia 惹（惹）：如 ꜁ȵia sï꜃ 惹事，꜁ȵia ke꜃（你的）。

꜁k'ia 擎（舉）：如 ꜁k'ia ꜂su 擎手（舉手）。

꜁k'io 瘸（瘸）：如 ꜁k'io ꜂su 瘸手。

꜀ȵio 揉（揉）：如 ꜀ȵio ꜂tsï 揉紙。

kie꜃ 尬（尷尬）：如 ꜀kaŋ kie꜃ 尷尬。

꜀k'ai 揩（挑）：如 ꜀k'ai ꜁ts'eu 揩柴（挑柴）。

꜁t'ai 啼：如 ꜀kie ꜁t'ai 雞啼。

꜁sai 豺（貪吃）：如 ok꜄ ꜁sai ꜁sai 惡豺豺（很兇的樣子）。

꜂sai 徙（遷移）：如 ꜂sai vi꜃ 徙位。

꜀voi 煨（熱火灰熟物）：如 ꜁voi ꜀fan ꜁su 煨蕃薯。

꜁voi 捐（擲）：如 ꜁voi sak꜅ ꜁t'eu 捐石頭（丟石子）

꜀tsoi 朘（赤子陰）：如 ꜁tsoi mien꜃ 朘面（傻楞楞）。

꜀soi 鰓（鰓）：如 ꜁hoi ꜀soi 頦鰓。

꜀kio 頦（頤下）：如 ꜁ha ꜁ma ꜀koi 蛤蟆頦（下頦）。
꜁moi 糜（粥）：如 sït꜇ ꜁moi 食糜（吃稀飯）。
꜁moi 脢（背肉）如 ꜁moi ꜁t'iau ȵiuk꜆ 脢條肉。
꜁ts'oi 癠（瘡疽）：如 pot꜆ ꜁ts'oi 發癠。
p'oi꜄ 焙（烘）：如 p'oi꜄ ꜀tsau 焙燥（烘乾）。
tsui꜄ 贅：如 tsui꜄ ꜂sui 贅水（墨水滲散紙上）。
꜀p'au 抛（用鹽和物）：如 ꜀p'au ꜁iam 抛鹽。
꜀k'au 尯（戲謔）：如 ꜀k'au ꜂se 尯洗（謔諷）。
꜁lau 潦（濕）：如 ꜀sam ꜁lau 衫潦潦（衣服濕濕）。
꜂au 拗（折）：如 ꜂au ꜀t'on 拗斷（折斷）。
꜀tsau 燥（乾）：如 ꜀tsau ꜂sui 燥水（乾燥）。
kau꜄ 酵（發粉）：如 fat꜆ kau꜄ 發酵（酵母）。
kau꜄ 誥（符）：如 ꜁p'u kau꜄ 符誥。
ŋau꜄ 撽（轉頭）：如 ŋau꜄ ꜂tson ꜁loi 撽轉來（轉過來）。
au꜄ 拗（折）：如 hau꜄ au꜄ 好拗（好辯）。
꜁liau 撩（戲弄）：如 ꜁liau ꜁ȵin 撩人（戲弄人）。
t'iau꜄ 糶（賣出）：如 t'iau꜄ ꜂mi 糶米。
꜀peu 驫（跳）：如 ꜁ȵiu ꜀peu 牛驫（牛跑）。
꜀neu 嬈（戲弄）：如 ꜀neu ꜁ȵin 嬈人（用手搔人癢）。
꜀seu 餿（腐臭）：如 ts'u꜄ ꜀seu 臭餿。
꜁p'eu 浮（浮）如 ꜁p'eu ꜂hi ꜁loi 浮起來。
꜁t'eu 投（告訴）：如 ꜁t'eu ꜁ȵin 投人（向人訴苦）
꜁leu 剅（手伸入）：如 ꜁leu ꜁ŋ̍ ꜂ŋe 剅魚子（手伸入洞中抓魚）
꜁leu 瘻（頭上腫瘤）：如 ꜂hi ꜁leu 起瘻。
꜂neu 扭（扣）：如 ꜂neu ꜀ sam 扭衫（扣衣服）。
teu꜄ 竇（巢）：如 ꜀tiau teu꜄ 鳥竇（鳥巢）。
tseu꜄ 醮（祭名）：如 ꜂ta tseu꜄ 打醮。
eu꜄ 漚（濕爛）：如 eu꜄ eu꜄ 漚漚（濕爛）。
eu꜄ 熰（烘）：如 eu꜄ ꜂fo 熰火。

꜂teu 陡（陡）：如 ꜂teu kia꜄ 陡崎。
p'eu꜄ 瘭（疱）：如 ꜂hi p'eu꜄ 起瘭（起泡）。
꜀k'ieu 箍（圍）：如 t'ai꜄ ꜀k'ieu 大箍（大胖）。
꜀k'ieu 鬮（籤）：如 ꜁ȵiam ꜀kien 拈鬮（抓鬮）。
꜀k'ieu 蕎（韮類）：如 ꜀k'ien ꜂ve 蕎仔。
꜀hieu 僥（佔便宜）：如 ꜀hieu ꜁ȵin 僥人（佔人便宜）。
꜁hieu 姣：如 pot꜆ ꜁hieu 發姣（發情）。
k'ien꜄ 竅（孔）：如 ꜂kuŋ k'ieu꜄ 孔竅（不平）。
꜀kiu 跔（縮）：如 ꜂su ꜁kiu ꜀kiu 手跔跔（縮手）。
꜀k'iu 臼：如 ꜁tsuŋ ꜀k'iu 舂臼。
iu꜄ 幼（細）：如 iu꜄ ꜀hoŋ 幼糠（細糠）。
꜀am 盦（覆蓋）：如 ꜁am ꜁li ꜀pa 盦籬笆。
꜁ham 涵（洞）：如 ꜂sui ꜁ham 水涵。
꜂ŋam 頷（下顎）：如 ꜂ŋam ꜁t'eu 頷頭。
lam꜅ 濫：如 lam꜅ ꜁nai 濫泥。
tsam꜄ 讚（美好）：如 ꜀toŋ tsam꜄ 當讚（很好）。
ts'am꜄ 鏨（鑿）：如 ts'am꜄ ꜀k'uŋ 鏨空（鑿孔）。
k'am꜄ 崁：如 k'am꜄ ꜁t'eu 崁頭。
꜀ȵiam 瞼（眼瞼）：如 ꜁suŋ ꜀ȵiam 雙瞼。
꜀k'iam 槏（戶限）：如 ꜁fu ꜀k'iam 戶槏（門檻）。
꜀hiam 馦（味）：如 ȵiau꜄ ꜀hiam 尿馦。
꜀ts'am 劖（殺）：如 ꜁ts'iam ꜀tsu 劖豬（殺豬）。
꜂liam 斂（淺）：如 ꜂sui ꜂liam 水斂（水淺將涸）。
꜂kiam 撿（拾）：如 ꜂kiam ꜁ts'eu 撿柴（拾柴）꜂kiam ꜁ts'ien 撿錢（付錢）。
tsiam꜄ 佔（佔）：如 tsiam꜄ vi꜄ 佔位。
iam꜄ 掞（用腳搖動）：如 iam꜄ su꜄ 掞樹（用腳搖樹）
꜀tsiam 尖（擠）：如 ꜀tsiam ꜁loi ꜁tsiam hi꜄ 尖來尖去（擠來擠去）。

꜀em 揞（掩）：如 ꜀em ꜀ten 揞等（撐著）。

꜁hem 含：如 ꜁hem fan꜄ 含飯。

꜁ts'im 尋（找）：如 ꜁ts'im ꜁tuŋ ꜀si 尋東西。

꜀pan 扳（抓）：如 ꜀pan ꜂ho 扳好（抓穩）。

꜀p'an 攀（翻）：如 ꜀p'an ꜁li ꜀pa 攀籬笆。

● 素來與世無爭的客家人，也站起來爭取講客家話了。

꜀san 搧（掌擊）：如 ꜁san ꜀pa ꜂tsoŋ 搧巴掌。
꜂pan 粄（粿）：如 ꜁t'iam ꜂pan 甜粄（年糕）。
꜂tsan 盞（量詞）：如 ꜀ten ꜂tsan 燈盞。
man꜄ 饅（汚垢）：如 it꜆ ꜀sïn man꜄ 一身饅（汚垢）
tsan꜄ 棧（層）：如 ꜂lioŋ tsan꜄ ꜁leu 兩棧樓。
han꜄ 莧（菜名）：如 han꜄ ts'oi꜄ 莧菜。
꜁ŋuan 頑：如 ꜁ŋuan ꜁ŋuan 頑頑（不聽話）。
꜂k'uan 款（樣式）：如 ꜁m he꜄ ꜂k'uan 唔係款（不像話）。
꜂kon 稈（稻稈）：如 ꜁vo ꜂kon 禾稈（稻禾）。
꜀ts'on 吮（吸）：如 ꜀ts'on ꜂su ꜂tsï 吮手指。
꜁lion 攣（縫）：如 ꜁lon ꜀sam 攣衫。
꜀ten 蹬（立）：如 hok꜇ ꜀ten 學蹬（小孩學立）。
꜁t'en 騰（跟）：如 ꜁t'en ꜂ten 騰等（跟隨著）。
꜂men 愐（想）：如 ꜂men ꜀ts'in ꜂ts'u 愐清楚（想清楚）。
t'en꜄ 㩐（幫）：如 t'en꜄ ꜁t'eu 㩐頭（相稱）、t'en꜄ ꜂su 㩐手（幫忙）。
sen꜄ 擤：如 sen꜄ p'i꜄ 擤濞。
en꜄ 應（應）：如 en꜄ ꜀saŋ 應聲。
꜀ien 掀：如 ꜁ien ꜀k'oi 掀開。
꜁min 眠（睡）：如 ꜁min tsoŋ꜄ 眠帳。
꜂pien 貶（翻）：如 ꜂pien ꜂tsan ꜁loi 貶轉來（翻過來）
꜂tien 展（表現）：如 hau꜄ ꜂tien 好展（愛現）
꜂ȵien 撚（招）：如 ꜀pun ꜀kui ꜂ȵien ꜂to 分鬼撚到（被鬼招到）。
꜀kien 筧（水涵）：如 ꜀sui ꜂kien 水筧。
꜂k'ien 艮（氣）：如 ꜂k'ien ꜂si ꜁ȵin 艮死人（氣死人）。
꜂sien 跣（脫光）：如 ꜁sam fu꜄ ꜂sien ts'iaŋ꜄ ts'iaŋ꜄ 衫褲跣淨淨（衣服脫光光）。
k'ien꜄ 胃（穿）：如 k'ien꜄ ꜀k'uŋ 胃空（穿孔）。

kʻien꜄ 𥥙（穿）：如 kien꜄ pi꜄ 𥥙鼻（穿鼻）。
hien꜄ 𦏲（臊）：如 tsʻu꜄ hien꜄ 臭𦏲（臭味）。
tsien꜄ 踐（踏）：如 iuŋ꜄ lit꜇ tsien꜄ 用力踐（用力踏）
꜂kuen 耿（固執）：如 ꜂kuen sin꜄ 耿性（固執）
꜀in 齦：如 ꜁ŋa ꜀ȵin ȵiuk꜆ 牙齦肉。
꜁tʻin 騰（跟隨）：如 ꜁t,in ꜁yn 騰雲，꜁tʻen ꜂ten（跟著）。
꜀tsʻen 呻（呻吟）：如 ꜂an voi꜄ ꜀tsʻen 恁會呻（很會呻吟）。
꜀tsʻun 春（伸）：如 ꜀tsʻun ꜂su ꜀tsʻun kiok꜄ 春手春腳（伸手伸腳）。
꜀pun 分（給）：如 ꜀pun ꜁fuŋ 分紅。
꜂kun 衮（連續）：如 pit꜇ pit꜇ ꜀kun（迅速快捷）。
vun꜄ 搵（沾）：如 vun꜄ ꜂sui 搵水（沾水）。
tsun꜄ 圳：如 tsun꜄ ꜀kieu 圳溝。
꜀hiun 欣：如 ꜀hiun ꜂soŋ 欣賞。
꜁kiun 芹：如 ꜁kʻiun tsʻoi꜄ 芹菜。
꜁kʻiun 菌：如 ꜁kʻiun ꜂tsuŋ 菌種。
iun꜄ 潤：如 iun꜄ ꜁ȵien 潤年。
꜀kaŋ 羹：如 sït꜇ ꜀kaŋ 食羹。
꜀haŋ 坑：如 ꜀haŋ lak꜆ 坑壢。
꜀aŋ 甖：如 ꜁iam ꜀aŋ ꜂ŋe 鹽甖子。
꜁pʻaŋ 棚：如 ꜁pʻu ꜁pʻaŋ 蒲棚。
꜁tʻaŋ 埕（場子）：如 ꜁vo ꜁tʻaŋ 禾埕。
tsʻaŋ꜄ 程（箱子）：如 ꜀mi tsʻaŋ 米程。
꜁tsʻaŋ 瞠（刺眼）：如 ꜁tsʻaŋ ꜂ȵien 瞠眼（刺眼）。
꜁haŋ 桁（樑）：如 ꜁haŋ ꜂ŋe 桁仔。
꜂tsaŋ 整（修理）：如 ꜂tsaŋ vuk꜆ 整屋（修理房子）
꜂kaŋ 鯁（咽）：如 ꜂kaŋ ꜂to 鯁到。
tsʻaŋ꜄ 橧（木箱）：如 ꜂mi tsʻaŋ꜄ 米橧（裝米木箱）。
kiaŋ꜄ 徑（阻礙）：如 kaŋ꜄ kaŋ꜄ tsʻa꜄ tsʻa꜄ 徑徑杈杈。

꜀kiaŋ 荆：如 pu꜄ ꜀kiaŋ ꜂ŋe 有荆仔。

꜀tsiaŋ 腈（瘦）：如 ꜀tsiaŋ ȵiuk꜆ 腈肉。

꜁t‘oŋ 盪（漱）：如 ꜁t‘oŋ tsoi꜄ 盪嘴。

꜂moŋ 罔（尚可）：如 ꜂moŋ k‘on꜄ 罔看（尚可看）。

t‘oŋ꜄ 宕（浪費）：如 t‘oŋ꜄ it꜆ ꜁ha tsu꜄ 宕一下晝（浪費一下午）。

koŋ꜄ 槓（扁擔）：如 koŋ꜄ ꜂ŋe 槓仔。

k‘oŋ꜄ 囥（藏）：如 k‘oŋ꜄ ꜂hi ꜁loi 囥起來。

hoŋ꜄ 項（方）：如 ꜂taŋ hoŋ꜄ 頂項（上面）。

hoŋ꜄ 䟘（起床）：如 hoŋ꜄ ꜁ts‘oŋ 䟘床（起床）。

pioŋ꜄ 放：如 pioŋ꜄ liau꜄ 放嫽（放假）。

꜀pioŋ 枋（木板）：如 ꜀pioŋ ꜁liau 枋寮。

꜀k‘ioŋ 腔：如 ꜀k‘ioŋ ꜁t‘eu 腔頭（腔調）。

꜂p‘ioŋ 紡：如 ꜂p‘ioŋ tsït꜆ 紡織。

ts‘ioŋ꜄ 像：如 ꜁sioŋ ts‘ioŋ 相像。

sioŋ꜄ 相：如 hip꜆ sioŋ꜄ 翕相（照相）。

꜀p‘uŋ 楓：如 ꜁p‘uŋ su꜄ 楓樹。

꜀p‘uŋ 鋒：如 ꜁p‘uŋ li꜄ 鋒利。

꜁tuŋ 中：如 ꜁tuŋ oŋ꜄ 中央。

꜀tsuŋ 舂：如 ꜁tsuŋ ꜀k‘iu 舂臼。

꜁p‘uŋ 蓬：如 pu꜄ ꜁p‘uŋ 布蓬。

꜁muŋ 濛：如 ꜁muŋ ꜀ien 濛煙（霧）。

꜁nuŋ 穠（亂絲）：如 ꜀mo꜁nuŋ ꜁nuŋ 毛穠穠。

꜁luŋ 礱（碾）：如 ꜁luŋ kuk꜆ 礱穀。

꜁luŋ 窿（洞）：如 iet꜆ ꜁luŋ 挖窿。

꜁ts‘iuŋ 重（再次）：如 ꜁ts‘iuŋ ꜁loi 重來。

puŋ꜄ 棒：如 puŋ꜄ ꜁k‘iu 棒球。

꜂tuŋ 挏（撞）：如 ꜂tuŋ ꜁k‘iu ꜁ts‘oŋ 挏球場。（撞球場）

꜂tsuŋ 塚（墳）：如 ꜂tsuŋ p‘u 塚埔（墳場）。

꜂suŋ 㧡（推）：如 ꜂suŋ ꜀k'oi 㧡開（推開）。

꜂suŋ 慫：如 ꜀so ꜂suŋ 唆慫（慫恿）。

p'uŋ꜄ 縫：如 pau꜄ sien꜄ p'uŋ 爆線縫。

ts'uŋ꜄ 銃（鎗）：如 ts'uŋ꜄ ꜂ŋe 銃仔（槍）。

kuŋ꜄ 訌（脹聚）：如 kuŋ꜄ ꜁nuŋ 訌膿。

꜀tsiuŋ 蹤：如 ꜁mo ꜀tsiuŋ ꜁mo tsiak꜆ 無縱無跡。

꜀iuŋ 壅（覆蓋）：如 ꜀iuŋ ꜁nai 壅泥（覆泥）。

꜂tsiuŋ 縱（寵）：如 ꜂tsiuŋ fai꜄ 縱壞（寵壞）。

siuŋ 誦：如 siuŋ꜄ ꜀kin 誦經。

꜀kiuŋ 弓（內向外張）：如 ꜀kiuŋ ꜁hen ꜁loi 弓□來（綳緊）。

kiuŋ꜄ 供（生）：如 kiuŋ꜄ moi꜄ ꜂e 供妹子（生女兒）。

tsïp꜆ 汁（淚）：如 muk꜆ tsïp꜆ 目汁（眼淚）。

tsïp꜆ 執：如 tsïp꜆ sin꜄ 執性（固執）。

lip꜆ 笠：如 lip꜆ ꜁ma 笠嫲（斗笠）。

hip꜆ 翕（照攝）：如 hip꜆ sioŋ꜄ 翕像（照像）。

hip꜆ 熻（悶）：如 hip꜆ ȵiet꜇ 熻熱（悶熱）。

sip꜇ 緝：如 ꜁t'uŋ sip꜄ 通緝。

tap꜆ 答（理會）：如 ꜀moi tap꜆ ꜁ȵin 無愛答人（不理人）。

tap꜆ 褡：如 ꜂tu tap꜆ fu꜄ 肚褡褲（開襠褲）。

sap꜆ 眨（閉）：如 sap꜆ muk꜆ 眨目（閉眼）。

kap꜆ 鴿：如 ȵiet꜇ kap꜆ ꜁pe 月鴿子（鴿子）。

kap꜆ 頰：如 mien꜄ kap꜆ ꜂lon 面頰卵（面頰）。

kap꜆ 閘：如 ꜂sui ꜂kap ꜁pe 水閘仔。

hap꜆ ⿸疒盍（喘病）：如 pot꜆ hap꜆ 發⿸疒盍（氣喘）。

sap꜇ 煠（煮）：如 sap꜄ ts'oi꜄ 煠菜（煮菜）。

k'ap꜄ 洽：如 tsiap꜆ k'ap꜄ 接洽。

t'iap꜆ 墊（預付）：如 t'iap꜆ ꜁ts'ien 墊錢。

ȵiap꜆ 攝（捲）：如 ȵiap꜆ ꜁sam ts'iu꜄ 攝衫袖（捲袖子）。

ȵiap꜆ ⿰目聶（眨）：如 ȵip꜆ muk꜆ ꜀tsu ⿰目聶目珠（閉眼睛）。

●早期爲防止外犯而建的隘門（劉還月／攝影）。

siap꜆ 楔（塞）：如 siap꜆ ꜁ŋa ꜂ts'ï 楔牙齒。

tsiap 輒（常）：如 tsiap꜇ tsiap꜇ ꜁loi 輒輒來（常來）。

sïp꜆ 澀：如 sïp꜆ sïp꜆ 澀澀。

sït꜆ 識（曾經）：如 sït꜆ hi꜄ 識去（曾經去）。

ts'ït꜇ 值：如 ts'ït꜇ tet꜆ 值得。

ts'ït꜇ 蟄：如 ꜁kiaŋ ts'ït꜇ 驚蟄。

pit꜆ 必（裂）：如 pit꜆ lak꜆ 必壢（裂縫）。

p'it꜆ 避：如 p'it꜆ ꜀k'oi 避開。

tsit꜆ 責：如 tsit꜆ fat꜇ 責罰。

pat꜇ 鉢：如 ꜁p'un ꜁t'eu pat꜆ ꜁te 盆頭鉢仔。

pat꜆ 撥（調借）：如 pat꜆ ꜁ts‘ien 撥錢（借錢）。

p‘at꜆ 潑：如 p‘at꜆ ꜂sui 潑水。

mat꜆ 袜：如 mat꜆ ꜁te 袜仔。

vat꜆ 斡（彎）：如 ꜂tson vat꜆ 轉斡（轉彎）。

tsat꜆ 紮：如 tsat꜆ ꜂kon 紮稈（紮稻草）。

ts‘at꜆ 掣（限制）：如 ts‘at꜆ ꜂ten ꜂tseu 掣等走。

ŋat꜆ 齾：如 ŋat꜆ ꜂kui 齾鬼（吝嗇鬼）。

tat꜇ 值：如 kie꜄ tat꜇ 價值（借閩音）。

tsat꜇ 拶（擠）：如 tsat꜇ tsat꜇ ke꜄ ꜁ȵin 拶拶的人（很擠的人）。

sat꜇ 蝕（蝕）：如 sat꜇ t‘et 蝕掉。

met꜆ 搣（弄）：如 met꜆ ꜁tuŋ met꜆ ꜀si 搣東搣西。

vet꜆ 域：如 ꜀k‘i vet꜆ 區域。

t‘et꜆ 忒（過甚）：如 t‘et꜆ ꜀to 忒多（太多）。

net꜆ 竻（刺）：如 net꜆ ꜁t‘e 竻（刺）。

set꜆ 虱：如 set꜆ ꜁ma 虱嫲（虱子）。

let꜇ 勑（抱）：如 let꜇ ꜁ȵin 勑人（抱人）。

kiet꜆ 結：如 kiet꜇ sat꜆ 結舌（口吃）。

kiet꜆ 訣：如 pi꜄ kiet꜆ 秘訣。

iet꜆ 揠（挖）：如 iet꜆ ꜁meu 揠苗。

p‘iet꜇ 撇：如 it꜆ p‘iet꜇ ꜀si 一撇鬚。

pot꜆ 發（有錢）：如꜀toŋ pot꜆ 當發（很有錢）。

tot꜆ 掇（躉）：如 tot꜆ fo꜄ 掇貨（躉買大批轉手賣出）。

tot꜆ 咄：如 ꜁hoi ꜁hoi tot꜆ tot꜆ 喝喝咄咄。

lot꜇ 捋（掠）：如 lot꜇ ꜀si 捋鬚。

put꜆ 抔（捧）：如 put꜆ ꜁nai ꜀sa 抔泥沙（用兩手捧）。

ts‘ut꜇ 捽（擦）：如 ts‘ut꜇ ꜂te 捽子。

k‘ut꜆ 屈（彎曲）：如 k‘ut꜆ ꜂tsï 屈指。

p‘at꜆ 魄：如 ꜁fun p‘at꜆ 魂魄。

mak⊃ 萺：如 mak⊃ ⊆ke 萺仔（萵苣）。
lak⊃ 壢（坑）：如 sak⊇ lak⊃ 石壢。
tsak⊃ 摘（採）：如 tsak⊃ ⊆ts'a 摘茶。
tsak⊃ 炙（煮）：如 tsak⊃ ⊆ts'a 炙茶。
tsak⊃ 笮（壓）：如 tsak⊃ ᶜten 笮等（壓著）。
ak⊃ 軛：如 ⊆ȵiu ak⊇ 牛軛。
t'ak⊇ 糴：如 t'ak⊇ ᶜmi 糴米。
p'iak⊃ 劈（砍）：如 p'iak⊃ ᶜts'o 劈草。
ȵiak⊃ 額：如 ȵiak⊃ ⊆t'eu 額頭。
tsiak⊃ 跡：如 ⊂tsiuŋ tsiak⊃ 縱跡。
siak⊃ 鵲：如 ⊆san ⊂a siak⊃ 山阿鵲。
siak⊃ 惜（憐愛）：如 tet⊃ ⊆ȵin siak⊃ 得人惜。
k'iak⊇ 屐：如 k'iak⊇ ᶜke 屐仔（木拖板）。
pok⊃ 礴（壩）：如 sak⊇ pok⊃ 石礴（石壩）。
p'ok⊃ 粕（糟）：如 ⊂tsu ⊆iu p'ok⊃ 豬油粕（糟）。
vok⊃ 豁（丟）：如 vok⊃ t'et⊃ 豁掉（丟掉）。
tok⊃ 琢（磨）：如 ⊂tiau tok⊃ 雕琢（捉弄）。
tsok⊃ 著（穿）：如 tsok⊃ ⊂sam 著衫（穿衣）。
ts'ok⊃ 躅（彳亍）：如 ts'ok⊃ ⊂soŋ ts'ok⊃ ⊂ha· 躅上躅下。
sok⊃ 索（繩）：如 sok⊃ ⊆ke 索仔（繩子）。
sok⊃ 肅（靜）：如 ⊂tiam sok⊃ sok⊃ □肅肅（靜悄悄）
kok⊃ 桷（椽）：如 kok⊃ ⊆ke 桷子（椽）。
hok⊃ 熇（烘）：如 hok⊃ ⊂tsau 熇燥（烘乾）。
vok⊇ 鑊（鍋）：如 vok⊇ ⊆t'eu 鑊頭。
tok⊇ 剢：如 tok⊇ ȵiuk⊃ 剢肉。
t'ok⊇ 擇（撿）：如 t'ok⊇ ts'oi⊃ 擇菜。
lok⊇ 絡：如 lok⊇ sok⊃ 絡索。
lok⊇ 落：如 lok⊇ t'i⊃ 落第。
ts'ok⊇ 著（對）：如 ⊆m ts'ok⊇ 唔著（不對）。

kiok$_{\supset}$ 钁（鋤）：如 kiok$_{\supset}$ $_{\subseteq}$t'eu 钁頭（鋤頭）。

ts'ok$_{\supset}$ 辵（彳亍）：如 ts'ok$_{\supset}$ $_{\subseteq}$loi ts'ok$_{\supset}$ hi$^{\supset}$ 辵來辵去。

p'iok$_{\supseteq}$ 瞨（租）：如 p'iok$_{\supseteq}$ $_{\subseteq}$t'ien 瞨田（租田）。

p'iok$_{\supseteq}$ 縛：如 p'iok$_{\supseteq}$ $^{\subset}$ke 縛仔。

iok$_{\supseteq}$ 浴（澡）：如 iok$_{\supseteq}$ $_{\subseteq}$t'oŋ 浴堂（澡堂）。

liok$_{\supseteq}$ 掠（梳）：如 liok$_{\supseteq}$ $^{\subset}$ke 掠仔（梳髮分邊的梳子）。

puk$_{\supset}$ 腹（內臟）：如 puk$_{\supset}$ nui$^{\supset}$ 腹內（內臟）。

p'uk$_{\supseteq}$ 仆（蹼）：如 p'uk$_{\supset}$ $_{\subseteq}$ha hi$^{\supset}$ 仆下去。

p'uk$_{\supset}$ 覆（醃）：如 p'uk$_{\supset}$ ts'oi$^{\supset}$ 覆菜。

tuk$_{\supset}$ 涿（淋）：如 tuk$_{\supset}$ $^{\subset}$i 涿雨（淋雨）。

tuk$_{\supset}$ 啄：如 tuk$_{\supset}$ muk$_{\supset}$ soi$^{\supset}$ 啄目睡。

luk$_{\supset}$ 摝（攪）：如 luk$_{\supset}$ $_{\subseteq}$t'oŋ $^{\subset}$sui 摝糖水。

p'uk$_{\supseteq}$ 伏（伏）：如 p'uk$_{\supseteq}$ to$^{\supset}$ tsok$_{\supset}$ hoŋ$^{\supset}$ 伏到桌項（伏在桌上）。

luk$_{\supseteq}$ 煺（燙）：如 $_{\subset}$pun $^{\subset}$fo luk$_{\supseteq}$ $^{\subset}$to 分（給）火煺（燙）到。

ts'uk$_{\supseteq}$ 嗽：如 ts'uk$_{\supseteq}$ to$^{\supset}$ voi$^{\supset}$ $^{\subset}$si 嗽到會死（嗽到要命）。

k'iuk$_{\supseteq}$ 侷：如 k'iuk$_{\supseteq}$ $^{\subset}$hi $_{\subseteq}$loi 侷起來（圍起來）。

第二節　詞義廣狹不一

客語有些詞的意義比國語或其他方言較廣，常常一個字詞聲音相同，卻有兩種以上的意義。今就常用的部分加以蒐羅：

꜀sun（脣或唇）：當名詞用指嘴唇，如 tsoi꜄ ꜀sun（喙唇），當修飾詞用指邊緣或周圍，如 ꜀sun ꜂heu 唇口（四周）、꜀pien ꜀sun 邊唇（邊緣）

ten꜄（凳）：不管無靠背的「凳子」或有靠背的「椅子」一律叫「凳子」。

lan꜄（爛）：包含「破碎」「腐爛」兩種意義，如꜂von lan꜄ it꜆ k'iet꜆ 碗爛一缺（碗破了一缺口）、lan꜄ tsoi꜄ 爛嘴。另有 ꜀mien（綿）也代表「腐爛」的意思，如 ꜀kam ꜂me ꜀mien t'et꜆ 柑子綿掉。

꜂koŋ（講）：有「講」「說」「談」三種意義，如 ꜂koŋ fa꜄（講話）、꜂koŋ ꜀fo（講和）、꜀ien ꜂koŋ（演講）一律用「講」而不用「說」或「談」。

꜀hiet 或 het꜇（歇）：「歇」有「休息」「住宿」兩種意義，唸法也不同，如 hiet꜆ it꜆ ia꜄ 歇一夜（住一晚）、het꜄ ꜀toŋ ꜂ien 歇當遠（住很遠）。另有表「休息」的 hiet꜆ k'un꜄（歇睏）。

꜀non（暖）：包含當修飾用的「暖和」及當動詞用的「燒」兩種意義，如 ꜀seu ꜀non 燒暖（擔和）、꜀non ꜂sui 暖水（燒水）。另外表示「熱」的天氣，不用「暖」而用「熱」如 ȵiet꜇ ꜀t'ien 熱天。

꜀seu（燒）：包含「燃燒」及「熱」兩種意義，如 ꜀seu ꜂fo 燒火，꜀toŋ ꜀seu 當燒（很燙）。

oi꜄（愛）：有「愛慕」「需要」「喜歡」三種意義，如：꜀sioŋ oi꜄相愛（愛慕）、oi꜄ ꜀ts'ien 愛錢（需要錢）、oi꜄ iun꜄ t'uŋ꜄ 愛運動（喜歡運動）。

꜂tseu（走）：有「逃」與「跑」的意思，如 ꜂tseu t'et꜆ 走掉（

逃走）、iuŋ ꜂tseu 用走（用跑）。

pʻi꜄（鼻）：有「聞」「濞涕」的意思。當動詞用，指「聞」的動作，例如pʻi꜄ m̩ tsʻut꜆ 鼻唔出（聞不出）。當名詞用時指「鼻涕」，例如 ꜁liu pʻi꜄ 流鼻（流鼻涕）。當然也可以用來指鼻子，例如 pʻi꜄ ꜀kuŋ 鼻公（鼻子）。

ha꜄（下）：常用的「下」字有三個聲調，每個聲調都不相同。如 ꜀ha ꜁loi（下來）是陰平調；꜁ha tsu꜄ 下晝（下午）是陽平調；꜂ha mou꜄ ꜂ue 下帽仔（脫帽子）是上聲調。

fa꜄ 或 va꜄（話）：「話」的聲母可清可濁，如 ꜂koŋ fa꜄（講話），當名詞，又如 kʻien꜄ va꜄ 勸話（勸告）。

꜁kʻia 夯（扛）：有「舉」和「扛」兩種意義，如 ꜁kia ꜂su 夯手（舉手）、꜁kʻia tsʻeu 夯柴（扛柴）。

kiuk꜆（趜）：有「趕」「追」的意思，如 kiuk꜇ ꜂tseu 趜走（趕走）、kiuk꜆ ꜂to 趜到（追到）。

꜀tsʻoi 或 tsʻai꜄（在）：唸 ꜀tsʻoi 表示「存在」，如 ꜁iu ꜀tsʻoi ꜁mo 有在嗎？唸 tsʻai꜄ 表示「自在」，如 tsʻï꜄ tsʻai꜄ 自在。

꜂fu 或 ꜂kʻu（苦）：唸 ꜂fu 意指「味苦」，如 ꜂fu mi꜄ 苦味，唸 ꜂kʻu 意指「窮苦」或「辛苦」，如 ꜁kiuŋ ꜂kʻu 窮苦。比較：꜂an ꜂fu 這樣苦（味道）、꜂an ꜂kʻu 這樣苦（窮困）。

꜂kin（緊）：當副詞表「緊急」，如 ꜂kin ꜀tsoŋ 緊張。當連接詞表「越……」，如 ꜂kin ꜁loi ꜂kin tʻai꜄ 緊來緊大（越來越大）。

꜀toŋ（當）：有「擔當」「很」的意思。如 ꜀toŋ ꜂sien 當選，꜀toŋ ꜁hon 當寒（很冷）。

tsʻin꜄（盡）：有「盡力」「最」的意思。如 tsʻin꜄ lioŋ꜄ 盡量，tsʻin꜄ ꜂ien 盡遠（最遠）。

sït꜄（識）：有「曾經」「認識」兩種意思。當副詞用時唸 sït꜆ 表「曾經」；如 ꜁ŋai sït꜆ hi꜄ 我識去（我曾去）、當動詞用時表「認識」，如 ꜁ŋai sït꜆ ꜁ki 我識佢（我認識他）。

꜀pun（分）：有「分」「給」「被」三種意思。如 ꜁pun ꜀kʻoi

分開、꜀pun ꜁ŋ̍ 分你（給你）、꜀pun ꜁ɳin ma꜄ 分人罵（被人罵）。

tsu꜄（就）：有「就」「都」兩種意思。如꜁ts'on p'un꜄ tsu꜄ ꜀iu 全部就（都）有、꜂ŋan ꜁nei tsu꜄ ꜂ho 恁（這樣）就好。

●大埔是客家語系中重要的一支（陳文和／攝影）。

第三節　詞義分岐現象

客語由於保存不少古音義，加上它自己本身形成的特殊語彙，有時字面意義與本義不同，有的字面上看與國語相同，但實質意義又不相同，這類詞彙，如果列入附錄來談就無法看出其特性，所以在這裏分名詞、動詞、形容詞、副詞及其他，加以舉證：

1. 名詞：

mien꜄ p'a꜄　面帕（毛巾）
꜁la ꜁k'ia　蝲蜞（蜘蛛）
꜁voŋ ts'at꜇　黃蠘（蟑螂）
꜁min tsoŋ꜄　眠帳（蚊帳）
꜀mo ꜂hai　毛蟹（螃蟹）
꜀vu ꜁in　烏蠅（蒼蠅）
ȵie꜄ ꜀kuŋ　蟻公（螞蟻）
tso꜄ ꜀ha　竈下（橱房）
tso꜄ ꜁t'eu　竈頭（爐竈）
꜂heu ꜀lan　口瀾（口水）
t'eu꜄ ꜁iu　豆油（醬油）
muk꜆ tsïp꜆　目汁（眼淚）
꜂ts'o mak꜆　草□（蚱蜢）
꜁t'eu ꜀saŋ　頭牲（牲畜）
p'it꜇ ꜁p'o　蝠婆（蝙蝠）
lip꜆ ꜁ma　笠嫲（斗笠）
ieu꜄ ꜁p'o　鷂婆（老鷹）
kiok꜆ ꜁t'eu　钁頭（鋤頭）
꜁fu ꜀ts'iu　湖鰍（泥鰍）
꜁fu ꜁k'i　湖蜞（水蛭）

꜂t'u ꜂kieu　土狗（蟋蟀）
꜁kon ꜀pi　乾蜚（臭蟲）
꜁tsï ieu꜄　紙鷂（風箏）
꜂hien ꜀kuŋ　蠔公（蚯蚓）
꜂tu ꜂sï　肚屎（肚子）
꜀p'i kut꜆　被骨（棉被）
꜁t'o ꜀sioŋ　拖箱（抽屜）
꜀fuŋ ꜁lu　風爐（火爐）
ȵit꜆ ꜀t'eu　日頭（太陽）

2.動詞：

꜀ts'un 存（剩）：꜁mo ꜀ts'un 無存（沒有剩）
꜀koŋ 光（亮）：꜀t'ien ꜀koŋ 天光（天亮）
ts'ap꜄ 插（管）：꜁m ts'ap꜄ sï꜄ 唔插事（不管事）
꜂men 銘（想）：꜂men ꜀ts'in ꜂ts'u 銘清楚（想清楚）
꜀on 安（取名）：꜀on ꜁miaŋ 安名（取名）
꜀hieu 僥（佔便宜）：꜀hieu ꜁ȵin 僥人（佔人便宜）
sap꜆ 聶（閉）：sap꜆ muk꜆ 聶目（閉眼）
꜂tson 轉（回）：꜂tson vuk꜆ ꜀k'a 轉屋家（回家）
꜀t'i 知（懂）：꜀ti ꜁ȵin ꜁ts'in 知人情（懂事）
꜂kau 搞（玩）：hau꜄ ꜂kau 好搞（好玩）
꜁t'en 騰（跟隨）：꜁t'en ꜁ȵin ꜂tseu 騰人走（跟人跑）
fu꜄ 赴（趕）：fu꜄ ꜁m꜂to 赴不到（趕不上）
soi꜄ 稅（租）：soi꜄ vuk꜆ 稅屋（租房子）

3.形容詞

iu꜄ 幼（細）：iu꜄ ꜁iam 幼鹽（細鹽）
se꜄ 細（小）：se꜄ ꜁ho pa꜄ 細河壩（小河）
꜀tsau 燥（乾）：꜀tsau ꜂sui 燥水（乾）。
t'eu꜄ 透（整）：t'eu꜄ ȵit꜆ 透日（整天）
꜁p'i 肥（胖）：꜁toŋ ꜁p'i 當肥（很胖）

꜀soi 衰（倒霉）：꜁soi iun꜄ 衰運（霉運）

tsiap꜄ 輒（常）：tsiap꜄ ꜁soŋ 輒輒常（常常）

꜂ts‘oŋ ꜀koŋ 搶光（出風頭）：꜀toŋ ꜂ts‘oŋ ꜀koŋ 當搶光（很愛現）

꜀ien ꜂voŋ 冤枉（可憐）：꜂an ꜀ien ꜂voŋ 恁冤枉（很可憐）

li꜄ 利（銳利）：li꜄ ꜂pu ꜁t‘eu 利斧頭。

4. 副詞：

꜂p‘ien 片（邊）：꜀si ꜂p‘ien 西片（東邊）

it꜆ ha꜄ 一下（現在）：it꜆ ha꜄ ꜁mo ꜁ts‘ien 一下無錢（現在沒錢）

ka꜄ ha꜄ □下（剛才）： ka꜄ ha꜄ ꜁loi □下來（剛才來）

poi꜄ ꜀mi 背尾（後面）：sï꜄ poi꜄ ꜀mi 屎背後（後面）

heu꜄ poi꜄ 後背（後面）：꜁haŋ heu꜄ poi꜄ 行後背（走後面）

k‘iuŋ꜄ ha꜄ 共下（一起）：k‘iuŋ꜄ ha꜄ ꜁loi 共下來（一起來）

k‘iuŋ ioŋ꜄ 共樣（同樣）：꜁mo k‘iuŋ꜄ ioŋ꜄ 無共樣（不一樣）

ha꜄ ȵi꜄ ꜂pai 下二擺（下次）：ha꜄ ȵi꜄ ꜂pai tsaŋ꜄ ꜁loi 下二擺正來（下次再來）

꜁ȵiam ꜁sï 燃時（隨即）：꜁ȵiam ꜁sï ꜁loi 燃時來（隨即來）

꜁t‘eu ꜂pai 頭擺（以前）

nai꜄ ꜂kiu 那久（何時）

ts‘in꜄ ꜀t‘en 盡頭（最先）

ts‘in꜄ ꜀mi 盡尾（最後）

꜀iu ꜂iaŋ 有影（真）

꜁mo ꜂iaŋ 無影（假）

t‘in꜄ ts‘ok꜇ 定著（一定）

꜁t‘iau sï꜄ 挑事（故意）

꜂ho ts‘ai꜄ 好在（幸虧）

꜂tu hoŋ꜄ 肚項（裏面）

꜂taŋ ꜀ko 頂項（上面）

第四節　單音詞特多

客語用詞（word），單音詞比國語多，充分顯示客語是較早的漢語，當時複音詞還不甚發達，所以單音詞在客語中比較常用，當然也有少部分客語複音，國語用的單音的現象，但這些大都用在名詞的詞尾爲多。

1. 客語單音國語複音：

꜁sai 豺（貪吃）
꜀tsiaŋ 靚（漂亮）
it꜇ 翼（翅膀）
꜁p‘i 皮（皮膚）
ts‘iaŋ꜄ 淨（乾淨）
꜀kaŋ 粳（漿糊）
꜀sam 衫（襯衫）
set꜆ 色（顏色）
꜀ts‘i □（新鮮）
tsot꜄ 拙（有趣）
im꜄ 蔭（灌溉）
꜂kon 稈（稻草）
kuk꜆ 穀（穀子）
꜂tsaŋ 整（修理）
p‘i꜄ 濞（鼻涕）
tsoi꜄ 嘴（嘴巴）
꜀p‘i 被（棉背）

2. 客語複音國語單音：

꜁lui ꜀kuŋ 雷公（雷）
꜁muŋ ꜀ien 濛湮（霧）

꜀san ꜂ne 山□（山）
꜀kioŋ ꜁ma 薑嫲（薑）
vuk꜆ ꜀k‘a 屋家（家）
꜁ho pa꜄ 河壩（河）
꜁sa ꜀ko 蛇哥（蛇）
꜁min ꜁ts‘oŋ 眠床（床）
꜀tsu ꜂ue 豬仔（豬）

● 精巧雕刻的客家迎神喜慶木雕（劉還月／攝影）

第十七章
綜合詞句特點

一、構詞特點：

客語在構詞上比較特殊的是複合詞詞序與北方方言相反，其次在名詞、動詞、形容詞的前加成分、後加成分及內部屈析的現象，也有它本身的特點，至於代詞的結構、動詞的重疊、形容詞的等級、量詞的用法，也可以看出與別種方言不相同的地方。下面就依詞序相反、前加成分、後加成分、內部屈析、代詞結構、動詞重疊、形容詞等級、量詞用法八個部分，加以歸納舉例說明。

1.詞序相反：常出現的構詞類型是並列格及主從格，現在分別列出：

㈠並列格：

꜀t'eu ꜀ts'ien 頭前（前頭）
꜀k'oŋ k'ien꜄ 康健（健康）
꜀ts'ən ꜀foi 塵灰（灰塵）
꜀fon ꜂hi 歡喜（喜歡）
꜀ts'e ꜂tsən 齊整（整齊）
hi꜄ lit꜆ 氣力（力氣）
nau꜄ ȵiet꜆ 鬧熱（熱鬧）
꜂kin ieu꜄ 緊要（要緊）

——以上並列格特殊詞，客語與北方方言，在詞序上正好相反。

㈡主從格：

꜀ȵin hak꜇ 人客（客人）
꜀ȵiu ꜀kuŋ 牛公（公牛）
꜀kie꜀ ꜀ma 鷄嫲（母鷄）
꜀fuŋ ꜀ts'ai 風颱（颱風）
ts'oi꜄ ꜀kon 菜干（干菜）
꜀ŋ̍ ꜀saŋ 魚生（生魚）

以上主從格的客語特殊詞，詞序是被修飾詞放在修飾詞前面（如

「人客」），與北方方言修飾語在被修飾語前面，次序正好相反。

2.前加成分：常用的有 ⊂a（阿）、ᶜlo（老）、it⊃（一）、it⊇（□）。例如：

⊆a ⊂ko 阿哥（哥哥）
⊂a suk⊃ 阿叔（叔叔）
ᶜlo ⊂t'ai 老弟（弟弟）
ᶜlo ⊂kuŋ 老公（丈夫）
it⊃ ⊆ts'oŋ 一長（多長？）
it⊃ ⊂to 一多（多少？）
it⊇ ⊆ts'oŋ 一長（很長）
it⊇ ⊂to 一多（很多）

3.後加成分：常用的有名詞尾、動詞尾、形容詞尾、副詞尾四種，它們在詞中的功能，除了限制詞的特性以外，並沒有獨立的意義，可以說等於語法中的助詞成分。

㈠名詞後加成分：如eᵓ（子）⊆t'au（頭）⊂kuŋ（公）⊆ma（嫲）⊂ko（哥）ᶜku（牯）⊆p'o（婆）等。

suᵓ ᶜve 樹仔
tsok⊇ ⊆ke 桌子
⊂tam ⊆t'eu 擔頭
⊆k'ien ⊆t'eu 拳頭
⊂tseu ⊆sïn ⊆t'eu 朝晨頭
⊆ha ⊂kuŋ 蝦公
ᶜhien ⊂kuŋ 蟪公
lipᵓ ⊆ma 笠嫲
sok⊇ ⊆ma 勺嫲
⊆sa ⊂ko 蛇哥
sak⊇ ᶜku 石牯

ieu꜄ ꜁p'o 鷂婆

㈡形容詞後加成分：如 ꜂e（的）꜁t'eu（頭）t'et꜄（掉）等。

fat꜆ te꜄ 濶 e（寬的）——形容詞尾。

꜁vu ve꜄ 烏 e（黑的）——形容詞尾。

꜁t'iam ꜁t'eu 甜頭（好處）——形容性名詞。

ŋoŋ꜄ ꜁t'eu 憨頭（傻氣）——形容詞性名詞。

꜀vu t'et꜆ 烏掉（滅掉）

꜀son t'et꜆ 酸掉（斷掉）

㈢動詞後加成分：如 ꜂ten 等（進行式）、꜀le 了（完成式）、t'et꜆（過去式）、ko꜄ 過（表曾經）、꜁ha hi꜄ 下去（表繼續）、꜂hi ꜁loi 起來（開始）、꜁maŋ（表完成與否）。

k'on꜄ ꜂ten 看等（看著）——進行式。

k'on꜄ ꜀le 看了（看了）——完成式。

k'on꜄ t'et꜄ 看掉（看完）——過去完成。

k'on꜄ ko꜄ 看過（看過）——表曾經。

k'on꜄ ꜁ha hi꜄ 看下去（繼續看）——表繼續。

k'on꜄ ꜂hi ꜁loi 看起來（開始看）——表開始。

k'on꜄ ꜁maŋ 看盲（看了沒？）——完成與否。

㈣副詞後加成分：如 ꜂e（的）、hoŋ꜄（巷）、tɔ꜄（到）。

am꜄ ꜁pu ke꜄ 暗晡的

꜂taŋ hoŋ꜄ 頂巷

꜁tu ꜂to 遇到

4. 內部屈折：客語的動詞及形容詞尾附加的〔e〕，常由於調的不同而有不同的意義，而形容詞的〔it꜆〕也由於調的高低不同而有不同的意義，這些因變調而改變意義的都是內部屈折的現象。

㈠動詞詞尾屈折：（語尾 e 調不同意義不同）

動詞＋꜁e→表疑問　如 soi꜄ ꜁e？（睡了嗎？）

動詞＋꜀e→表完成　如 soi꜄ ꜀le。（睡了。）

㈡形容詞尾屈折：（語尾 e 調不同，意義不同）

形容詞＋꜀e→表疑問　如 ᶜho ꜀e？（好了嗎？）

形容詞＋꜀e→表完成　如 ᶜho ꜀e。（好了。）

形容詞＋eᵓ→表判斷　如 ᶜho eᵓ。（好的）

㊂形容詞頭屈折：（語首 it 調不同，意義不同。）

it꜀＋形容詞→表疑問　如 it꜀ ᶜho，□好（多好？）

it꜀＋形容詞→表比較　如 itᵓ ᶜho。□好（很好）

it ⺁＋形容詞→表輕蔑　如 it꜀ ᶜho□好（並不好）

5. 代詞結構：客語代詞由單數變複數，或由主格變領格，都在單數及主格後面加上一些成分來表示它。

㊀人稱代詞：

單數＋꜀ teu →複數　如 ꜀ŋai（我）＋꜀teu→꜀ŋai ꜀teu（我們）

主格＋keᵓ→領格　如꜀ki（他）＋keᵓ→꜀kia keᵓ（他的）

㊁反身代詞：

主格＋ts'ïᵓ ꜀ka→反身代詞　如：

꜀ki＋tsïᵓ ꜀ka→꜀ki tsïᵓ ꜀ka（他自己）

㊂指示代詞：

單數＋꜀teu→複數　如 ᶜia＋꜀teu→ᶜia ꜀teu（這些）

ᶜia（這）＋keᵓ→近指　如 ᶜia＋keᵓ→ᶜia keᵓ（這個）

keᵓ（那）＋keᵓ→遠指　如 keᵓ＋keᵓ→keᵓ keᵓ（那個）

㊃疑問代詞：

mak꜀（麼）＋꜀ȵin（人）→問人　如 ᶜman ꜀ȵin?（誰？）

mak꜀（麼）＋keᵓ（個）→問事物 如 mak꜀ keᵓ?（什麼？）

naiᵓ（哪）＋viᵓ（位）→問空間　如 naiᵓ viᵓ?（哪裏？）

naiᵓ（哪）＋ᶜkiu（久）→問時間 如 naiᵓ ᶜkiu?（何時？）

ᶜȵioŋ（怎）＋꜀pan（般）→問情狀　如 ᶜȵioŋ ꜀pan?（怎樣？）

6. 動詞重疊：客語動詞重疊時，不像北平話，在中間加「一」表示「試試」的意思（如「貼一貼」），而是在重疊動詞後加 aᵓ ᶜle

來表示（如「貼貼 a꜄ ꜂le」）。但這些動詞，僅限於及物動詞和普通不及物動詞，才可以重疊。其餘的，包括不完全不及物動詞（如he꜄係「是」）、助動詞（如 voi꜄ 會、꜂kam 敢）等都不能重疊。重疊的方式如下：

動詞＋動詞＋a꜄ ꜂le→表「試試」

k'on꜄ k'on꜄ na꜄ ꜂le（看一看）

꜁t'aŋ ꜁t'aŋ ŋa꜄ ꜂le（聽一聽）

꜁ts'im ꜁ts'im ma꜄ ꜂le（找一找）

7.形容詞等級：客語形容詞，除了一般形容詞用來表示原級而外，可以加 k'a꜄（較）或 ꜀toŋ（當）表示比較級，加 t'et꜆（太）或 ts'in꜄盡（最）表示最高級。另外又可以加尾助詞꜂e、形容詞重疊等方式構成不同等級，依其強弱程度，大致可分八級（以「黃」爲例）：

㈠形＋形＋꜂e→比原式弱　如 ꜁voŋ ꜁voŋ ꜂ŋe（有點黃）

㈡形容詞（單音）→原式　如 ꜁voŋ（黃）

㈢形＋形→比原式稍強　如 ꜁voŋ ꜁voŋ（黃黃）

㈣k'a꜄＋形→比原式強　如 k'a꜄ ꜁voŋ（較黃）

㈤꜀toŋ＋形→比原式更強　如 ꜀toŋ ꜁voŋ（很黃）

㈥形＋形＋形→接近頂點　如 ꜀voŋ ꜁voŋ ꜁voŋ（黃黃黃）

㈦ts'in꜄＋形→達到頂點　如 ts'in꜄ ꜁voŋ（最黃）

㈧t'et꜆＋形→超過頂點　如 t'et꜆ ꜁voŋ（太黃）

8.量詞運用：漢語量詞在各方言間的差異很大，而且取用的規則不定，很難給予合理的歸類，加上量詞是列不完的類，根本無從分析它的特色，只能把常用的量詞中與國語不同的列出。

名動	人	衣褲	單衣	飯	菜	水	牆	動作	蛋	田	葉	花	床	線	牛	魚	歌
國語	個	套	件	頓	棵	灘	堵	次	個	塊	片	朵	架	根	頭	條	首
客語	儕	身	領	餐	頭	窟	扇	擺	粒	坵	皮	蕊	頂	條	隻	尾	條

二、句法特點：

客語在句法上的特點不多，比較明顯的只有⑴詞序特別⑵雙賓語式⑶被動式⑷比較式⑸處置式。

1.詞序特別：客語有些詞在句中排列的次序與北方官話不同，如果不加以分辨，而按字面意義去推想，往往所得非其旨，常見的詞序問題有如下六點：

㈠動詞重疊：動詞＋動詞＋na꜄ ꜂le。

北平話動詞重疊後，含有「試一試」的意思，它的表達方式，除了「動詞＋動詞」外，也可以「動詞＋一＋動詞」或「動詞＋動詞＋看」，例如「吃吃」「吃一吃」「吃吃看」，「走走」「走一走」「走走看」，但在客家話中，一律用「動詞＋動詞＋na꜃ ꜂le」的形式，例如：

k‘on꜃ k‘on꜃ na꜃ ꜂le（看一看）

꜂pien ꜂pien na꜃ ꜂le（翻一翻）

㈡動詞尾加動詞：꜀t‘iam 客語的 ꜀t‘iam（添）當動詞，原指「加添」的意思，如 ꜁t‘iam fan꜃（添飯），꜀t‘iam ꜂sui（加水），但放在動詞前當狀語時有 ꜁t‘iam pioŋ꜃ 添放（忘記）這樣的特殊詞。最特殊的是放在句末當動詞補語的句法，它的詞序是動詞＋受詞＋꜀t‘iam（添），例如：

sit꜅ it꜄ ꜂von ꜀t‘iam 食一碗添（再吃一碗）

꜀ts‘o it꜄ ha꜃ ꜀t‘iam 坐一下添（再坐一會）

k‘on꜃ it꜄ ha꜃ ꜀t‘iam 看一下添（再看一會兒）

㈢象聲重疊：北平話單音象聲調，在語詞表達時，說成「□□響」，如噹噹響、鈴鈴響……，但客語卻用「□□꜂kun」來表達，如「噹噹 ꜂kun」「鈴鈴 ꜂kun」。如果只響一聲時，北平話用「□一聲響」，如「轟一聲響」「啪一聲響」，客家話卻說成「□一聲 ꜂ŋe」，如「轟一聲 ꜂ŋe」「啪一聲 ꜂ŋe」。其次在象聲詞重疊時，國語「□□響」是以「響」爲中心詞，□□是修飾詞，而客語的「□□꜂kun」的「꜂kun」是「補語」，「□□」的象聲字反而成了狀態動詞了。今比較如下：

國語：叭叭響——「叭叭」是修飾詞，「響」是中心詞。

客語：叭叭滾——「叭叭」是動詞，「kun」是補語。

國語：叭一聲響——「響」是動詞，當謂語。

客語：叭一聲 ᶜŋe——「ᶜŋe」是語尾當助詞。

㈣「來」「去」的位置：北平話裏「來」「去」當補語時，都放在賓語後，客家話則放在賓語前面。例如：

國語：他要到高雄去。

客語：他要去到高雄。

國語：他不曾到高雄來。

客語：他唔識來到高雄。

㈤ᶜto（到）和 lok꜄（落）的位置：國語「到」「落」當補語時，

●傳統的客家髮髻，代表着客家婦女的勞動精神（劉還月／攝影）。

放在賓語之後，客家話則放在賓語之前，例如：

國語：看不到他。——「到」在「他」前。

客語：看他唔到。——「到」在「他」後。

國語：得下飯。——「下」在「飯」前。

客語：得飯落。——「落」在「飯」後。

㈥「多」「少」的位置：在國語「多」「少」當狀語時，放在動詞前面，但客語只能當補語，放在動詞後。比較如下：

國語：多吃一碗飯。——「多」在「吃」之前。

客語：食多一碗飯。——「多」在「食」之後。

國語：少穿一件衣服。——「少」在「穿」之前。

客語：著少一領衫。——「少」在「著」之後。

2.雙賓語式：客語雙賓語的位置比較自由，可以把間接賓語（有生命）放在直接賓語（無生命）之後，也可以直接賓語（無生命）在前，間接賓語（有生命）在後。常用的雙賓語式動詞有 ꜀pun分（給）、tsia꜄（借）、suŋ꜄（送）、꜀kau（教）、꜁t‘uŋ同（替）五個，它們結構的詞序如下：

㈠主詞＋動詞（꜀pun）＋間接賓語（人）＋直接賓語（物）：

꜁ki ꜀pun ꜁ŋai it꜆ ꜀ki pit꜆（他給我一枝筆）

꜁ki ꜁t‘uŋ ꜁ŋai ꜂sia sï꜄（他替我寫字）

꜁ki tsia꜄ ꜁ŋai it꜆ van꜄ ꜁ȵiun（他借我一萬元）

㈡主詞＋動詞＋直接賓語（物）＋動詞＋間接賓語（人）

꜁ŋai ꜀pun it꜆ ꜀ki pit꜆ ꜀pun ki（我分一枝筆分他）

꜁ki ꜀pun ꜂ŋ̍ ꜂sin ꜁ts‘ien ꜀pun ꜁ŋai（他分五分錢分我）

3.被動語式：客語被動語式與雙賓語式，同樣用 ꜀pun 分（被）字，但這裏的꜀pun是「被」的意思，與雙賓語的「給」的意思不同。例如

meu꜄ ꜂ve ꜁pun ꜀ts‘a ꜂e tsan꜄ ꜂si ꜀le　貓仔分（被）車仔輾死了。

꜁ki ꜀pun ꜁ȵin ꜂ta to꜄ k‘ieu꜄ k‘ieu꜄ vaŋ꜄　他分人打得竅

竅□（他被打得東倒西歪）。

4. 比較語式：把兩件或兩件以上事物放在一起比較時，客語都在性狀詞前面加 k'aᵓ（較）。結構方式如下：

㈠甲＋比＋乙＋k'aᵓ（較）＋性狀詞：

꜀fan ꜁su ᶜpi vuᵓ ᶜve k'aᵓ hoᵓ sït꜃ 蕃薯比芋仔較好食。

ᶜfo ꜀ts'a ᶜpi paᵓ ᶜsï k'aᵓ kiak꜄ 火車比巴士較快。

㈡動詞＋k'aᵓ（較）＋補語＋ e

꜁t'iam k'aᵓ ꜀to ᶜe 添較多些。

꜁teu k'aᵓ ꜀ko ᶜve 兜（端）較高些。

5. 處置式：客語用 ꜁t'uŋ 同（將）假處置式的介詞，而不像國語用「把」和「將」兩個特別介詞，而且客語可以把 ꜁t'uŋ 後面的賓語提前，緊跟在 ꜁t'uŋ 的後面。結構方式如下：

主語＋꜁t'uŋ＋賓語＋動詞＋補語

꜁ŋai ꜁t'uŋ ꜁ki ꜀na ᶜtson ꜁loi ꜀le 我同（將）佢（他）拿轉（回）來了。

꜁ki ꜁t'uŋ ꜁ŋa kiaŋᵓ ᶜŋe ᶜta lanᵓ ꜀le 他同（將）我的鏡子打爛（破）了。

就以上詞彙特點、構詞特點、句法特點的綜合結果，可以大致看出客語的梗概。從第一章到本節所述，是七十年代臺灣現階段客語的一般情形，至於非常細微的差異，以及各次方言間的清楚差別，本文撰寫時，尚未完成全面的調查，無法在這裏做最清楚的分析比對，希望有一天完成了這項調查工作，再另行整理，但這種「俟諸來日」的工作，很難逆料，祈望方家多予指敎，也祈望自己能堅持自己去完成它。

第十八章 客語虛詞表—(按客語音、原文字、國語意次序)

一、副詞

1. 表時間：

ᶜtu ᶜtu 拄拄（剛剛）

ka ͻ ha ͻ 價下（剛才）

tsaŋ ͻ 正（才）

to ͻ 到（在）

to ͻ ᶜke 到個（正在、在那兒）

it ͻ ha ͻ 一下（現在）

ᶜia ha ͻ 這下（現在、這會兒）

hien ͻ ha ͻ 現下（目前）

ᶜan ᶜkiu 恁久（近來）

to ͻ ꜀kin 到今（迄今）

꜀n̥ien ts'ai ͻ 年在（以前）

꜀n̥ien ᶜtan 年□（以前）

꜀t'eu ᶜpai 頭擺（以前）

it ͻ ts'it ͻ 一直（一直、始終）

ᶜpun ꜀loi 本來（本來）

hioŋ ͻ ꜀loi 向來（向來）

sït ͻ 識（曾經）

ᶜtso tsu ͻ 早就（早已）

꜀toŋ ꜀ts'u 當初（當初）

ᶜtso ꜀sien 早先（老早）

ᶜki ꜀kin 既經（已經）

ts'in ͻ ꜀sien 盡先（最初）

tsu ͻ 就（將、就）

tsu ͻ oi ͻ 就愛（將要、就要）

꜀t'en ᶜten 䠲等（立刻、跟著）

꜁t‘en ꜂ten oi꜄ 𨂿等愛（立刻要）
꜂kon ꜂kin 趕緊（趕緊）
꜂kon kiak꜆ 趕趜（趕快）
꜁han ꜁maŋ 還盲（尚未）
ha꜄ ȵi꜄ ꜂pai 下二擺（下次、以後）
꜁ȵiam ꜁sï 燃時（馬上）
꜁ȵiam ꜀pien 燃邊（立刻）
꜁sui ꜁sï 隨時（隨時）
tsiap꜇ tsiap꜇ 輒輒（常常）
tsiap꜇ ꜁sɔŋ 輒常（時常）
it꜆ ha꜄ ꜂e 一下子（一會兒）
꜁mo it꜆ ꜂kiu 沒幾久（沒多久）
꜂ho ꜂ho ꜁tiam ꜀tiam 好好恬恬（突然）
꜁t‘eu to꜄ 頭到（先前）
꜁lim ꜁sï 臨時（臨時）
꜁lim ꜁sï k‘ip꜇ kip꜆ 臨時急及（臨時火急）
ha꜄ ꜂pa ꜁e 下把□（有時候）
꜂tsuŋ he꜄ 總係（總是）
tak꜆ ꜂pai □擺（每每、每次）
꜁ts‘iuŋ ꜁loi 從來（從來）

2. 表處所：

꜂p‘ien 片（邊）
꜁t‘eu 頭（面、邊）
poi꜄ 背（面、邊）
hoŋ꜄ 巷（裡、內）
꜂taŋ hoŋ꜄ 頂巷（頂端、上面）
꜁t‘eu hoŋ꜄ 頭巷（前面）

꜁mi hoŋ꜄ 尾巷（後面）

꜁t‘eu ꜁ts‘ien 頭前（前面）

poi꜄ ꜀mi 背尾（後面）

mien꜄ ꜁ts‘ien 面前（前面）

soŋ꜄ poi꜄ 上背（上面）

꜂tai ꜀hai 底下（底下）

꜁ti poi꜄ 底背（裡面）

꜁sun hoŋ꜄ 唇巷（旁邊）

ti꜄ ꜀tuŋ 蒂中（中間）

꜂ia tap꜇ ꜂pe □□□（這裡）

ke꜄ tap꜇ ꜂pe □□□（那裡）

3. 表重復、連續、併列：

iu꜄ 又（又）

tsai꜄ 再（再）

ko꜄ tsai꜄ 過再（又再）

tsai꜄ ꜀sam 再三（再三）

꜂pai ꜂pai 擺擺（屢次）

꜀mi ꜂pai 每擺（每次）

k‘iuŋ꜄ ioŋ꜄ 共樣（仍然、依舊）

ia꜄ 也（也）

ha꜄ ꜂pa ꜁e 下把（有時、偶兒、有時候）

4. 表程度：

꜀toŋ 當（很）

ts‘in꜄ 盡（最）

t‘et꜆ 忒（太）

k‘a꜄ □（較）

it꜆ ꜂ten 一等（最）

iet꜇ 越（愈）

iet꜇ sï꜄ 越勢（愈）

●客家婚俗，完婚定要祭告祖先（劉還月／攝影）。

k'it꜇ 極（極、非常）

koi꜄ 蓋（很）

꜁han k'a꜄ 還□（更加）

꜁han ko꜄ 還過（又再）

t'et꜄ ko꜄ 忒過（太過）

liok꜇ liok꜇ 略略（略微）

t'ai꜄ iok꜆ 大約（大約）

t'ai꜄ ꜂k'oi 大概（大概）

꜁iu ꜀teu ꜂ve 有□□（有點）

5. 表範圍：

tsu꜄ 就（都）

꜀luŋ ꜂tsuŋ 籠總（總共）

꜂tsuŋ kʻiuŋ꜄ 總共（總共）

it꜆ kʻiuŋ꜄ 一共（一共）

꜁tsʻon pʻu꜄ 全部（全部）

꜂tsuŋ ha꜄ 總下（總共、一起）

ia꜄ 也有（也有）

tsaŋ꜄ 正（只、只有）

tsʻiaŋ꜄ 淨（只、只有）

tsu꜄ 就（只）

kʻiuŋ꜄ ha꜄ 共下（一起、總共）

6. 表否定肯定：

꜁m̩ 唔（不）

꜁mo 無（沒、沒有）

꜁m̩ ꜂sï 唔使（不必）

꜁maŋ 盲（未、尚未）

꜀moi 無愛（不要）

mok꜇ 莫（不要）

it꜆ tʻin꜄ 一定（一定、必定）

tʻin꜄ tsʻok꜇ 定著（一定、必然）

꜂tsun 准（一定）

tsʻiet꜇ tui꜄ 絕對（絕對）

꜂hen 肯

7. 表疑問：

꜂ȵioŋ ꜀pan 樣般（怎樣、怎麼）

꜂ȵioŋ ꜁ŋe 樣□（怎樣）

kit꜇ ꜀to 幾多（多少）

nai꜄ ꜂kiu 那久（何時）

it꜆ ꜂kiu 幾久（多久）

nai꜄ vi꜄ 哪位（哪裡）

nai꜄ ꜀iu 哪有（哪有）

nai꜄ voi꜄ 哪會（怎麼會）

nai꜄ sït꜆ 哪識（哪曾）

nai꜄ ꜂hen 哪肯（怎肯）

kit꜆ voi꜄ 幾會（多行）

8.表情狀：

꜀iu ꜂iaŋ 有影（眞的）

꜁mo ꜂iaŋ 沒影（假的）

꜀p‘ien 偏（偏）

꜁p‘ien ꜀p‘ien 偏偏（故意）

꜂fan tsïn꜄ 反正（反正）

꜁t‘iau sï꜄ 挑事（故意）

꜂ho ts‘ai꜄ 好在（幸虧）

꜁mo ꜁saŋ 沒成（難道）

꜁ts‘ien van꜄ 千萬（千萬）

k‘it꜇ lit꜇ 極力（竭力）

t‘it꜇ p‘et꜇ 特別（特別）

꜁mo t‘in꜄ 無定（也許）

꜂tu ꜂ho 都好（剛好）

it꜆ ke꜄ ke꜄ 一個個（逐一）

꜂tsï ꜂ho 只好（只得）

ts‘iam꜄ ꜁sï 暫時（暫且、姑且）

二、介詞

1.表時間：

to꜄ 到（到、在、從）

꜁ts‘iuŋ 從（從）

ts‘ï꜄ ꜁ts‘iuŋ 自從（自從）

2.表空間：

to꜄ 到（在、到、從、朝、往、由）

꜁t‘en ⿰⻊希（沿）

3. 表對象、關聯：

tui꜄ 對（對）

꜁lien 連（連）

꜁t'uŋ 同（將、把、替）

꜁t'uŋ 同（和、與、跟）

4. 表狀態、方式、手段：

tseu꜄ 照（按照）

iuŋ꜄ 用（用）

꜀i 以（以）

k'o꜄ 靠（靠）

꜂sï 使（使）

5. 表原因、目的：

vi꜄ ꜂to 爲到（爲了）

vi꜄ ts'ok꜇ 爲著（爲了）

꜁im vi꜄ 因爲（因爲）

6. 表比較和排除：

꜂pi 比（比）

꜀lau □（和）

ko꜄ □（和）

꜁t'uŋ 同（和、跟）

꜁ts'u t'et꜆ 除□（除了）

꜁ts'u 除（除）

7. 表被動和給予：

꜀pun 分（給、被）

꜂pi 畀（給）

三、連詞

1. 表並列關係：

꜁t'uŋ 同（和、跟、與、及、以及）

iu꜄ 又（又、而）

●在台灣推行國語的成效，令人刮目相看。(劉還月／攝影)。

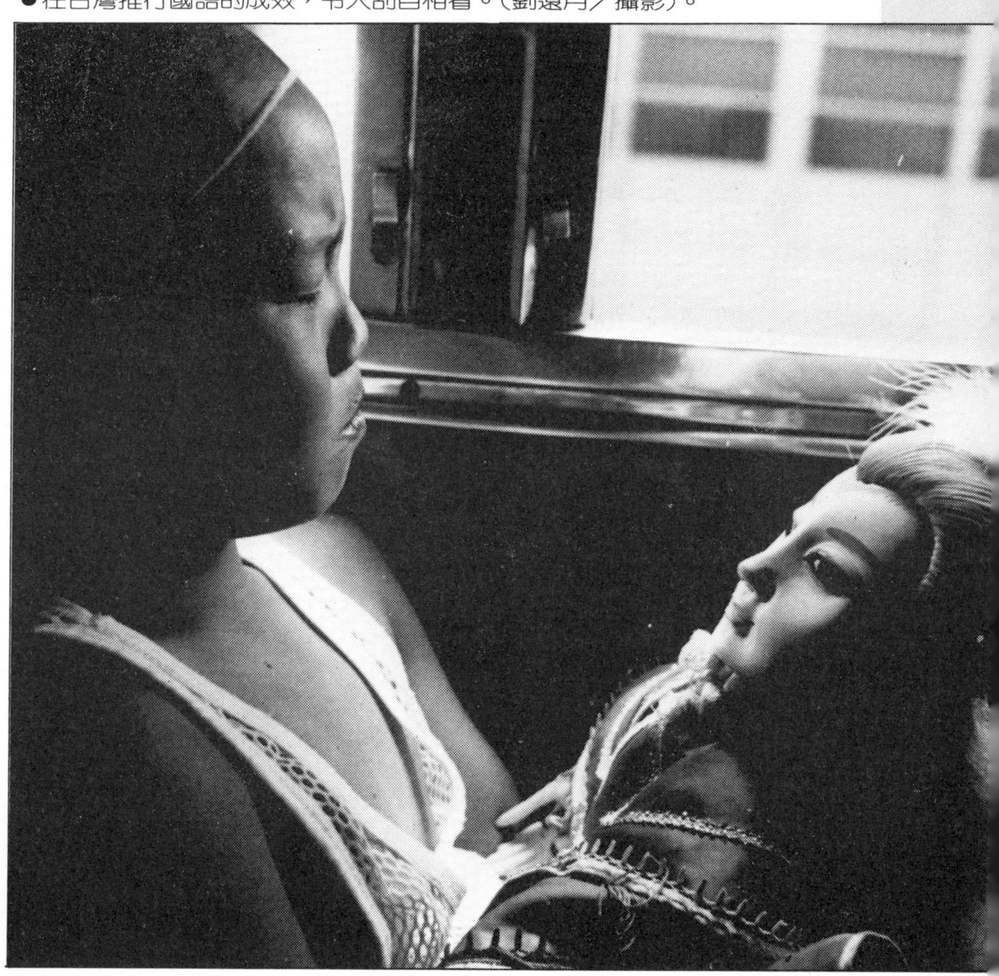

ᶜpun ꜀loi……꜀han k'a꜄ 本來…還□（本來…更加）
꜀m ᶜtsï ꜀m…iet꜆ sï꜄ 唔只唔…越勢（不只不…更加）
ha꜄ ᶜpa…ha꜄ ᶜpa 下把…下把（有時…有時）
꜀m he꜄… tsu꜄ he꜄ 不係…就係（不是…就是）
꜀han he꜄ 還係（還是）
ia꜄ he꜄ 也係（還是）
꜀m… tsu꜄ 唔…就（不…就）
son꜄ ꜀loi he꜄…ia꜄ he꜄ 算來係…也係（算來是…還是）
to꜄ ᶜtai he꜄…ia꜄ he꜄ 到底係…也係（到底是…還是）
꜀mo tsu꜄ 沒就（或者是、要不）
tsaŋ꜄ voi꜄ 正會（才會）
꜀tsioŋ ts'iu꜄ 將就（只好）
ke꜄ ᶜan ꜀ne □□□（那麼）
꜀m ku꜄ 唔故（但是）
꜀p'ien ꜀p'ien 偏偏（偏偏）
꜀m ko꜄ 唔過（不過）
nai꜄ ꜀ti 哪知（哪知）
ᶜfan to꜄ 反倒（反而）

2. 表從屬關係：

it꜄ ts'ït꜆ to꜄ 一直到（一直到）
꜀mo lun꜄ 沒論（無論）
ᶜka ᶜsï 假使（假如）
꜀ts'u t'et꜆ 除掉（除了、除非）
put꜆ ᶜkon 不管（不管）
꜀sui 隨（隨）
꜀sui ꜀ien 雖然（雖然）
꜀mo 無（比不上）
toŋ꜄ ko꜄ 當過（勝過）

四、助詞

1. 名詞後：
   - e꜄ □（子）
   - ke꜄ □（的）
2. 動詞後：
   - ke꜄ □（的）
   - e꜄ □（重疊動詞後）
3. 形容詞後：
   - ke꜄ □（的）
   - ꜂e □（重疊形容詞後）
4. 代詞後：
   - ke꜄ □（的）
   - ꜀teu □
   - ꜀nen □（們）
   - ꜀ten □
5. 時態動詞：
   - ꜂ten 等（著，進行式）
   - ꜀le 了（了，過去式）
   - t'et꜆ ꜀le 掉了（完了，過去完成式）
6. 語氣助詞：
   - ke꜄ □（陳述）
   - ꜀le □（完成）
   - ꜂la □（陳述）
   - ꜀lo □（完成）
   - ꜂le □（賓語後）
   - ꜁mo 無（疑問）
   - ꜁maŋ □（未曾）
   - ꜂no □（呢，疑問）
   - ꜀nə □（呢，疑問）
   - ꜀a 啊（疑問）

●東山書院也是客家人知識啓蒙的重鎭之一（陳文和／攝影）。

꜀na □（罷，祈使）
꜀o 哦（哦，祈使）
꜂la 啦（啦，祈使）
ioŋ꜄ ꜂ŋe 樣□（樣子）
t'in꜄ t'in꜄ 定定（而已）
he꜄ ꜁mo 係無（是嗎？反問）
꜁mo 無（嗎？疑問）
ke꜄ fa꜄ □話（的話）

五、嘆詞

1. 表感嘆：
꜀a 啊（啊）
꜀ha 吓（嚇）
꜀a ꜂o □□（哎唷）
꜂ua □（嘩）
꜀ho □（喔）
꜂hai □（嗨）
꜂ai □（唉）
ha꜄ ha꜄ 哈哈（哈哈）
ho꜄ ho 呵呵（呵呵）
hi꜄ 嘻（嘻）

2. 表呼應：
꜂hŋ̍ 哼（哼）
꜂a 啊（給另）
꜂e □（誒，命令）
꜂ŋ̍ □（允諾）
꜂ve □（喂）
꜂oi □（叫喚）

參考資料

一、客語部分

溫仲和 1898 光緒嘉應州志（卷七方言）
黃 釗 1900 石窟一徵
羅翽雲 1922 客方言
羅香林 1933 客家研究導論
董同龢 1948 華陽涼水井客家話記音史語所集刊十九本
楊時逢 1957 桃園客家方言 史語所集刊二十二本
1971 美濃客家方言 史語所集刊四十二本三分
袁家驊 1960 漢語方言概要 文字改革社
黃基正 1967 苗栗縣志（卷二人文志語言篇）
丁邦新 1969 臺灣語言源流 學生書局
橋本萬太郎 1972 客家語基礎語彙集 東京外語大學
管向榮（徐向榮） 1933 廣東語典 古亭書室
日華廣東客家語典 南天書局
陳運棟 1979 客家人 聯亞出版社
詹伯慧 1981 現代漢語方言 湖北人民
辻伸久 1982 現代中國語方言研究史略記
羅肇錦 1985 四縣客語語法 學生書局
陳運棟 1989 臺灣的客家人 臺原出版社
Larent Sagart 1982 粉嶺崇論堂客家話語音系統 巴黎
Maclver, Donald and M.C. Mackenzie
1926 A Chinese-English Dictionary: Hakka Dialect 古亭
Egerod, Sren 1959 A Sampling of Chungshan Kakka 慶祝高本漢先生七秩壽辰文彙頁 36-54
Ray, Ch. 1926 Dictionnaire chinois-Francais: Dialect Hacka
Paul Yang, S.J. 1961 A Preliminary Study of the Jaoping-Dialect: Dialect as spoken in Hsinchu
Paul Yang, S.J. 1967 Elements of Hakka Dialectology
Henne, Henery 1964 Sathewkok Hakka Phonology
1966 A Sketch of Sathewkok Grammatical Structure

Hashimoto, M. 1973 The Hakka Dialect: A Linguistic Study of its Phonology Syntax and Lexican Cambridge University
George F. Harkin M.M. 1975 Hakka one Maryknoll Language school
Kevin A. O'connor 1976 Proto-Hakka アジアアフリカ言語文化研究所

二、漢語部分

周遲明 1946 國文比較文法 正中
王 力 1947 中國語法理論 商務
董同龢 1965 漢語音韻學
何大安 1977 聲韻學中的觀念與方法 大安
高名凱 1948 漢語語法論 正中
王 力 1958 漢語史稿 木鐸
周法商 1969 中國語文研究 華岡
張洪年 1971 香港粵語語法的研究 香港中文大學
林金鈔 1975 閩南語研究 新竹
1980 閩南語探源
鄭良偉 1979 臺語與國語字音對應規律研究 學生
高華年 1980 廣州方言研究 香港商務
趙元任 1980 中國話的文法 丁邦新譯
黃宣範 1982 漢語語法論文集 文鶴
鄭良偉 1987 從國語看臺語的發音 學生
鄭良偉 黃宣範 1988 現代臺灣話研究論文集 文鶴
趙元任 1980 中國話的文法
Charles N. Li Sandra. A. Thompson 1981 Mandarin Chinese
1981 文鶴

●協和台灣叢刊16●

台灣的客家話

著者／羅肇錦
校對／莫少閒、沈淑莉、羅肇錦

發 行 人／林勃仲（經甫）
總 編 輯／劉還月
美術總輯／王佳莉
出版發行／協和藝術文化基金會
臺原出版社
地　　址／台北市松江路85巷5號
電　　話／(02)5072222
郵政劃撥／1264701～8
出版登記／局版臺業字第四三五六號
法律顧問／許森貴律師
地　　址／台北市長安西路246號4樓
排　　版／永裕印刷公司
電　　話／(02)3068064
印　　刷／承峰彩色印刷公司
電　　話／(02)5817409
總 經 銷／吳氏圖書公司
地　　址／台北市和平西路一段150號2樓之4
電　　話／(02)3034150
定　　價／新台幣三四〇元
第一版第一刷／一九九〇年（民七十九年）六月

ISBN 957—9261—04—0

乾偉藏書